W0055986

Inhalt

Zuallererst,

denn diese Frage wird jedem, der dieses Buch in die Hand nimmt, unter den Nägeln brennen: Warum bringe ich ein Buch heraus, wenn ich doch eigentlich jedes bisschen Papier einsparen möchte? Die Frage ist durchaus berechtigt, denn immerhin werden dafür eine Menge Holz, Energie und Druckfarbe benötigt.

Wenn dieses Buch allerdings dazu führt, dass jeder, der es in die Hand nimmt und liest, im Jahr auch nur einen gelben Sack weniger vor die Tür stellt, dann hat es sich ökologisch bereits amortisiert. Und genau deshalb habe ich dieses Buch geschrieben und mich dafür entschieden, es auch in Papierform zu veröffentlichen.

Auch wenn es um eine ernste Sache geht, wünsche ich den Leserinnen und Lesern viel Spaß damit – und lasst euch an der Kasse ja keine Tüte geben!

Im Übrigen ist dieses Buch aus 100 Prozent Recycling-Papier und mit mineralölfreien Druckfarben gedruckt.

Über mich

Ich bin Jahrgang 1983, aufgewachsen in einem kleinen Dorf am Rande von Mönchengladbach, der Stadt, die man zwar weltweit kennt, von der aber kaum jemand mehr weiß, als dass dort Fußball gespielt wird. Nach meiner Schulzeit studierte ich in Koblenz, Thessaloniki (Griechenland) und Köln, wo ich schließlich auch blieb. Mein ausgedehntes Studium nutzte ich nicht nur zum Erhalt eines Masterabschlusses in Architektur mit dem Schwerpunkt Energieoptimiertes Bauen. Ich erweiterte meinen Horizont auf zahlreichen Reisen. Nach dem Studium arbeitete ich in einem Architekturbüro und lebte gemeinsam mit meinem Partner im Kölner Süden. So weit, so normal.

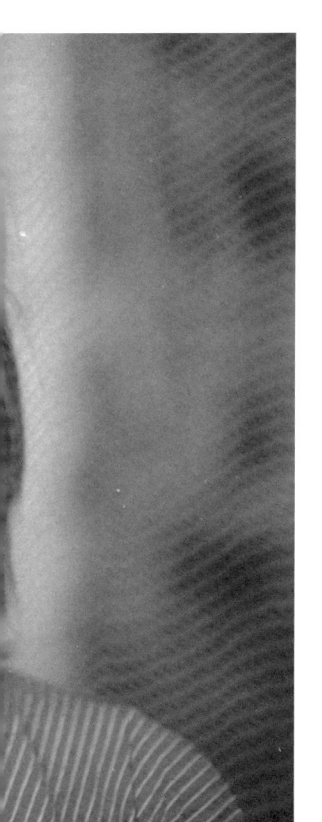

Bis die Turbulenzen begannen. Zufällig stolperte ich über den Begriff »Zero Waste«, begann zu recherchieren und merkte schnell: Genau das suchte ich unterbewusst schon lange Zeit, wenn ich vom Einkauf aus dem Supermarkt nach Hause kam. Ich zögerte nicht lange und begann mein Leben zu ändern.

Meine Beziehung sollte die Veränderung nicht überstehen, und wenig später blieb auch meine Tätigkeit als Architektin auf der Strecke. Nichts mehr schien so wirklich zu passen. Ich betrachtete die Welt plötzlich mit vollkommen anderen Augen, und unser ganzes alltägliches Tun kam mir so absurd vor.

Ich kündigte spontan und flog für sechs Monate nach Südostasien, um mich in gebührendem Abstand neu zu sortieren. Nach einem halben Jahr Müllvermeidung glaubte ich, die Einzige auf der Welt zu sein, die das Thema interessierte. Ich hatte keine genaue Vorstellung, was ich dort drüben sollte, ich ließ mich treiben, führte ewige Gespräche mit Gleichgesinnten und Andersgesinnten und begab mich schließlich auf eine Fahrradtour von Thailand bis nach Vietnam. Immer dabei: Besteck und Tupperdose. Ich freundete mich mit dem Gedanken an, wohl niemals dem Mann zu begegnen, der zu meinem Lebensstil passte. Meine Selbstfindung gab mir auch mit Blick auf eine mögliche Beziehung den Rückhalt, dass mein Glück nicht von einem Partner abhängen würde. In der tiefsten Gewissheit geschah dann das, was normalerweise nur in Hollywoodfilmen passiert: Ich traf den perfekten Deckel für meinen Topf. Ich wollte eigentlich nur mal kurz in Deutschland vorbeischauen, bis ich Gregor kennenlernte. Als wir uns das erste Mal trafen und er mit seinen Kindern das Treppenhaus herunterschaute, wusste ich, dass sich mein Leben verändern würde. Es dauerte keine zwei Wochen, bis ich bei ihnen einzog, keine zwei Monate, bis wir uns verlobten, und genau ein Jahr bis zu unserer Hochzeit. Mittlerweile haben wir die Familie mit weiterem Nachwuchs noch ein wenig vergrößert und arbeiten gemeinsam daran, über Müll und seine Auswirkungen zu informieren und Lösungen zu finden.

Der Mensch und sein Müll

Für die meisten Menschen ist es normal, etwas zu kaufen, es auszupacken und die Verpackung in den Müll zu schmeißen. Dieser Müll wird regelmäßig geleert, in die große Mülltonne vorm Haus. Diese große Mülltonne wird ebenfalls regelmäßig geleert, von der zuständigen Müllabfuhr. Dieses System ist ein Segen für unsere Zivilisation, denn bevor es die Müllabfuhr gab, vergammelte der Müll in den Straßen und führte zeitweise zu katastrophalen hygienischen Zuständen, die Ratten anlockten und ein idealer Nährboden für Krankheiten waren.

Dieser Segen führte aber auch dazu, dass wir jegliches Gefühl dafür verloren, wie viel Müll bei uns eigentlich anfällt. Der Müll ist aus den Augen – und damit auch aus dem Sinn. Tatsächlich betrug das kommunale Abfallaufkommen in Deutschland alleine im Jahr 2013 ganze 617 kg pro Person.[1] Das sind mehr als 1,5 kg Müll pro Tag!

Diese Zahl ist erschreckend hoch, und auf den ersten Blick kaum vorstellbar. Wenn wir jedoch unseren Alltag näher betrachten, wird schnell deutlich, woher der stetig zunehmende Müll kommt: Er ist in hohem Maße an unsere gesellschaftliche Entwicklung gekoppelt.

Wir werden immer gemütlicher. Ein dauerhafter Trend, der sich perfekt in dem Werbespruch »Zewa – wisch und weg« zeigt. Alles muss praktisch sein und schnell gehen. Kaufen, auspacken, wegwischen, wegschmeißen. Anstatt Kaffeepulver in einen Kaffeefilter zu geben, schieben wir eine Aluminiumkapsel in ein Gerät, das alles vollautomatisch für uns erledigt. Das ist sehr praktisch: kein lästiges Kaffeepulver mehr umfüllen und nachher Krümel von der Arbeitsplatte wegwischen. Es führt allerdings allein in Deutschland zu zwei Milliarden entleerten Kaffeekapseln pro Jahr mit einem Gewicht von 4.000 Tonnen.[2]

Oft genug ist aber für den Kaffee zu Hause gar keine Zeit und wir trinken ihn lieber unterwegs. Mit Coffee-to-go leert Deutschland ganze 320.000 To-go-Becher in nur einer Stunde. Was kaum einer weiß: Die Pappbecher sind keineswegs nur aus Pappe. Dazu noch einen Schokoriegel in den Mund, mittags eine Plastikschale Salat vom Supermarkt und abends nach der ganzen Anstrengung Essen vom Lieferservice. Fruchtzwerge, Bonbons, Eis am Stiel, vorgeschnittene Fruchtstückchen – »mit einem Happs sind sie im Mund«. Wir lieben unsere Zwischenmahlzeiten mundgerecht verpackt.

Abgesehen von der Gemütlichkeit führt dies aber auch dazu, dass wir zunehmend all unsere hauswirtschaftlichen Errungenschaften verlernen. Käse mit der Hand zu schneiden bedeutet nicht nur einen gewissen Aufwand, man muss es erst mal lernen, und die Scheiben sehen am Ende alle unterschiedlich aus. So kaufen wir lieber vorgeschnittene Scheiben in der Kunststoffschale, und damit diese nicht aneinanderkleben, kommt noch eine Folie dazwischen. Auch selbst zu kochen ohne Zauberpulver und Fertigpackungen ist für das Gros der Gesellschaft gar nicht mehr möglich. Man lernt es weder von den Eltern noch in der Schule. Gut, dass es Fertiggerichte aus dem Tiefkühlfach und den Lieferservice gibt. So kommt das Essen fertig und warm in der Aluminiumschale mit Serviette vor unsere Haustür.

Weiter kommt die stetige Gier nach Neuem hinzu. Immer das neuste Handy, jede Saison neue Klamotten, das Spielzeug der Kinder muss immer aufregender, größer und toller sein, und die Verwandten überbieten sich gegenseitig mit den Weihnachtsgaben. Auch die Wohnungseinrichtung wird immer kurzlebiger. Mit der Erfolgsgeschichte eines sehr bekannten Möbelhauses kann sich nicht nur jeder neue Möbel leisten, das Möbelstück ist zum Wegwerfartikel verkommen. Passend zu den steigenden Bedürfnissen sinkt die Wertigkeit von dem, was wir kaufen. So halten Kleidung, Elektronik, Haushaltsgegenstände und Co. nur einen Bruchteil der Zeit, die sie noch vor ein paar Jahrzehnten in der Lage waren, ihre Funktion zu erfüllen. Und selbst gezielt ein-   ge-baute Sollbruchstellen werden von uns toleriert. Durch den steten Überfluss von allem und die grenzenlose Verfügbarkeit von Nachschub verlieren wir zunehmend jede Wertschätzung für die Dinge, die uns umgeben, sodass es uns nicht wehtut, wegzuschmeißen und auszutauschen.

Auch vor Nahrungsmitteln macht diese Entwicklung nicht halt. So landen ton-
nenweise essbare Lebensmittel im Müll oder vergammeln in den Tiefen unserer
Kühlschränke. Wir lassen gedankenlos Reste auf dem Teller liegen, schneiden
einen großen Teil essbarer Gemüseteile einfach weg, und ein durchschnittlicher
Grillabend endet mit einem Berg an nicht gegessenem Fleisch, mit dem niemand mehr etwas zu tun haben will. So schmeißen wir durchschnittlich 53 kg
essbare Lebensmittel pro Person und Jahr einfach weg. Das sind deutschlandweit
insgesamt 11 Millionen Tonnen pro Jahr an vermeidbarem Lebensmittelmüll.

Ein letzter Aspekt bei all dem ist die Unachtsamkeit, mit der wir gedankenlos
alles annehmen, was man uns in die Hand drückt. Werbegeschenke von Ku-
gelschreibern bis zu Kalendern, Servietten und Strohhalmen. Werbepost und
Einkaufskataloge flattern zuhauf in den Briefkasten und erzeugen noch mehr
Bedürfnisse, die wir davor nicht hatten. Wir nehmen tendenziell erst mal alles
an und schmeißen dann zu Hause weg.

Kurzum, unsere Zeit ist geprägt von Schnelligkeit, praktischer Gemütlichkeit, übertriebener Hygiene, verloren gehenden hauswirtschaftlichen Fähigkeiten und dem Drang nach immer mehr, nach größeren und schöneren Dingen.
Das alles gepaart mit unserem vergleichsweise hohen Einkommen ergibt am
Ende des Jahres die genannten 617 kg Müll pro Person, Tendenz steigend.

Und was machen wir mit der ganzen gesparten Zeit? Werbefernsehen gucken,
das bei uns Verbrauchern stets neue Bedürfnisse schafft, und noch mehr arbeiten,
um diese Bedürfnisse dann auch befriedigen zu können.

Und was ist das Problem daran?

ABFALL GESTERN UND HEUTE

Müll anzuhäufen ist dem Menschen eigen, seit er sich entschieden hat, sesshaft zu werden. Die Art des Mülls ist das, was sich seitdem sehr verändert hat. Die ersten Siedler produzierten naturgemäß lediglich Abfälle, die innerhalb kürzester Zeit von der Natur als Nährstoff wieder aufgenommen wurden – also organische Abfälle. In einer dünn besiedelten Welt waren Umwelt- und daraus entstehende Gesundheitsprobleme ausgeschlossen. Mit wachsender Verdichtung und der Herausbildung von städtischen Strukturen wurde dann aber das Müllaufkommen zunehmend zum Problem. Müll, der einfach auf die Straßen gekippt wurde, zog Ungeziefer an und brachte Krankheiten mit sich. Und dennoch war der Müll an sich relativ harmlos, denn in freier Natur wurden auch diese Überreste schnell zu fruchtbarer Erde. Das änderte sich mit der Förderung neuer Rohstoffe, wie zum Beispiel Erdöl, und der Entwicklung von Materialien wie Kunststoff, die biologisch nicht so leicht abgebaut werden. Auch der Einsatz von Chemikalien, die schädlich auf das Ökosystem wirken, veränderten die Qualität unserer Abfälle. Mit der technischen Entwicklung der Menschheit, steigt auch unser Müllaufkommen stetig an. Während wir in unseren Anfängen ein paar Speerspitzen hinterließen, begannen wir später, stetig mehr zu produzieren, um unser Leben zu »erleichtern«, angenehmer und vergnüglicher zu gestalten. Seitdem gilt ein einfacher und logischer Zusammenhang: Je mehr wir uns leisten können, desto mehr kaufen wir und desto mehr entsorgen wir auch wieder. Lediglich eine Sache hat sich in dieser Entwicklung seit ein paar Jahrzehnten deutlich geändert: Während unsere Produkte und Erzeugnisse früher produziert wurden, um für die Ewigkeit zu halten, werden sie heute produziert, um schnell ersetzt zu werden. Stetiger Austausch unserer Dinge bedeutet aber stetig neuer Müll.

In einem auf Wachstum ausgerichteten System ist ein solcher Austausch notwendig, damit die Produktion nicht ins Stocken gerät, wenn viele bereits alles haben. Aber ist dieses System zukunftsweisend? Ist grenzenloses Wachstum möglich auf einem runden Planeten?

RECYCLING

Wir Deutschen gehören nicht zu den achtlosesten Menschen. Wir trennen fleißig Müll, und die Mülleimer an unseren Straßen bleiben nicht ungenutzt. Wir glauben an unsere Müllabfuhr, an die Straßenreinigung und an das Recycling, und deshalb wiegen wir uns in Sicherheit. Ein Trugschluss! Während für uns das Problem am Mülleimer endet, geht es für die Müllverarbeitungsbetriebe erst richtig los.

Kaum einer weiß, dass nur ein knappes Viertel unseres Plastikmülls wieder stofflich verwertet, also recycelt wird.[3] Diese erschreckend geringe Ausbeute hat diverse Gründe. In der Sortieranlage werden die Stoffe mittels Infrarotstrahlung aussortiert. Bei sortenreinem Kunststoff ist das ein sehr effizientes Verfahren. Aber sobald der Joghurtdeckel aus Aluminium in den Joghurtbecher hineingeklappt wird, ist das System überfordert. Zudem kommen immer komplexer werdende Verbundmaterialien und Vermischungen verschiedener Kunststoffsorten in Umlauf. Was aber nicht klar zugeordnet oder getrennt werden kann, wird aussortiert.

Ist die Sortieranlage durchlaufen, kommen die eindeutig zugewiesenen Bestandteile zum Recyclingunternehmen. Bevor dieses mit der eigentlichen Arbeit beginnt, folgt aber erst noch eine weitere Sortierung, um die nötige Reinheit für die Wiederverwertung zu gewährleisten. Erst dann wird der Kunststoff eingeschmolzen und zu Kunststoffgranulat verarbeitet. Dieser Prozess ist aufwendig und teuer – ganz im Gegensatz zu Granulat aus frischem Rohöl, das in direkter Konkurrenz zu Recyclinggranulat steht.

Die Verbrennung dagegen ist ein lukratives Geschäft. Bei Müll geht und ging es schon immer um harte Dollars. Die Geschichte der New Yorker Müllabfuhr beispielsweise war von Anfang an geprägt von mafiösen Strukturen, bei denen die persönliche Bereicherung im Mittelpunkt stand, und schon früh wurde erkannt, wie viel sich damit verdienen lässt, dass der anfallende Müll beseitigt werden muss. Ähnlich läuft es im Süden Italiens seit Jahrzehnten bis heute. Eine fehlende Abfallwirtschaft und eine Mafia, die ein einträgliches Geschäft wittert, führen zu mit Müll verstopften Straßen, überfüllten Mülldeponien und einer illegalen Müllentsorgung mit verheerenden Auswirkungen auf Umwelt und Gesundheit. Wie durchtrieben das ganze Spiel um den Müll ist, hängt auch nur bedingt mit dem Entwicklungsstand eines Landes zusammen. So verdienen sich deutsche Firmen eine goldene Nase mit dem Import und der Verbrennung von Müll aus anderen Ländern wie eben Italien. Indem unsere Müllverbrennungsanlagen schon überdimensioniert geplant werden, wird die Notwendigkeit für einen solchen Müllhandel geschaffen, denn eine Müllverbrennungsanlage kann nur arbeiten, wenn sie ausgelastet ist. Und so kommt es, dass ein großer Teil des tatsächlich wiederverwertbaren Kunststoffs doch in der Müllverbrennungsanlage landet.[4]

RESSOURCEN

Wachstum, Wachstum, Wachstum!, wird uns von allen Seiten der Medien, der Politik und der Wirtschaft unablässig zugerufen. Nur so könnten wir unsere Zukunft sichern. Wenn man das reine Bruttosozialprodukt und unser Rentensystem anschaut, klingt das auch erst einmal nach der einzig richtigen Lösung. Allerdings ist dieser Ansatz etwas zu kurz gedacht. Denn auf einem Planeten, der die Form einer Kugel hat, ist grenzenloses Wachstum faktisch nicht möglich. Würden alle Menschen dieser Erde plötzlich den gleichen Ressourcenbedarf für sich beanspruchen, wie wir es in den *hoch entwickelten* Industrieländern tun, würde die Welt sofort kollabieren.

Schon der Energieerhaltungssatz lässt vermuten, dass nicht endlos etwas hinzukommen wird, sondern dass alles immer nur von einem Zustand in einen anderen umgewandelt wird. Nun haben wir unserer Erde viele Milliarden Jahre Zeit gegeben, um Bäume zu Erdöl, Erdgas und Kohle oder Diamanten umwandeln zu lassen, um aus Muscheln Kalkstein zu machen und Seltene Erden zu produzieren. Seit wir von diesen Bodenschätzen wissen, finden wir immer neue Methoden, um sie zu fördern und in Energie und Produkte unseres täglichen Gebrauchs umzuwandeln. Was die Erde Milliarden von Jahren an Zeit gekostet hat, kann also in der vergleichsweise kurzen Lebensspanne des modernen Menschen als endlicher Rohstoff kategorisiert werden. Wir werden es in unserer Lebenszeit auf natürlichem Wege nicht erleben, wie aus einem Baum Erdöl wird. Folglich bedeutet die kontinuierliche Förderung eines Rohstoffs, dass dieser irgendwann nicht mehr zur Verfügung stehen wird. Irgendwann ist er aufgebraucht. Wie lange unser Erdöl noch reicht, wird seit gut 40 Jahren prognostiziert, und dies mit Zahlen, wie sie unterschiedlicher nicht sein könnten. Die Vergangenheit zeigt, wir wissen es nicht. Was wir tatsächlich mit Sicherheit sagen können, ist, dass es nicht ewig reichen wird. Wir können uns noch in den prognostizierten Zeiträumen gemütlich einrichten, aber schon unsere Kinder dürfen es irgendwann ausbaden, dass die Quellen infolge der übermäßigen Ausbeutung versiegen.

Selbst wenn wir Alternativen finden, unseren Kunststoff in der gleichen Qualität komplett aus nachwachsenden Rohstoffen produzieren zu können, muss klar sein, dass auch diese Rohstoffe irgendwoher kommen müssen. Schon jetzt werden die Flächen für unsere Lebensmittelproduktion knapp. Wir beuten unsere Böden immer weiter aus, zerstören wertvolle Humusschichten durch Monokulturen und verseuchen unser Land durch Überdüngung und Pestizideinsatz. So verringern wir stetig das fruchtbare Potenzial unserer Böden und sorgen für einen Rückgang der heimischen Tier- und Pflanzenvielfalt. Und das nicht nur bei uns vor der eigenen Haustür, sondern auch in anderen Regionen der Erde. Sukzessive werden mehr Regenwaldflächen gerodet, um unserem Bedarf an Palmöl für Kosmetik und Lebensmittel gerecht zu werden und Soja für unsere Fleischproduktion anzubauen. Eine weitere Konkurrenz um Anbauflächen aus der Rohstoffindustrie würde bei unserem hohen Bedarf an Rohstoffen verheerende Folgen haben. Bereits der vermeintliche Ökosprit E10 mit einem Anteil von 10 Prozent Pflanzenmasse ließ einen Protestaufschrei in der Bevölkerung erkennen, die das Problem im Gegensatz zur Politik schon im Vorhinein erkannte. Und trotzdem – E10 gibt es immer noch.

Eines muss klar sein: Erneuerbare Rohstoffe wachsen zwar theoretisch unendlich häufig nach, man muss aber auch ihnen die Fläche, die Zeit und die Nährstoffe geben, die sie benötigen, um sich entsprechend entwickeln zu können. Unser Papier ist also nur so lange ein nachhaltiger Rohstoff, wie die Bäume auch in ausreichender Menge nach der Abholzung wieder aufgeforstet werden.

Zu der Knappheit unserer Ressourcen kommen diverse Umweltprobleme bei dessen Förderung und Verarbeitung hinzu. Bestes Beispiel sind die in regelmäßigen Abständen auftretenden Erdölkatastrophen, wenn Tausende Tonnen Rohöl

in den Ozean fließen, zahlreiche Meerestiere verkleben und ganze Küstenzüge
verseuchen. Auch liegen die Rohstoffe nur selten in reiner Form in der Erde herum, sondern müssen häufig mithilfe von Chemikalien aus ihr herausgelöst werden. Die Aluminiumproduktion beispielsweise hinterlässt gigantische Mengen
giftigen Rotschlamms, der nur noch deponiert werden kann. Auch hier besteht
keine sonderliche Sicherheit bei der dauerhaften Endlagerung, wie Ungarn 2010
der Welt zeigte. Hier brach der Damm einer Rotschlamm-Endlagerung. Die
herauslaufende toxische Brühe verseuchte mehrere Dörfer, es kam zu vielen Ver-
letzten und letztlich endete der Strom in der Donau mit entsprechenden Folgen
für deren Ökosystem. Die Förderung von Seltenen Erden und Edelmetallen wie
Gold führt zu menschenunwürdigen Arbeitsbedingungen für die lokale Bevölkerung, die in den Minen für einen Hungerlohn schuftet und ihre Gesundheit
dabei aufs Spiel setzt.

Wenn man Müll also nicht nur als stinkende Reste betrachtet, die schnellst-
möglich beseitigt werden sollen, sondern sich klarmacht, welcher Aufwand in
der Förderung der Ausgangsstoffe und der Produktion steckt und welche Folgen
für die Umwelt daraus resultieren, wird schnell klar: Es geht hier nicht um Abfall,
es geht um wertvolle Rohstoffe. Wird das Material in der Müllverbrennungsanlage verbrannt, wird es zwar ebenfalls verwertet, denn es wird Strom und Wärme
daraus erzeugt. Anders als bei der stofflichen Verwertung, bei der ein neues Produkt daraus erzeugt wird, ist der Rohstoff danach allerdings für immer verloren.
Aus dem im Erdöl und im Kunststoff gebundenen CO_2 wird bei der Verbrennung ebendieses CO_2 freigesetzt. Während das gebundene CO_2 noch ein sehr
praktischer Rohstoff ist, wird das freigesetzte zunehmend zu einem Problem in
unserer Atmosphäre.

Langsam wird deutlich, dass der weggeworfene Joghurtbecher nicht nur der
Müllabfuhr ein geregeltes Einkommen beschert, sondern auch seinen Beitrag zur
Klimaerwärmung beisteuert. Damit ist er beteiligt an schmelzenden Polkappen,
der zunehmenden Desertifikation, also der Wüstenausbreitung, sowie an den
Dürren in den wärmeren Regionen unserer Erde. Die immer schlechteren Le-
bensbedingungen führen nicht zuletzt dazu, dass die ansässigen Menschen vor
den Klimaveränderungen flüchten und sich in gemäßigteren Regionen wie
Nordeuropa niederlassen. Nach einer Studie der US-amerikanischen National
Academy von Anfang 2015 wäre es ohne eine jahrelange, bislang nicht gekannte
Dürreperiode in Syrien niemals zu einem solchen Konflikt gekommen, wie er
momentan herrscht.[5] Der Joghurtbecher ist also noch viel mehr als eine verlore-

ne Ressource und Mittäter bei der Klimaerwärmung, er trägt auch noch seinen Teil zu den nicht abreißenden Flüchtlingsströmen nach Nordeuropa bei. Wer sich also demnächst wieder einmal über die ganzen Flüchtlinge beschweren möchte, der schaue doch einfach mal in seinen Einkaufskorb.

MÜLL

Nicht nur die Grenzen der Recyclingunternehmen führen zu den bereits erwähnten geringen Recyclingquoten. Abfall, der nicht vom Verbraucher vorsortiert wird, geht ohne Umwege in die Verbrennung. Dazu zählen auch alle öffentlichen Mülleimer. Wer hier etwas hineinwirft, ist stolz darauf, dass er so vorbildlich handelt, bedenkt aber nicht, dass er damit auch eine Ressource für immer verschenkt. Wer wirklich umsichtig handeln will, nimmt seine Reste deshalb lieber mit nach Hause – oder hat im besten Fall natürlich keine.

Ein nicht unbeträchtlicher Anteil unseres Mülls sieht einen Mülleimer aber niemals von innen. Nicht alle Länder dieser Erde können ihren Müll so gut verstecken wie Deutschland. Wer beispielsweise nach Südostasien reist, wird erschrecken über die wahnwitzige Menge an Kunststoffverpackungen, die einem förmlich aufgedrängt und hinterhergeschmissen werden und nach dem Verzehr oft achtlos in der Landschaft landen. Nicht abbaubare Abfälle liegen offen herum in Straßen, in Wäldern und in Flüssen, und das in Mengen, bei denen wir uns gerne angewidert umdrehen und nur noch den Kopf schütteln über so viel Ignoranz. Aber auch wenn wir schnell zu wissen glauben, dass ein Asiat vollkommen unreflektiert Plastiktüten konsumiert, so bleibt es doch eine Tatsache, dass er immer noch weniger Müll produziert als ein Europäer, Amerikaner oder Australier. Tatsächlich besteht eine direkte Abhängigkeit zwischen Wohlstand und Müllaufkommen. Je reicher eine Gesellschaft, desto mehr Müll produziert sie – und desto besser lernt sie, ihn zu verstecken.

Hierzulande sorgen Bildungsstand und Erziehung für eine relativ saubere Umwelt. Im Allgemeinen wird der Müll zumindest in Mülleimern entsorgt, wenn auch bei Weitem nicht immer sortiert. Aber schaut man einmal genau hin, sieht man, dass es mit dieser Erziehung gar nicht so weit hin ist, wie wir glauben. Auf unseren innerstädtischen Straßen kommt regelmäßig die Straßenreinigung vorbei und kehrt zusammen, was den Weg in den Mülleimer nicht gefunden hat, sodass man glauben könnte, Silvester hätte nie stattgefunden. Schnellstraßen, Autobahnen, Zufahrten und Bereiche, wo die städtische Müllabfuhr nicht zuständig ist, sind hingegen von achtlos weggeworfenem Material aller Art gesäumt. Selbst Grünstreifen, Parks und Flussufer bleiben nicht verschont. Und die Müllabfuhr erwischt niemals alles. Tiere fressen den Müll, Wind und Wetter tragen ihn in unsere Flüsse und arbeiten ihn langsam in die Erde ein. Unsere regelmäßigen Müllsammelaktionen auf Kölner Grünflächen und meine Bepflanzungen von öffentlichen Beeten zeigen immer wieder: Unsere gesamte Umwelt ist gespickt mit kleinen Plastikteilchen.

Von den 275 Millionen Tonnen Kunststoff, die wir weltweit jedes Jahr erzeugen, enden jedes Jahr 80 Millionen Tonnen in unseren Weltmeeren.[6] Dort zirkuliert der Müll in fünf großen Müllteppichen, angetrieben durch die Meeresströmung – im Nordpazifik, im Südpazifik, im Indischen Ozean und im Atlantik, wo sogar zwei kreisen. Naturbelassene Strände ohne Kunststoffteile gibt es schon lange nicht mehr. Mein Bruder fragte schon als Kind meinen Vater beim Durchstreifen der am Strand angeschwemmten Gegenstände: »Papa, gibt es eigentlich auch *Strandschlecht*?!« Das ist jetzt 30 Jahre her, und es wird immer mehr.

Das Ganze ist nicht nur ein optisches Problem. Tiere fressen davon auf der Suche nach Nahrung und verhungern mit vollem Magen, vergiften sich an den enthaltenen Schadstoffen, erdrosseln sich damit. Vögel bauen Nester aus Kunststoffteilen, in denen ihre Jungen erfrieren. Wenn wir Meerestiere essen, dann haben wir unser Plastik bereits wieder auf dem Teller.

ZERO-WASTE-BEWEGUNG

Seit gut zehn Jahren gibt es eine Bewegung, die diese Zusammenhänge erkannt hat und unter dem Namen »Zero Waste« Menschen im direkten Gegensatz zur wachstumsorientierten Gesellschaft leben. Anstatt Dinge wegzuwerfen und zu ersetzten, reduzieren sie ihren Abfall und damit ihren Ressourcenverbrauch auf ein Minimum. Bekanntestes Vorbild ist die US-Bloggerin Bea Johnson, die in ihrem Blog beschreibt, wie sie schon seit 2008 müllfrei lebt, und eine wahre Herausforderung daraus gemacht hat, ihren Jahresmüll auf die Größe eines Einmachglases zu reduzieren. Seitdem wächst die Bewegung langsam, aber stetig. Viele ihrer Nachfolger schreiben eigene Blogs und Internetseiten, um das Thema weiter in die Öffentlichkeit zu rücken, so wie auch ich. Denn es ist ein Wettlauf. Während die Bewegung stetig wächst, wächst auch das mangelnde Bewusstsein im Rest der Bevölkerung und damit auch der von uns produzierte Müll.

»Zero Waste« bedeutet übersetzt »Kein Müll«. Wer sich länger mit dem Thema beschäftigt, merkt bald, dass die zweite Bedeutung des Begriffs aber noch viel wesentlicher ist, nämlich »Keine Verschwendung«. Es geht im Wesentlichen also um die bereits erwähnte Verschwendung von Ressourcen. Zero Waste ist die Utopie eines geschlossenen Wertstoffkreislaufs, in dem keine Ressourcen mehr verloren gehen. Also das perfekte Cradle-to-Cradle-Prinzip, in dem jedes Produkt wieder so weit zerlegt und aufbereitet wird, dass daraus Neues entsteht – ohne Verlust. Das ist ein sehr hoher Anspruch und scheint nur mit einem Rückzug in die Wildnis möglich.

Zero Waste zu leben bedeutet aber nicht, in die Wildnis auszuwandern, sondern dieser Utopie entgegenzustreben. Dabei geht es nicht um einen perfektionistischen Anspruch. Und auch nicht darum, voller Stolz einmal im Jahr sein Einmachglas mit Müll zu präsentieren. Menschen, die das tun, sind wichtig, denn sie machen uns auf das Problem aufmerksam und zeigen uns Lösungen. Sie sind unsere Vorbilder. Aber jeder, der anfängt, Verschwendung dort zu minimieren, wo sie vermeidbar ist, lebt bereits den Gedanken von Zero Waste.

Es geht um den achtsamen Umgang mit unserer Welt und deren begrenzten Ressourcen. Und es geht darum, die weltweiten Auswirkungen unseres Konsumverhaltens zu erkennen, sich immer wieder neu damit auseinanderzusetzen, ob es das wert ist, und entsprechend zu handeln. Es ist das ganzheitliche Neu-Denken gewohnter Verhaltensmuster unter Betrachtung globaler Zusammenhänge. Es geht darum, selbst zu denken und nicht bloß das zu tun, was wir immer getan haben.

Im Grunde ging es mir nicht anders als vielen Menschen auch. Wenn ich einkaufen ging, hatte ich immer ein schlechtes Gefühl dabei, all dieses Verpackungsmaterial mitzukaufen. Mir war nicht klar, wieso eine einzelne Gurke in Folie eingeschweißt ist, und empfand es als lästig, den Müll runterzubringen. An der Kasse habe ich schon allein deshalb auf Plastiktüten verzichtet, weil ich dafür nicht zahlen wollte. Dann war aber auch schon Schluss. Man findet das System irgendwie komisch, aber es ist, wie es ist, und was soll man daran ändern?!

Bis zu dem Tag, als ich ein Zeitungsblättchen in die Hände bekam, in dessen Vorwort der Begriff »Zero Waste« fiel, der mir bis dato vollkommen unbekannt war. Das machte mich neugierig. Zero Waste? Kein Müll? Das klingt toll. Und es gibt Menschen, die keinen Müll machen? Ich setzte mich an meinen Rechner, und aus meiner Neugier wurde schnell Ehrgeiz. Mein Entschluss war gefasst. Das wollte ich auch versuchen. Meine Leidenschaft zum Schreiben begleitete mich von Anfang an, denn auch ich teile seitdem mein Experiment auf einem Blog mit der Öffentlichkeit. Und es sollte nicht nur meinen Mülleimer, sondern mein komplettes Leben verändern.

Reduce, Reuse, Recycle

Das bisherige Konzept unserer Regierungen war es, den entstehenden Müll so gut es geht stofflich wiederzuverwerten, also zu recyceln, um die enthaltenen Rohstoffe wieder nutzbar zu machen. Das Konzept des geschlossenen Wertstoffkreislaufs ist erstrebenswert, die Realität zeigt uns aber, dass es nicht aufgeht. Die Recyclingquoten sind schlecht und die Mülleimertrefferquoten ebenfalls, weshalb viele Rohstoffe verloren gehen oder gar Schaden anrichten. Auch die aufbereiteten Recyclingprodukte erreichen nicht bei jedem Stoff die gleiche Qualität wie neuwertige Rohstoffe. Gerade bei Kunststoffen nimmt die Materialgüte ab, sodass der Begriff »Recycling« eher einer Augenwischerei gleichkommt. Es handelt sich vielmehr um Downcycling: Das Material wird zwar wiederverwendet, die Qualität sinkt aber, und es können nur noch Produkte damit hergestellt werden, die diese geringere Qualität in Kauf nehmen, beispielsweise Parkbänke. Parkbänke sind super, man kann sie aber auch sehr gut aus Holz produzieren. Wenn überhaupt Altmaterial verwendet wird, so ist der Anteil produktionsbedingt meist begrenzt. Für die neuen Joghurtbecher muss also doch wieder frisches Erdöl her.

Aluminium dagegen lässt sich nahezu vollständig recyceln. Der Prozess ist aber mit einem hohen Energieaufwand verbunden, ebenso wie bei Glas. Verunreinigungen in den Glascontainern durch Stoffe, die dort nicht hineingehören, vermindern zudem die Qualität. So kann der Anteil an neu hergestelltem Glas je nach Farbe zu maximal 60 bis 90 Prozent[7] aus Altglas bestehen. Es wird deutlich, dass selbst eine Recyclingquote von 100 Prozent mit Verlusten einhergeht, nämlich mit einem Aufwand an Energie, der je nach Material sehr hoch sein kann. Energie wiederum ist immer verbunden mit dem Einsatz von Rohstoffen und endlichen Ressourcen, selbst wenn Ökostrom aus der Steckdose kommt.

Auch Papier kann gut recycelt werden. Energieaufwand und Wasserverbrauch für die Herstellung von Altpapier sind deutlich geringer als bei Frischpapier. Das Ergebnis zeigt aber einen entscheidenden Qualitätsverlust: Da die Rückstände der Druckfarben aus der vorherigen Nutzung nicht vollständig beseitigt werden können, ist das Papier quasi mit Schadstoffen kontaminiert. Während dies für Schreibpapier maximal zu einem Farbunterschied führt, ist der Einsatz von Recyclingpapier im Lebensmittelbereich nicht empfehlenswert, wenn nicht verboten. Giftstoffe wie das Mineralöl aus den Druckfarben voriger Nutzung können in die Lebensmittel migrieren und damit auch in den Körper. Solange wir unsere Druckfarben nicht komplett auf umweltfreundliche, giftstofffreie Farben umstellen, kann also auch hier nur von einem Downcyclingprozess gesprochen werden.

Recycling ist unumgänglich und zweifelsohne sinnvoll, da wir ohne Rohstoffe nicht weit kommen. Wir sollten daran arbeiten, 100 Prozent unserer eingesetzten Materialien in eine stoffliche Verwertung zu geben. Vor allem sollten wir aber daran arbeiten, dass der benötigte Einsatz von neu geförderten Rohstoffen drastisch zurückgeht. Das Recycling kann dabei immer nur der letzte Schritt im sinnvollen Umgang mit Ressourcen sein.

Die Zero-Waste-Bewegung hat dieses Dilemma erkannt und packt das Problem an der Wurzel – dem Ressourcenverbrauch. Denn alle Rohstoffe, die gar nicht erst eingesetzt werden, müssen auch nicht recycelt werden. **Reduce, Reuse, Recycle** – die drei berühmten Rs geben eine klare und logische Handlungsanweisung zum achtsamen Umgang mit Ressourcen, und zwar genau in der genannten Reihenfolge.

Reduce – Einsparung: Es geht also darum, von vorneherein umsichtiger und sparsamer mit unseren Ressourcen umzugehen und nur das zu verwenden, was sinnvoll und notwendig ist, darum, unsere Bedürfnisse und unsere Verschwendung zu verringern. Eine Brötchentüte ist zwar nur aus Papier, aber letztendlich unnötig. Genau aus diesem Gedanken heraus ist es auch nicht möglich, sich »grün« zu kaufen, indem man nur genügend ökologisch sinnvolle Produkte konsumiert. Das sinnvollste Produkt ist immer »kein Produkt«. Auch wenn es mittlerweile ökologische Alternativen für alles Mögliche gibt, so bleibt die beste Wahl, mit dem zufrieden zu sein, was man bereits hat.

Reuse – Wiederverwendung: Alles, was bereits produziert ist, sollte möglichst lange im Nutzungskreislauf verbleiben, denn solange die Dinge verwendet werden, müssen sie nicht durch Neues ersetzt werden. Deshalb ist es immer sinnvoller, gebrauchte Sachen einzukaufen und auf Mehrwegsysteme zu setzen anstatt auf neue Produkte und Einwegflaschen.

Recycle – Stoffliche Verwertung: Erst im allerletzten Schritt kommt die wichtige Bedeutung des Recyclings zum Tragen. Alles, was absolut keinen Gebrauch mehr findet und somit als Abfall zu deklarieren ist, sollte möglichst gut nach Rohmaterial getrennt und zur Herstellung von neuen Produkten aufbereitet werden, um einen Rohstoffverlust und den Energieaufwand zur Produktion so gering wie möglich zu halten.

Sinnvolle Produkte betrachten diesen Aspekt schon bei ihrer Produktion und ermöglichen eine möglichst sortenreine Trennung ihrer Bestandteile. Nach dem Prinzip »Cradle to Cradle« wäre so ein tatsächliches Recycling möglich, in dem nichts verloren ginge. In der Praxis gibt es leider nur noch sehr wenige Produkte, die dieses Kriterium erfüllen. Organische Abfälle, also quasi Kompost, zählen beispielsweise noch dazu. Nach gebührender Zeit werden sie vollständig zu fruchtbarer Erde umgewandelt, aus der neues Leben entstehen kann.

Wie anfangen?

Die Idee klingt gut – nichts mehr verschwenden. Aber wie soll das gehen? Haben wir denn überhaupt eine Wahl? Es ist doch wirklich alles verpackt.

Ja, wir haben in der Tat die Wahl. Du wirst vielleicht niemals auf null kommen, aber das musst du auch gar nicht. Es wäre schön, aber es wäre auch utopisch. Was du allerdings mit wenig Aufwand schaffen kannst, ist, deinen Hausmüll mindestens zu halbieren. Du musst dich an dieser Stelle nicht entscheiden, ob du Müll oder keinen Müll willst. Jedes bisschen, was du dafür tust, um Müll zu verringern, ist ein gutes bisschen, egal wie weit du damit kommst. Wenn du der Typ dafür bist, steck dir gerne ambitionierte Ziele und pushe dich damit. Wenn du aber nicht der Typ dafür bist, erspar dir den Druck. Lies einfach weiter und schau, was du umsetzten kannst. Mach dich nicht selbst fertig, wenn du stagnierst oder mal etwas gekauft hast, was du eigentlich dauerhaft von deinem Einkaufszettel streichen wolltest. Je entspannter du an die Sache herangehst, desto leichter fällt es dir und desto dauerhafter wird deine Umstellung sein.

Menschen, die anfänglich mit dem Thema konfrontiert werden, neigen gerne dazu, bei dem Gedanken daran, plötzlich auf ihre Lieblingsspeise verzichten zu müssen, komplett abzublocken. Wozu der Stress? Such dir nicht gleich die schwierigste Lebenssituation aus, sondern mache es genau andersherum. Überlege dir, was dir am leichtesten fällt, und fange genau damit an. Spüre, wie es sich anfühlt. Spüre, dass es deinem Leben nicht die Lebensqualität nimmt. Gewöhne dich daran, bis es ein Teil deines neuen Lebens ist. Und wenn du wieder in deiner Komfortzone angekommen bist, dann such dir das Nächste aus, was du leicht ändern kannst. Setze dich nicht übermäßigem Druck aus im Glauben, du müsstest sofort auf alles verzichten. Nimm dir die Zeit, in Ruhe Alternativen zu finden und herauszubekommen, dass es gar nicht um Verzicht geht, sondern um die bewusste Entscheidung, was du akzeptieren möchtest und was nicht. So kannst du dich selbst und deine Umwelt auf deine neue Welt einstellen.

Wenn du es aber gar nicht abwarten kannst und alles sofort willst, dann kann ich dich bestens verstehen, denn so ging und geht es mir auch. Ich wollte mir keine Zeit nehmen. Ich war so Feuer und Flamme, dass ich es kaum abwarten konnte, wieder etwas Neues auszuprobieren. Ich gönnte mir wenig Spielraum und war oft streng mit mir selbst. Das näherte mich meinem Ziel natürlich schneller, führte aber zeitweise auch zu Spannungen, nicht nur in mir selbst, sondern auch mit meinem Umfeld. Ich bereue nichts davon, ganz im Gegenteil, aber nicht jeder ist der Typ für so einen turbulenten Wechsel. Hör also erst einmal auf dich selbst und frage dich, welcher Typ Mensch du bist. Höre auf diesen Typen und gib ihm eine Chance.

Wenn du jetzt sagst, dass du als Typ halt faul, ignorant und egoistisch bist, und glaubst, du könntest aufhören weiterzulesen, dann muss ich dir leider sagen: Selbst du findest in diesem Buch deine Gründe, etwas zu ändern, und Lösungen, die genau auf dich zugeschnitten sind.

WAS WÜRDE OMA SAGEN

Zero Waste heißt nicht verzichten, sondern Alternativen finden. Es geht nicht darum, sich die Haare nicht mehr zu waschen, weil Shampoo in Kunststoff verpackt ist, sondern darum, eine Alternative zu finden, sich trotzdem die Haare waschen zu können. Genau wie ich früher habt ihr wahrscheinlich ein ganz bestimmtes Bild davon, wie die Dinge zu sein haben. Shampoo ist flüssig, Shampoo kommt aus der Plastikflasche, und man reibt sich einen Klecks davon in die feuchte Haare, bis es schäumt. Das *macht man so*, das hat man *schon immer* so gemacht, und das *macht jeder so*!

Wer auch nur einen Moment darüber nachdenkt, wird rasch feststellen, dass nichts davon stimmt. Bloß weil wir es nicht anders kennen, als uns den Po mit Klopapier abzuwischen, bedeutet das weder, dass es alle Menschen tun, noch, dass das eine gute Idee ist. Und das, was wir heute machen, das hätte unsere Oma früher ganz bestimmt nicht gemacht. Aber was hätte Oma früher gemacht? Diese Frage können wir uns immer wieder stellen, wenn wir nicht weiterkommen, denn sie wird uns konkrete und sehr nützliche Antworten liefern. Oma stammt aus einer Generation, die es sich schlichtweg nicht leisten konnte, ständig Dinge wegzuschmeißen. Wenn ihr noch eine Oma habt, nutzt eure Chance, und fragt sie direkt. Allen anderen erzähle ich auf den nächsten Seiten, was meine Oma früher getan hätte. (Das klappt übrigens auch mit Opas.) Und was Oma nicht weiß, das weiß vielleicht ein Inder, eine Chinesin oder ein Kanadier. Der Blick über die Kontinente lohnt sich, denn auch hier gibt es vieles abzugucken.

Der Weg der Alternativen ist ein spannender Weg. Er wird uns nicht nur Lösungen bringen, sondern auch unseren Horizont erweitern. Wir werden lernen, wie andere Länder und Kulturen mit ihren Alltagsfragen umgehen und was wir, die Menschen, eigentlich gemacht haben, bevor das »Zewa – wisch und weg« erfunden wurde. So werden wir auch ganz alte Glaubenssätze anpacken, werden verstehen, warum wir eigentlich tun, was wir tun, und hinterfragen, ob es noch zeitgemäß ist, das zu tun, was wir immer getan haben.

ERSTE SCHRITTE – EINWEGPRODUKTE

Ich habe bereits versprochen, dass wir mit dem Einfachsten anfangen, und das will ich auch halten. Nichts in unserem Haushalt ist austauschbarer als das Einwegprodukt. Wir umgeben uns mit zahlreichen solchen Produkten, die nach einmaligem oder kurzem Gebrauch ihren Zweck erfüllt haben und entsorgt werden. *Wisch und weg* ist ein bekannter Werbespruch, der das Problem auf den Punkt bringt. Wir müssen nichts aus- oder abwaschen, sondern einfach nur wegschmeißen. Dafür müssen wir stetig nachkaufen und stetig die Überreste beseitigen, also den Müll runterbringen. Die mit Abstand leichteste Art und Weise, Müll und Verschwendung zu reduzieren, ist das Ersetzen dieser Einwegprodukte durch solche, die dauerhaft nutzbar sind.

Serviette

Das beste Beispiel dafür ist wohl die Papierserviette. Während Servietten klassischerweise aus Stoff gefertigt wurden, findet man sie heute nur noch in ausgewählten Restaurants. Die Papierserviette hat den Markt erobert mit ihren unschlagbaren Argumenten. Man muss sie nicht waschen und kann sie nach dem Essen einfach entsorgen. Zudem gibt es sie in allen Farben und mit den wildesten Motiven. Somit trifft sie unser heutiges Bedürfnis danach, zu jeder Saison etwas Neues zu haben, voll ins Schwarze. Im Frühjahr gibt es gelbe Servietten, im Sommer solche mit Erdbeeren, im Herbst werden sie bräunlich und im Winter wieder blau. So wird es nie langweilig, und die Tischdekoration passt zu den Vorstellungen in der aktuellen Ausgabe der Frauenzeitschrift.

Aber die Papierserviette hat eben nicht nur Vorteile, sondern auch gravierende Nachteile. Es kostet jedes Mal Geld, wenn man sie für die neue Saison neu kaufen muss, sie ist meist in Kunststofffolie verpackt und sie wandert nach nur einmaligem Gebrauch in den Mülleimer. Oft werden die Servietten noch nicht einmal gebraucht, aber wenn man zum Kaffee einlädt, sieht der Tisch mit Serviette irgendwie freundlicher aus. Aber wie viele Bäume werden täglich dafür gefällt, um allein unser Bedürfnis nach Papierservietten zu stillen? Ich weiß es leider nicht, aber mir scheint, dass jeder Baum einer zu viel ist. Ganz zu schweigen von den Bleichmitteln und Farben, die eingesetzt werden, um den Servietten die Farbe zu verleihen, die dieses Frühjahr *in* ist. Wer glaubt, es sei gesund, sein Stück Kuchen von einer bunten Papierserviette zu essen, der irrt. Rohstoff- und Energieverbrauch, Transport, Lagerung, Entsorgung, Chemikalieneinsatz und Kosten stehen in keinem Verhältnis zu dem gewonnenen Nutzen.

Du hast also den ersten Schritt getan, wenn du dir einen Satz Stoffservietten kaufst oder selbst nähst und die Papierservietten von nun an im Geschäft liegen lässt. Besorge dir gerne auch vier verschiedene Sätze, je nach Jahreszeit oder Anlass. Dann ist es auch nicht schlimm, wenn die Stücke nur zu Dekozwecken auf dem Tisch liegen. Steht dann mal eine größere Feier an, werden sich die Gäste nicht beschweren, wenn sie Servietten mit verschiedenen Farben gereicht bekommen. Und anstatt die Tischdekoration über die Serviette zu definieren, darf man auch mal wirklich kreativ sein und sich draußen umschauen. Selbst in der Großstadt bietet die Natur eine reiche Auswahl an Dekorationsmaterial, das komplett biologisch abbaubar ist. Wie wäre es zum Beispiel mit einer Herbstdeko aus Tannenzapfen und Kastanien?

Wer zu Hause regelmäßig Servietten verwendet, möchte sie vielleicht nicht gleich nach jedem Essen waschen. Mit personalisierten Serviettenringen können die Servietten zur Seite gelegt und beim nächsten Mahl wieder eindeutig zugeordnet werden. So muss nur gewaschen werden, wenn es die Serviette auch wirklich nötig hat.

Küchenrolle

Küchenrolle hat wahrscheinlich jeder in seiner Küche, weil sie so universell einsetzbar und äußerst praktisch ist. Sie kann aber ohne größere Probleme ersetzt werden. Meist geht es darum, irgendetwas wegzuwischen. Ein guter Lappen schafft das genauso gut.

Die klassischen Spüllappen, die es im Supermarkt zu kaufen gibt, kann ich aber nicht empfehlen. Ihre Lebensdauer ist sehr begrenzt, sie bestehen meistens aus einer Art Kunststoffschaum und beginnen nach kürzester Zeit furchtbar zu stinken. Dauerhafte Spüllappen kann man sich kaufen oder auch aus alten Handtüchern selbst nähen. Handtücher sind der perfekte Ausgangsstoff für einen guten Lappen und bieten eine sinnvolle Möglichkeit, ausgedienten Handtüchern ein zweites Leben zu geben.

Papiertaschentücher

Papiertaschentücher werden ganz simpel durch Stofftaschentücher ausgetauscht, die regelmäßig gewaschen werden. Auch hierfür kann man sehr gut alte Reststoffe von Bettlaken etc. verwenden. Stofftaschentücher sind aber auch im Handel erhältlich. Für viele Menschen scheint es heute geradezu eine Zumutung zu sein, an Stofftaschentücher überhaupt zu denken. Unhygienisch und eklig sind die Vokabeln, die in den Sinn kommen. Woher kommt das? Früher hatte jeder ein Stofftaschentuch. Sie wurden hübsch verziert und gehörten zum guten Ton. Und gestorben ist an ihren Keimen wohl auch noch niemand. Sie verbrauchen nur unmerklich Platz in der Waschmaschine, und gebügelt werden müssen sie auch nicht.

Spülschwämme und Spüllappen

Statt eines Spülschwamms empfehle ich eine Holz-Stabbürste mit auswechselbarem Kopf. Die Wechselköpfe bestehen aus biologisch abbaubarem Naturmaterial und halten beträchtlich länger als der klassische gelbe Spülschwamm aus Kunststoffschaum. Als Spüllappen fungiert der bereits eben erwähnte Lappen, der auch die Küchenrolle ersetzt.

Strohhalme

Strohhalme gehören nicht gerade zu den wirklich notwendigen Dingen dieser Welt, aber sie versüßen uns den ein oder anderen Trinkgenuss. Wer darauf nicht gleich ganz verzichten möchte, greift einfach zu einem Modell aus Glas, Edelstahl oder Bambus. Sie sind waschbar und wiederverwendbar. Gerade das haptische Gefühl, durch einen Glastrinkhalm zu trinken, ist besonders schön. Viel Geld für einen Cocktail auszugeben, ist geradezu hinfällig, wenn man ihn nicht mit dem ihm gebührenden Trinkhalm serviert – gerade so, als würde man Champagner aus Plastikbechern trinken.

Einweggeschirr

Statt Papptellern, Plastikbechern und Plastikbesteck bleiben wir doch direkt bei richtigem Geschirr. Wir wissen ja schon, dass man davon ebenfalls gut essen kann. Und die Messer brechen nicht so schnell ab. Für unterwegs bieten sich auch spezielle Picknick- oder Camping-Geschirrsets an, die leichter und weniger zerbrechlich als Porzellangeschirr sind.

Teelichter

Das klassische Teelicht befindet sich in einer Aluminiumschale, die im Anschluss entsorgt wird. Solche Teelichter sind allerdings auch ohne Schale erhältlich. Damit sie nicht auf dem Tisch auseinanderlaufen, werden sie in ein passendes Glasschälchen gesetzt. Ist das Teelicht aufgebraucht, kann ein neues hineingestellt werden. Einzige Schwachstelle ist allerdings der Fuß des Dochts. Dieser ist leider immer noch aus Aluminium. Vielleicht steigt man am Ende doch besser auf einfache Kerzen um. Auf jeden Fall gehört der Aluminiumfuß aber nicht in den Restmüll, sondern in die gelbe Tonne. So kann der Rohstoff wenigstens wiederverwertet werden. Wirklich vertretbare Kerzen zu finden ist aber auch nicht ganz leicht. So sind die meisten Kerzen aus Palmöl (Stearin) oder Erdöl (Paraffin) hergestellt. Alternativen aus anderer Biomasse gibt es bisher nur einige wenige auf dem Markt.

Tüten

Die klassische Plastiktüte ist ein Beispiel für vermeidbaren Müll, was mittlerweile bei der breiten Masse angekommen ist. Und trotzdem werden sie immer noch angeboten, was zeigt, dass sie immer noch gekauft werden. Nichts ist leichter zu ersetzen als die Plastiktüte: Ihren Zweck erfüllt eine zum Einkauf mitgebrachte Tasche sogar eher besser. Aber jeder, der sich umstellt, kennt die Situation, die Tasche schon wieder zu Hause vergessen zu haben. Es braucht ein wenig Gewöhnung, bis man auch wirklich immer eine dabei hat, wenn man sie braucht. Für Menschen wie ich, die gerne unterwegs einkaufen gehen, ist es ratsam, eine Tasche als Standardausrüstung im Rucksack oder in der Handtasche mit sich zu tragen. Dafür gibt es sogar spezielle Taschen, die sich so klein zusammenfalten lassen, dass sie in der Handtasche nicht weiter auffallen.

Neben den Tüten an der Supermarktkasse, die eine gute Chance haben auszusterben, sind die Tüten in der Obst- und Gemüseabteilung weiterhin äußerst beliebt. In manchen Bioläden sind sie immerhin aus Papier, aber auch das bringt einen Ressourcenaufwand mit sich, der praktisch überflüssig ist. Große Teile können lose in den Einkaufswagen gelegt werden, kleinere werden in einem Gemüsesäckchen verstaut. Die Kassiererin hat an der Kasse verschiedene Gewichte voreingespeichert, die sie für den Beutel abzieht. Um das gesamte Beutelgewicht abgezogen zu bekommen, kann es auf den Stoff aufgedruckt oder geschrieben werden. Je kleiner der Laden ist, in dem du einkaufst, desto entgegenkommender wird auch der Kassierer sein.

Abschminktücher

Als Abschminktuch fungiert meist ein Wattepad aus einem Kunststoffschlauch mit vielen weiteren seiner Art. Statt dieser Einmalnutzung kann ein Abschminktuch aus weichem Stoff dauerhaft wiederverwertet werden. Dafür besorgst du dir, nähst oder häkelst dir am besten einen ganzen Satz. So kannst du die benutzten Tücher in die Wäsche geben und ein frisches nehmen.

Windeln

Unsere Großeltern benutzten wie selbstverständlich waschbare Windeln. Wir empfinden es als Errungenschaft unserer modernen Zivilisation, dass wir dies nicht mehr tun müssen. Aber ist diese Errungenschaft wirklich so bemerkenswert? Wir produzieren mit einem Baby rund 5.000 gebrauchte Windeln, ein Müllberg mit einem Gewicht von 1.400 kg. Das ist nicht nur eine unverhältnismäßig große Menge, auch die Kosten machen den Nachwuchs zu einer echten Belastung. Sodass man gut und gerne das Baby so lange in der vollen Windel liegen lässt, bis es sich richtig lohnt. Die Kleinen können sich zwar beschweren, aber solange es Schnuller gibt, ist das leicht zu überhören. Die waschbaren Windeln gibt es immer noch und sie sind einfacher zu verwenden denn je. Und ihr Preis hat sich sehr schnell amortisiert. Wer seinem Baby aber etwas wirklich Gutes tun möchte, probiert es vielleicht gleich mit dem Abhalten und gewöhnt es von Anfang an an das freie Ausscheiden – natürlicher geht es nicht.

Alufolie und Frischhaltefolie

Das Dream-Team, das in wirklich keiner Küche fehlt, aber in jeder Küche ersetzt werden kann, sind Alu- und Frischhaltefolie. Um Butterbrote oder vorgeschnittenes Gemüse zu transportieren, sind wiederverschließbare Dosen oder die neue Erfindung der »Brotbeutel« ideal. Wenn im Rezept steht: »und nun in Frischhaltefolie einwickeln und x Stunden ruhen lassen«, sei ein Rebell und lege den Teig einfach in eine Schüssel und decke ihn mit einem feuchten Küchenhandtuch ab. Die Folie soll die Feuchtigkeit im Teig erhalten, das feuchte Handtuch tut dies ebenso.

Hast du große Schüsseln, die du für unterwegs abdecken möchtest, ist Kreativität gefragt. Grundsätzlich kann jede Schüssel auch mit einem Teller oder einem Küchenhandtuch abgedeckt werden. Es gibt aber auch Schüsseln, die genau dafür bereits einen Deckel mitbringen. Auch die Lebensmittel in deinem Kühlschrank behandelst du am besten so. Fülle sie in verschließbare Gläser, in Schüsseln, die du mit Tellern abdeckst, und Käse macht sich sehr gut unter einer Käseglocke. Aber eigentlich benötigen die meisten Lebensmittel im Kühlschrank gar keine Abdeckung: Fliegen kommen nicht an sie heran und die Feuchtigkeit bleibt ganz gut erhalten.

Die Alufolie zum Kochen beziehungsweise Backen und Grillen ist ein anderes Thema. Nicht für alle Gerichte kenne ich eine Lösung, kann aber trotzdem nur daran appellieren, im Zweifelsfall etwas anderes zu kochen. Welche gesundheitlichen Gründe dahinterstecken, verrate ich später noch. Auf dem Grill ist Alufolie unnötig, wenn sie lediglich aufgelegt wird, damit das Grillgut den Grillrost nicht berührt. Diese Angst ist unberechtigt, da selbst ein nicht gereinigter Grillrost durch die starke Hitze von Bakterien befreit wird. Für kleineres Grillgut, das durch die Stäbe fallen würde, gibt es Edelstahlgrillschalen. Gemüse kann auch wunderbar auf einem Spieß zusammengehalten werden, und Grillkartoffeln lassen sich auch ganz ohne Verpackung in die Glut legen, werden sie doch von ihrer Schale geschützt. Dies und jenes in Alufolie geschmort, funktioniert auch in ein Palm- oder Maiskolbenblatt eingewickelt, und Lammkeule grillt man in Salzkruste.

Toilettenpapier

Dass Toilettenpapier ein Einwegprodukt ist, liegt auf der Hand, welche Alternative es dazu gibt, nicht unbedingt. Unser hoher Toilettenpapierkonsum ist nicht nur deshalb eine traurige Angelegenheit, weil die Rollen heute immer in Kunststofffolie verpackt sind. 2010 lag der Pro-Kopfverbrauch von Hygienepapieren bei 19 kg pro Jahr, nur um uns den Po abzuwischen. Gerade einmal 50% davon waren Altpapier.[8] Hinzu kommen Chemikalien wie Chlor, mit denen das Papier behandelt wird, um durch besonders weiße Farbe eine besondere Reinheit zu suggerieren. Daneben gibt es noch die wildesten Bedruckungen auf Klorollen. Diese sehen zwar ganz witzig aus, wir müssen uns aber klarmachen, dass jede farbliche Veränderung mit Farben erzeugt wird, die mit Schadstoffen verunreinigt sind, welche von den Kläranlagen allenfalls unzureichend herausgefiltert werden.

Bei uns gab es deshalb immer nur das ungebleichte und ungefärbte Recyclingpapier von DANKE. Aber auch dieses Umweltpapier ist in Kunststoff verpackt. Warum? Wegen uns! Es könnte ja draußen regnen oder die Packung in eine Pfütze fallen. Das wäre ja irgendwie unpraktisch. Und unpraktisch ist heute nur schwer zu verkaufen.

Mehrere Reisen in den Mittleren Osten und nach Südostasien konfrontierten mich mit einer ganz anderen Methode, sich den Po abzuwischen – nämlich mit Wasser. Besser ausgestattete Etablissements stellen dies in Form einer Hygienebrause bereit. In anderen Fällen tut es ein Eimer Wasser, in dem eine Schale mit Griff schwimmt. Ich gebe zu, dass ich mir dessen Benutzung lange Zeit nicht vorstellen konnte. Meine letzte Reise sollte dies ändern. Es ist wohl Einstellungssache. Ich wollte so wenig Müll hinterlassen und so unabhängig sein wie möglich. Immer Klopapier mitzuschleppen kam also nicht infrage. Ich führte viele Gespräche über das Thema, da ich es mir absolut nicht vorstellen konnte. Spritzt man von hinten? Spritzt man von vorne? Benutzt man seine Hände? Sind die Hände dann nicht voller …? Nun sollte der Tag nicht lange auf sich warten lassen, an dem ich mich auf einer Toilette fand, in der es kein Papier und nur Wasser gab, was mein Verdauungssystem aber nicht interessierte. Ich hatte keine Wahl und musste einsehen: ohne Herausforderung kein Wachstum. Witzigerweise lösten sich alle meine Fragen in Luft auf, da ich instinktiv die Brause in die richtige Position brachte und wusste, wann der Wasserstrahl ausreichte und wann noch etwas Handarbeit nötig war. Als ich wenig später auch noch lernte, wie DER EIMER funktioniert, war ich stolz. Ich hatte meine Unabhängigkeit erreicht. Ich konnte auf jede Toilette gehen, ohne Papier mit mir herumzuschleppen und ohne welches hinterlassen zu müssen.

Seitdem haben wir zu Hause ebenfalls eine Hygienebrause installiert. Gregor schwärmt bis heute davon, wie sauber sein Po endlich wird.

Während Hygienebrausen in vielen Kulturen der Erde (so etwa in Asien und den arabischen Ländern) zum Standard gehören, empfinden wir sie wieder einmal unhygienisch bis eklig. Es ist uns nicht zu verübeln, denn mit diesen Glaubenssätzen wachsen wir auf. Tatsächlich kann die Hygienebrause aber als hygieni-

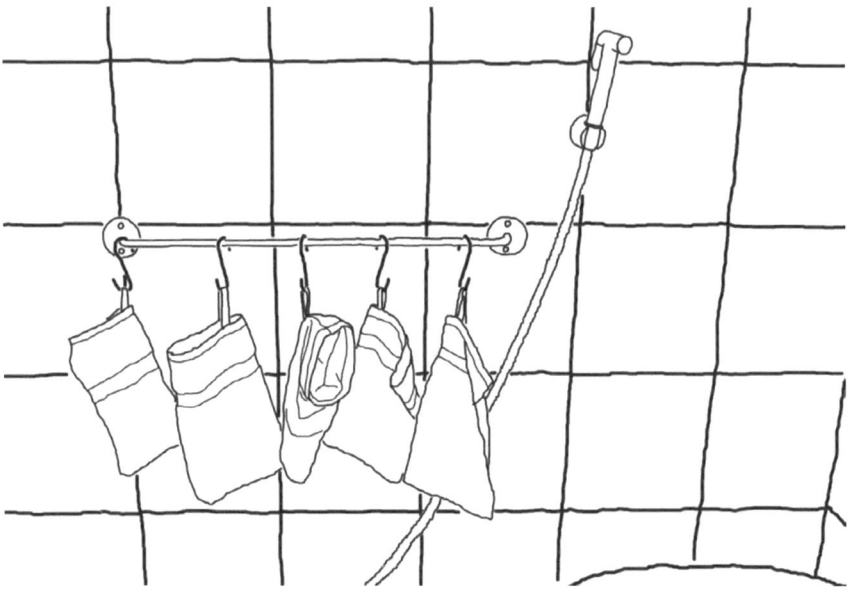

scher als Toilettenpapier angesehen werden. Ein Handkontakt ist gar nicht mehr notwendig.

Die Hygienebrause wird mit einem T-Stück an einem Kaltwasserzulauf, zum Beispiel am Waschbecken, zwischengeschlossen. An die Temperatur gewöhnt man sich schnell, aber der Po trocknet in unseren Breitengraden leider nicht so schnell von alleine. Mit personalisierten Waschlappen neben der Toilette lässt sich aber auch dieses Problemchen leicht in den Griff bekommen.

Für Gregors Kinder und unsere Gäste gibt es bei uns weiterhin Toilettenpapier. Solange unser Müllaufkommen noch nicht ganz auf null ist, erlebt die entleerte Kunststoffverpackung eine Wiedergeburt als Mülltüte und war somit nicht ganz umsonst.

Und noch vieles mehr

Das waren nur einige Beispiele. Je länger man sich bewusst mit dieser Frage beschäftigt, desto mehr Dinge fallen auf, die wir benutzen und daraufhin direkt wegschmeißen. Die Papierserviette ist nur der Anfang einer langen Reihe zahlloser Einwegprodukte, die unser Leben leichter machen sollen. Auch Wasserflaschen, Eiswürfelbeutel, Brottüten, Rasierer, Grillspieße, Geschenkpapier, Grillschalen, Kaffeefilter, Papierhandtücher, Tampons, Binden und Slipeinlagen stehen auf der nicht enden wollenden Liste. Wer sich die Mühe macht, einmal aufzulisten, was er im Schnitt für solche Produkte ausgibt, wird die einmaligen Anschaffungskosten von Alternativen nicht mehr scheuen.

Papierservietten und -taschentücher sind leicht zu ersetzen und waren auch mein allererster Schritt. Im März 2013 habe ich mir die ersten Stofftaschentücher selbst genäht und komplett umgestellt. Aber nicht alle Punkte in der obigen Liste sind so trivial. Geh am besten Schritt für Schritt voran. Brauche deine Altlasten in Ruhe auf und nutze die Zeit, für dich sinnvolle Alternativen zu finden. Ist die Packung leer, kannst du starten.

Wenn du wirklich tief in dir erkannt hast, was für einen Unsinn diese Einwegprodukte darstellen, wirst du möglicherweise den Drang haben, alle Überreste sofort zu entsorgen. Das ging zumindest mir so. Aber wozu? Sie sind ja schon produziert, und ihr nahes Ende ist vorprogrammiert. Wenn du ihnen also noch nicht einmal ihren geringen Nutzen zugestehst, begehst du eine noch größere Verschwendung. Wenn du an das Kapitel »Schadstoffe in Kunststoffen und Pappe« kommst, ist der Wunsch wiederum gut nachvollziehbar. Da es wohl noch eine ganze Weile Menschen in deiner Umgebung geben wird, die solche Sachen aus festester Überzeugung nutzen, genauso wie du sie bislang benutzt hast, kannst du sie mit gutem Gewissen an sie verschenken. Deine Nachbarn oder Verwandten werden sich gewiss darüber wundern, aber ein Satz wie »Ich möchte sie nicht mehr benutzen, aber wegschmeißen möchte ich sie auch nicht« ist für jedermann verständlich. Fügst du eine Begründung an wie »Da ich Müll einsparen möchte, steige ich jetzt auf Mehrwegprodukte um«, gibst du sogar noch einen kleinen Denkanstoß mit. Ist dir der direkte Kontakt noch zu unheimlich, dann mache es wie ich: Nimm einen Karton, packe alles rein, schreibe ein nettes Schild »Zu verschenken« und stelle es vor die Tür.

Lebensmittel einkaufen

Wer müllfrei leben will, der wird versuchen, Verpackungen zu vermeiden, denn ähnlich wie Einwegprodukte haben auch sie eine sehr geringe Lebensdauer. Im Grunde sind sie ebenfalls Einwegprodukte: Das Produkt Verpackung schützt den Inhalt, bis dieser ausgepackt wird, und wird dann zu Müll. Verpackungen haben zwar keine lange Lebensdauer, aber einen unbestreitbaren Nutzen, denn sie schützen, wie gesagt, den Inhalt. Aber wovor eigentlich? Muss der Inhalt überhaupt geschützt werden? Muss eine einzelne Gurke vor ihrer Nachbargurke geschützt werden? Oder vor dem Laufband an der Kasse? Vielleicht sogar vor dem Kunden? Unsere Gesellschaft entwickelt sich immer weiter zu einer paranoiden Masse, die Angst vor jedem Keim hat. Als würde uns der Schmutz des Supermarkt-Laufbandes plötzlich dahinraffen. Wir haben eine verzerrte Wahrnehmung davon, was uns wirklich schadet und was uns demgegenüber nützlich sein kann. Kein Wunder, aber davon später mehr.

Die Keime im Supermarkt, auf Laufbändern, in unserem Badezimmer, in der Küche mögen unseren Organismus angreifen. Aber jeder, der schon mal ein Computerspiel gespielt hat, weiß, dass es ohne Angriff keine Verteidigung gibt. Und wer sich nicht verteidigen kann, der wird im Ernstfall überrollt. So ist es auch in unserem Organismus. Alle diese alltäglichen Keime greifen uns zwar an, sie sind aber relativ harmlos und dienen unserem Abwehrsystem als Trainingslager für ernstere Fälle. Also lass es trainieren und lege deine Gurke lose auf das Laufband. Solange du in der Öffentlichkeit Türklinken anfasst, ist jede weitere Angst sowieso obsolet. Wenn dir das nicht geheuer ist, wirst du die Gurke zu Hause sowieso noch waschen.

Bei der Gurke ist die Sache einfach, aber was ist mit dem Joghurt? Soll ich den auch lose aufs Laufband legen? Du würdest einer bislang freundlichen Kassiererin wahrscheinlich das Wochenende versauen. Es gibt also in der Tat Lebensmittel, die ohne ihre Verpackung gar nicht transportfähig sind. Aber wie wäre es mit einer wiederverwendbaren Verpackung? So wie wir Einwegprodukte durch Dauerhaftes ersetzen, können wir auch Verpackungen durch dauerhafte Verpackungen ersetzen. Das beste Beispiel für dieses Konzept ist die Pfandflasche, die wir doch alle kennen sollten. Leider beschränkt sich unser Pfandsystem auf wenige ausgewählte Lebensmittel. Für alles andere müssen wir unsere Verpackung eben selbst mitbringen. Was nehmen wir dafür am besten? Die Ausstattung ist recht trivial. Eine Auswahl an leichten Säckchen für Obst, Gemüse und Schüttgüter, Dosen oder Gläser für Käse, Wurst und Fleisch, aber auch Antipasti oder Gewürze und Flaschen für Flüssigkeiten. Im Prinzip bist du sehr frei in der Auswahl deiner Gefäße, aber mit der Zeit wirst du merken, mit welchen du besser zurechtkommst und welche du nicht mehr benutzen wirst.

Schützt die Verpackung?
Gerade bei Verpackungen von Lebensmitteln kann man leider nicht nur von Schutz sprechen, denn Verpackungen haben auch deutlich negative Auswirkungen auf den Inhalt. So migrieren die Stoffe aus der Verpackung in den Inhalt – ein Prozess, der je nach Lebensmittel unterschiedlich hohe Risiken birgt. Trockene Lebensmittel nehmen weniger aus der Verpackung auf, fett- und säurehaltige Inhalte dagegen lösen Schadstoffe besonders erfolgreich heraus. Ein durch die Medien mittlerweile bekannter Stoff ist das Bisphenol-A (BPA). Dieser Weichmacher wurde in einer US-Studie im Jahr 2005 im Urin von 95 Prozent aller Testpersonen nachgewiesen. Er kann im Körper hormonähnlich wirken und damit auf alle hormonabhängigen Prozesse, insbesondere auf die Entwicklung von Organismen, einwirken. Bewiesen ist auch hier nichts, aber weltweite Studien verdichten sich zu deutlichen Hinweisen auf einen Zusammenhang zwischen dem Stoff und Bluthochdruck, Herzkrankheiten bei Frauen, Unfruchtbarkeit und Krebs.[9] BPA wird zum Beispiel als Innenbeschichtung von Getränke- und Konservendosen, in Kunststofftrinkflaschen und zur Farbbildung von Thermopapieren in Fahrkartenautomaten verwendet. Letzteres verdient eine besondere Erwähnung, da kaum jemand davon weiß und der Stoff auch über die Haut aufgenommen wird. Bisphenol-A und weitere bedenkliche Inhaltsstoffe machen diese Papiersorte zu Restmüll, der nicht in den Papiermüll gegeben werden sollte. Es ist nicht immer leicht, Thermopapier zu umgehen, da es für Fahrkarten, Parktickets, Quittungen und Bankauszüge Verwendung findet. Es gibt zwar

auch BPA-freie Thermodrucksysteme, aber es ist von außen nicht ersichtlich, wo sie bereits eingebaut sind.

Abgesehen von Babyflaschen bleibt der Stoff weiterhin erlaubt. Genauso wie alle weiteren Weichmacher, die bisher noch niemand so genau untersucht hat. Und genau das ist auch das Problem, denn solche Stoffe werden so lange als unbedenklich eingestuft, bis das Gegenteil bewiesen ist. Wenn du den Kontakt meiden möchtest, solltest du Kunststoffartikel mit dem Recyclingcode 7 vermeiden und wenn möglich Thermopapier nicht mehr mit bloßen Händen anfassen. Ich weiß, das Bahnticket im Sommer mit Handschuhen zu ziehen ist nicht die ideale Lösung. Was Bahntickets angeht, erlaubt uns die moderne Technik aber auch, die Fahrkarten über das Handy zu kaufen. Das spart dann auch wieder Restmüll.

Ein weiteres schönes Beispiel ist Aluminium. Auch hier haben die Medien eine Aufmerksamkeit erzeugt, die dazu führte, dass viele Menschen kein Deo mit Aluminium mehr kaufen möchten. Es steht im starken Verdacht, Alzheimer auszulösen. Beim Voneinanderabschreiben haben die Medien wohl vergessen uns zu sagen, dass Aluminium nicht nur im Deo ein Gesundheitsrisiko für uns darstellt, sondern jegliche Form von Aluminium, die in unseren Kosmetikprodukten enthalten ist oder mit unseren Lebensmitteln in Berührung kommt. Wenn wir diesen Gedanken fortführen und uns in unserer Küche genau umschauen, werden wir sehr schnell über die allseits beliebte Alufolie stolpern. Dann wird klar, warum ein Großteil der Aluminiumrückstände in unserem Körper gar nicht vom Gebrauch eines Deos, sondern von unserer Nahrungsaufnahme stammt.

Aber auch das eigentlich so nachhaltige Papier hat es in sich. So basieren die verwendeten Druckfarben in der Regel auf Erdöl und sind mit allerhand giftigen Chemikalien besetzt. Sie können beispielsweise aromatische Amine enthalten, die laut des Bundesinstituts für Risikobewertung krebserzeugende und erbgutverändernde Eigenschaften aufweisen. Das gilt zudem nicht nur für Papier, sondern ebenso für Kunststoff.[10] Gedankenlos von bedruckten Papierservietten oder Papptellern zu essen ist demnach äußerst mutig, genauso wie der Transport von Backwaren in bedruckten Papiertüten.

Wo einkaufen?

Und nun kann es losgehen. Wenn du das nächste Mal Lebensmittel einkaufen gehst, genau dort, wo du dies in der Regel auch sonst tust, lege doch mal nur Dinge in deinen Wagen, die gänzlich unverpackt sind. Du ahnst schon, was passieren wird: Du wirst nicht viel bekommen – je nachdem, wo du bist, nicht einmal Obst und Gemüse. Im Discounter wird es schwierig mit dem losen Einkaufen. Du wirst aber auch feststellen, dass du durchaus mehr lose bekommen kannst, als du dir bislang hast vorstellen können, wenn du nur weißt, wo du hingehen musst.

Bioläden

Da es immer noch Menschen gibt, denen Bio-Lebensmittel nicht ganz geheuer sind, möchte ich mit ein paar Vorurteilen aufräumen. Wir kaufen biologische Lebensmittel nicht, weil sie besser schmecken. Das ist oft der Fall, aber bei Weitem nicht immer. Und wir kaufen sie auch nicht, weil sie gesünder für uns sind, denn der gesundheitliche Zustand unserer Körper ist meist ohnehin desolat und lässt sich leicht ignorieren. Wir kaufen sie einerseits, um ein gewisses Maß an Tierleid zu vermeiden, und andererseits, um unseren Planeten zu erhalten. Denn die konventionelle Landwirtschaft verschlechtert und vergiftet unsere Böden sukzessive, sodass die Fruchtbarkeit stetig abnimmt und die Düngermenge stetig steigen muss. Mit dieser Überdüngung und dazu noch den Pflanzenschutzmitteln rotten wir alles andere Leben auf dem Feld aus, zerstören die Biodiversität und fördern das Bienensterben; wir lassen diese Stoffe in unser Grundwasser und unsere Flüsse sickern und gefährden damit weitere Lebensräume. Genau deshalb macht es bei jedem Lebensmittel Sinn, auf Bio-Qualität zu achten.

Einen Bauern seines Vertrauens hat leider nicht jeder um die Ecke. Mit den Bio-Siegeln ist wenigstens ein Mindestmaß an ökologisch nachhaltigem Verhalten garantiert. Wer sich dies bewusst macht, stellt auch schnell fest, dass biologisch angebaute Lebensmittel weit günstiger wären als konventionelle, wenn man die wahren Kosten mit einrechnen würde – nämlich all die Kosten, die entstehen, um die Umweltschäden im Nachhinein wieder auszugleichen, soweit das überhaupt noch möglich ist. Doch dies nur am Rande, denn letztlich muss jeder selbst entscheiden, wo er einkaufen geht. Der Bioladen ist aber definitiv ein erster guter Anlaufpunkt, um unverpackt einzukaufen. Obst und Gemüse sind meist lose erhältlich. Auch hier hängen zwar paradoxerweise die verschrienen dünnen Plastiktüten zum Einpacken neben den losen Äpfeln. Wir lassen sie aber links liegen und zücken ein mitgebrachtes Stoffsäckchen. Gerade wenn wir viel von einer Sorte kaufen, etwa erdige Kartoffeln, oder auch kleine Dinge wie Pilze oder Bohnen, ist so ein Säckchen praktisch. Meist ist es aber nicht notwendig – die Äpfel können auch lose im Einkaufswagen liegen.

Wenn ich keine Säckchen dabei hatte, was mir gerade in der Anfangszeit natürlich häufig passierte, habe ich Kartoffeln auch schon lose auf das Laufband gelegt. Aus Mitleid mit dem Kassierer denke ich mittlerweile aber doch immer daran, Verpackungsmaterial mitzubringen. In der Regel werden die Lebensmittel an der Kasse abgewogen und das Säckchen gleich mit. Nun kommt zu Recht der Gedanke, dass man dadurch einen preislichen Nachteil hat. Deshalb verwende ich gerne möglichst leichte Stoffsäckchen oder packe die Lebensmittel oft erst nach der Kasse ein und lege sie wirklich lose auf das Band. Du kannst das Gewicht des Säckchens aber auch auf das Material drucken, schreiben oder sticken oder gleich ein Säckchen verwenden, auf dem das Gewicht notiert ist. Manche Kassensysteme erlauben einen manuellen Abzug des Gewichts. Was die meisten Kassensysteme aber auch anbieten, sind verschiedene voreingestellte Gewichtsklassen für Verpackungsmaterial. Der Kassierer wählt davon nach Gefühl eins aus und zieht das Gewicht von dem Gesamtgewicht ab. Das passiert meist, ohne dass der Kunde etwas davon mitbekommt. Wenn du es genau wissen willst, frag nach – du wirst eine freundliche Antwort erhalten. Und gerade in Bioläden geht es meist entspannter zu als in den große Massen abfertigenden Supermärkten und Discountern. Hier wirst du nicht schief angeguckt, wenn du etwas aus der Reihe tanzt, sondern eher für deine tollen Säckchen gelobt.

Ein weiterer Vorteil des Bioladens ist die Auswahl an Pfandflaschen. Fast jedes Milchprodukt findest du hier in einer solchen Verpackung: Milch, Buttermilch, Joghurt, Sahne, Schwedenmilch und teilweise sogar Quark. Außerdem alle Getränke von Säften inklusive Zitronensaft und Limonaden über Bier bis hin zu dem ein oder anderen Wein. Butter wird man hier leider vergeblich suchen, aber auch dafür haben wir endlich die rettende Lösung gefunden, auf die ich später noch zu sprechen komme.

Wochenmärkte und Hofläden

Das Sortiment auf dem Wochenmarkt ist ähnlich wie im Bioladen. Es gibt Obst- und Gemüsestände, Käsestände, Metzger und Bäcker. Wer sich das Großlager eines Bioladens mal genauer anschaut, erkennt schnell den entscheidenden Vorteil des Marktstandes oder Hofladens. Die Lebensmittel werden in Kisten oder Einwegkartons geliefert, die in der Regel mit Kunststofffolien ausgekleidet sind. Es bleibt eine Materialschlacht. Auf dem Markt läuft die Lieferkette bis zum Konsumenten relativ verpackungsfrei ab. Die Bauern packen ihre Lebensmittel lose in Kisten und verkaufen sie auch aus diesen. Das trifft natürlich nur bei Waren aus dem eigenen Anbau zu, die aber normalerweise als solche gekennzeichnet sind. Bei dieser Ware ist man zudem sicher, dass sie absolut regional, saisonal und sogar preislich unschlagbar ist. Die Ware ist zudem frischer und es entsteht weniger Ausschuss. Beim Hofladen ist ein Verpacken im Grunde gar nicht erforderlich, da die Lebensmittel genau dort verkauft werden, wo sie produziert werden.

Metzger und Käsetheken

Metzger und Käsetheken zeichnen sich durch ihre unverpackte Frischware aus. Bis auf wenige abgepackte Produkte werden die Waren auf Kundenwunsch verpackt. Deshalb besteht grundsätzlich die Möglichkeit, die Ware unverpackt zu erhalten. Allerdings gibt es die hygienische Vorschrift, mitgebrachte Behälter und Gefäße nicht über die Theke in den Bereich der zu verkaufenden Waren nehmen zu dürfen, da diese Behälter auf irgendeine Weise kontaminiert sein und somit Krankheitserreger in den »sauberen« Thekenbereich einführen könnten. Wir haben das Dilemma so gelöst, dass das Personal uns die Ware auf der Theke in unsere Dose hineinplumpsen lässt. Bei Schnittkäse geht das problemlos, bei anderen Produkten weniger. Salamischeiben landen immer erst auf einer Folie; wir können sie unverpackt mit nach Hause nehmen, aber die Folie fällt doch an. Trotzdem lohnt sich der Aufwand, denn nur so werden die Einzelhändler merken, dass es Zeit ist, sich ein neues System für die Weitergabe ihrer Waren auszudenken.

In kleinen Bioläden, an unabhängigen Theken oder auf dem Markt sind die Chancen für ein Entgegenkommen am größten, da sie nicht von einer strikten Firmenpolitik geprägt sind, die eigene Behältnisse des Kunden kategorisch verbietet. Die Händler wollen ihre Waren verkaufen und sind flexibler. Wer Glück hat, findet sogar Händler, die die Dosenvorschrift nicht ganz so ernst nehmen und die Dose einfach auf die Waage stellen. Damit haben wir auf dem Biowochenmarkt die besten Erfahrungen gemacht.

Genau wie an der Käsetheke im Supermarkt ist aber auch hier die Auslage voller Frischhaltefolie. Perfekt ist das Konzept also noch nicht, aber keine zusätzliche Verpackung mitzunehmen, ist ein deutliches Zeichen. Und je mehr solcher Zeichen wir setzen, desto eher wird sich etwas ändern.

Konzept Solawi

Ein großes Manko am Einzelhandel ist der sehr hohe Verlust an Lebensmitteln. Gerade Backwaren, Obst und Gemüse müssen immer frisch sein, um vom Konsumenten akzeptiert zu werden. Da auf der anderen Seite aber ein sehr breites Sortiment angeboten wird, verwundert es nicht, dass nicht alles abverkauft werden kann, bevor es den Qualitätsansprüchen nicht mehr genügt. Aber auch Produkte mit nahendem Haltbarkeitsdatum werden aussortiert – obwohl dieses Datum nichts über die eigentliche Qualität der Lebensmittel aussagt. In vielen Supermärkten werden diese Lebensmittel immer noch schlichtweg weggeschmissen. Immer mehr schließen sich der Foodsharing-Initiative an und geben die Lebensmittel kostenfrei ab, um sie von Essensverteilern vor der Verschwendung zu retten. Manche bieten aber auch innerhalb des Geschäfts ältere Waren zu reduzierten Preisen an.

Eine andere Methode, den Verlust zwischen Bauer und Verbraucher so gering wie möglich zu halten, ist die *Solidarische Landwirtschaft*. Das Konzept dieser Landwirtschaftsform ist kein marktwirtschaftliches, sondern ein gemeinschaftliches. Unabhängig von den marktüblichen Preisen bekommt ein Landwirtschaftsbetrieb das ganze Jahr über monatliche Raten von den Mitgliedern. Dieser feste Beitrag sichert dem Hof das Überleben und eine faire Bezahlung, unabhängig vom Ertrag, von klimatischen Ausfällen und Preisschwankungen auf Grund von Überproduktion. Das anfallende Gemüse wird restlos auf die Mitglieder verteilt. Wer etwas nicht haben möchte, kann es anderen Mitgliedern überlassen oder tauschen. Mit dieser Form der Landwirtschaft ist nicht nur eine gerechte und nachhaltige Form des Anbaus gesichert, die Lebensmittelverluste werden zudem auf einem absoluten Minimum gehalten. Auch »hässliches« Gemüse findet seinen Weg auf den Teller und verbleibt nicht, wie sonst üblich, gleich auf dem Feld.

Solawis gibt es vereinzelt in allen Regionen Deutschlands. Die Plätze sind begehrt, da es noch nicht besonders viele sind und es neue Solawis schwer haben, geeignete Flächen und geschulte Landwirte zu finden. Das Konzept ist aber auf dem Vormarsch, und es lohnt sich, entsprechende Initiativen in seiner Umgebung zu suchen.

Bäcker

Beim Bäcker gibt es gar keine Probleme, ob konventionell oder bio. Wir halten einfach unser Säckchen oder unsere Tasche hin und bitten, die Brötchen direkt hineinzugeben. Die Verkäufer fassen das Säckchen mit bloßen Händen an, nehmen es über die Theke, füllen es mit dem, was wir haben möchten, und geben es zurück. Wenn sie es nicht tun, halten wir das Säckchen und sie geben die Brötchen über der Theke hinein. Hier hatten wir noch nie Probleme. Selbst wenn wir jegliches Zubehör zu Hause vergessen hatten, mussten wir nicht erfolglos abziehen: Eine Baguettestange bekommt man auch anstandslos auf die Hand. Wenn dir dies verweigert wird, berufe dich darauf, dass Lebensmittelkontrolleure kein Problem damit haben, solange das Säckchen nicht über die Theke gereicht wird.

Türken, Chinesen oder Griechen

Multikulturelle Ballungsräume werden durch Einzelhändler mit Migrationshintergrund und entsprechend speziellem Angebot bereichert. Auch diese Läden sind unabhängig und mit ihrer nicht deutschen Herkunft tendenziell entspannter, was überzogene Hygienevorschriften angeht. So ist es hier ein Leichtes, allerhand Lebensmittel von Oliven über Tzatziki bis hin zu Tofu lose zu bekommen. Leider ist die Qualität keine kontrolliert biologische, und gentechnikfreien Tofu mag der Verkäufer zwar anpreisen, aber ob das stimmt, weiß er wahrscheinlich selbst nicht. Für uns persönlich fallen solche Geschäfte deshalb leider völlig weg. Denn der Nutzen von unverpackter Ware, die dafür aber aus konventionellem Anbau und konventioneller Tierhaltung stammt, ist mehr als fraglich. Wer aber sowieso hier einkauft, der ist mit eingesparter Verpackung besser aufgestellt.

Verpackungsfreie Supermärkte

Was wir weder auf dem Wochenmarkt noch im Bioladen oder in den meisten anderen Verkaufseinrichtungen lose bekommen, sind getrocknete Lebensmittel wie Reis und Nudeln, Gewürze und Backzutaten. Der verpackungsfreie Supermarkt ist hier ein Segen, und wenn du einen solchen in deiner Nähe hast, kannst du dich glücklich schätzen. Im Moment schießen sie wie Pilze aus dem Boden. Kiel hatte den deutschlandweit ersten, und Original Unverpackt aus Berlin erhielt wohl das bisher größte Medieninteresse. Seitdem tauchen immer mehr solcher Läden auf. Das Konzept geht zurück auf den guten alten Tante-Emma-Laden, in dem ein riesiger Sack Reis stand. Die Verkäuferin nahm ihre große Schaufel und füllte ab, so viel der Kunde wünschte. In vielen Teilen der Erde läuft es auch heute noch so, ohne dass Menschen reihenweise sterben, weil sie unverpackten Reis gegessen haben. So viel Immunsystem wie in den Entwicklungsländern gesteht man uns meist nicht zu. Aber für jede Herausforderung findet sich eine Lösung. Und so sehen die verpackungsfreien Supermärkte heute ein wenig anders aus: Sie arbeiten mit Spendersystemen, die man vielleicht schon von dem ein oder anderen Frühstücksbuffet kennt und an dem man sich bei der Müsliauswahl bedient. Um genau solche Spender geht es. Oben werden die Lebensmittel eingefüllt und unten fallen sie in der Menge heraus, in der der Kunde sie sich wünscht. Damit sind etwaige Hygiene- und Ungezieferbedenken auf ein absolutes Minimum reduziert. Niemand kann reinspucken oder niesen oder gar mit der ungewaschenen Hand nach dem Toilettengang hineingreifen. Die Supermärkte bieten neben Lebensmitteln oft auch Reinigungsmittel und Kosmetikprodukte in großen Spendern an.

Deutschland tut sich mit der Nutzung solcher Spendersysteme noch etwas schwer. Die Verpackungslobby trägt gewiss ihren Teil dazu bei. In anderen Ländern wie den USA, Frankreich und Australien haben sie sich aber bereits erfolgreich etabliert und sind auch in konventionellen Supermärkten überall zu finden.

Feinkost

Spezielle Geschäfte für Feinkost bieten ebenfalls oft lose Ware an. Essig- und Ölhändler haben sich mittlerweile in unseren Einkaufsstraßen etabliert und bieten sehr schmackhafte Produkte an. Hier ist es sogar so gedacht, dass der Kunde mit der eigenen Flasche vorbeikommt und abfüllen lässt, und diese Geschäfte bieten oft auch Spirituosen und Liköre an. Leider gibt es nur hochpreisige Produkte und keine Standardöle wie etwa einfaches Sonnenblumenöl, das man in größeren Mengen benötigt. Auch muss uns klar sein, dass es hier ebenfalls nicht kunststofffrei vonstattengeht. Denn bevor das Öl in die ansehnlichen Verkaufsgefäße kommt, wird es in 5-Liter-Kunststoffbeuteln geliefert. Essig und Öl sind sonst aber nur in Einweg-Glasflaschen oder in großen Blechkanistern erhältlich. Was hier besser oder schlechter ist, ist wirklich schwer zu bewerten.

Andere nützliche Feinkostgeschäfte sind zum Beispiel Teehändler. Hier wird die Ware auch nach Wunsch abgefüllt. Wieso also nicht in die eigene Dose? Auch Süßigkeiten gab es schon immer lose und gibt es auch heute noch. Spezielle Geschäfte und Marktstände verkaufen Gummibären, Lakritze oder Pralinen. Hier kann man meistens noch selbst Gefäße mitbringen. Und für den süßen Snack zwischendurch stehen die Fruchtgummis in den meisten Kiosks bereit.

Diese Süßigkeiten kommen aber auch hier aus Kunststoffgroßpackungen, die man sich also im Prinzip auch selbst für zu Hause kaufen kann. Zwar trägt es ein kleines bisschen zu dem ambitionierten Ziel bei, die Jahresmüllbilanz auf ein Einmachglas zu reduzieren. Aber ob der Müll nun zu Hause anfällt oder im Kiosk, ist egal, solange er für mich als Verbraucherin sowieso anfällt.

ANDERS EINKAUFEN

Überzeugungsarbeit leisten

Wenn du nicht gerade in einem verpackungsfreien Supermarkt unterwegs bist, wirst du dich vielleicht unwohl fühlen bei dem Gedanken, mit der eigenen Dose vor der Käsetheke vorzusprechen. Mach dir nichts draus, du bist nicht alleine – es ging mir nicht anders, und auch einem gestandenen Mann von 41 Jahren nicht, der Felswände im achten Grad erklettert.

Es ist etwas Neues, verpackungsfrei einzukaufen, und noch viel mehr, darauf zu bestehen. Wir sind anders aufgewachsen, haben so etwas nie gemacht, kennen vermutlich niemanden, der so etwas macht, und auch die Verkäuferin hat so etwas möglicherweise noch nie gesehen. Es ist also durchaus menschlich, sich dabei zunächst einmal unwohl zu fühlen. Wenn wir so etwas machen, verlassen wir unsere Komfortzone, und das machen wir im Alltag ungerne. Eigentlich ist das eher was für den Urlaub oder die nächste Gehaltsstufe – ein Vergleich, den du dir aber zunutze machen kannst. Sieh das Ganze wie eine große Herausforderung. Im Nachhinein fühlt man sich gut, wie nach jeder Herausforderung, die man gemeistert hat.

Hol also deine Dose heraus und frage, ob sie dir den Käse auch lose hineingeben. Oder frag gar nicht erst und sage nur: »Bitte lose hier hinein«, als wäre es das Selbstverständlichste auf der Welt.

Mach dich darauf gefasst, dass du beim ersten Mal mit großen Augen angeschaut wirst, wenn du deine Dose hinhältst. Die Lose-Käufer werden zwar stetig mehr, aber viele Geschäfte sind noch nicht darauf eingestellt. Die großen Augen rühren aber meist daher, dass der Verkäufer so etwas noch nicht gesehen hat, und nicht etwa, dass er dich sonderbar oder bescheuert findet. Ganz im Gegenteil. Das Gros der Verkäufer wird sich darüber freuen, was du tust, und dir offen (oder in Gedanken) seinen Zuspruch mitteilen. Sie sind auf deiner Seite, denn auch sie spüren tief drinnen, dass das, worin sie ihre Waren üblicherweise einpacken, ganz schön viel Müll produziert. Gerade unabhängige Einzelhändler belohnen dein Engagement auch gerne entweder mit freundlichen Worten oder sogar mit einem besonders schweren Kilogramm (für den gleichen Preis, versteht sich).

Ist der Verkäufer unsicher, bestärke ihn, dass es okay ist. Sage ihm, dass du überall so einkaufen gehst, dass es dich nicht stört, wenn der Käse mit der Rinde ohne Papier auf der Waage liegt und vielleicht etwas unaufgeräumt in deiner Dose aussieht. Bist du neu bei der Sache und der Verkäufer ebenfalls, musst du genau aufpassen, was er tut, denn manchmal wird er dir in seiner Hilflosigkeit versuchen, doch irgendein Papier unterzujubeln, weil dann irgendwas weniger klebt oder länger frisch hält. Bestärke ihn wieder darin, dass du das nicht brauchst und darauf verzichten *möchtest*.

Die Supermarktkette

Der reine Zuspruch der Verkäufer ist aber leider nicht immer ein Garant für den Erfolg, und man stößt zwangsläufig auch manchmal auf Widerstand. Gerade größere Lebensmittelketten geben ihren Filialen gerne strikte Handlungsanweisungen an die Hand. In einer Supermarktkette an der Käsetheke ein Stück Käse unverpackt in der eigenen Dose mit nach Hause nehmen zu dürfen, ist leider eher selten. Fragen lohnt sich aber immer, denn selbst wenn du eine Absage bekommst, hast du ein Zeichen hinterlassen. Besonders wenn du die Verkäuferin mit einem »Das ist sehr schade. Dann werde ich meinen Käse woanders kaufen. Vielen Dank und schönen Gruß nach oben« zurücklässt. Solche Sätze werden dir mit der Zeit immer leichter fallen. Und solche Sätze erzeugen Nachhall. Eigentlich sollten wir Frischetheken mit solchen Anfragen bombardieren, selbst wenn wir die Antwort schon kennen. Jeder gibt irgendwann nach, wenn der Druck groß genug ist. Eine berühmte Edeka-Filiale hat bereits reagiert und ein Schleusensystem für mitgebrachte Behälter eingeführt. Da die Reinigung darin aber zu lange dauert, sind sie schließlich dazu übergegangen, die Behälter auf ein Tablett und dieses auf die Waage zu stellen. Und es funktioniert auch. Nachahmer erwünscht!

Wiederholungstaten

Egal wo du letztendlich einkaufst, werden dir Wiederholungstaten dein Leben leichter machen. Gehst du immer an die gleichen Frischetheken, wirst du immer den gleichen Menschen begegnen, die dich bald kennen und genau wissen, was du willst. Die Käsetheke unseres Vertrauens weiß nicht nur, wie wir unseren Käse verpacken möchten, sondern auch, was unser Lieblingskäse ist und wie viel wir davon brauchen. Irgendwann fühlt man sich wieder vollkommen *normal*.

DAS KLEINERE ÜBEL

Der Begriff »Zero Waste« könnte suggerieren, dass man sich entscheiden muss, ob man nun Müll macht oder nicht. Aber das muss man nicht. Wenn das der Fall wäre, würde auch ich dieses Buch gerade nicht schreiben, denn unser Haushalt ist alles andere als müllfrei. Nach der Definition von Müll wäre das auch gar nicht möglich, denn Müll ist nicht nur das, was beim Auspacken nach dem Einkauf anfällt.

Jeder kann Zero Waste leben, ohne 100 Prozent Zero Waste zu sein. Jeder kann mitmachen, egal, in welchem Umfang er dies tut. Und genau dazu möchte ich animieren. Denn jedes bisschen eingesparte Verpackung ist ein gutes bisschen. Man muss nicht gleich vollkommen müllfrei einkaufen und auf alles verzichten, was man nicht verpackungsfrei bekommt. Der erste Schritt ist es, sich mit dem auseinanderzusetzen, was man normalerweise einkauft, und sich Gedanken darüber zu machen, wo man schlichtweg etwas einsparen kann.

Außerdem ist Zero Waste keine Festlegung, sondern ein Prozess. Man wacht nicht morgens auf und lebt plötzlich müllfrei. Es kann durchaus sein, dass man morgens aufwacht und die Entscheidung trifft, müllfrei leben zu wollen. (So war es ganz nebenbei auch bei mir.) Aber bis dahin ist es ein langer Weg, den man sich auch zugestehen sollte. Es ist ein Weg der Lösungen. Schritt für Schritt tauchen immer mehr Lösungen auf und werden immer mehr Herausforderungen gemeistert. Um nicht angesichts der Breite der Aufgabe verrückt zu werden, gilt es, Ruhe zu bewahren und immer nur so viel zu bewältigen, wie man gerade kann. Ohne den besagten verpackungsfreien Supermarkt ist es bei Lebensmitteln oft schwierig, eine akzeptable Lösung zu finden. Du könntest nun alles, was du nicht lose bekommst, von deinem Speiseplan streichen. Gregor sagte eines Abends: »Also, ich könnte mich auch nur von Kartoffeln und Salat ernähren.«

Das glaubte ich ihm sofort, und gesund wäre es sicherlich auch. Aber für eine sechsköpfige Familie, von denen drei Personen Kinder sind, die mit Piccolinis und Schokoriegeln aufgewachsen sind, würde das wohl zu zähem Widerstand bis hin zu Hungerstreiks führen.

Alles, was du also nicht von deinem Speiseplan streichen möchtest, kannst du zumindest mit mehr Bedacht einkaufen und nach dessen Verpackungsart bewerten. Manche solcher Bewertungskriterien sind offensichtlich, wenn du erst einmal den Blick dafür geschärft hast. Andere sind weniger eindeutig und hängen von so vielen Faktoren ab, dass man als Verbraucher gar keine Bewertung vornehmen kann.

Materialwahl
Über die Wahl des Verpackungsmaterials lässt sich leicht steuern, wie schädlich der Müll ist. Die Tendenz geht leider dahin, alles in Plastik zu verpacken, selbst trockene Schüttgüter, die es doch am wenigsten brauchen, wie zum Beispiel Reis, Bohnen, Linsen und Nudeln. Warum das so ist, wollte ich genauer wissen und habe bei diversen Herstellern nachgefragt. Sie sind um eine Antwort nicht verlegen und argumentieren immer wieder mit dem Schutz der Lebensmittel. Denn Recyclingpappe enthält Mineralölspuren, die aus der Verpackung in die Lebensmittel migrieren können. Das Mineralöl stammt aus dem vorherigen Leben der Pappe, denn die meisten Druckfarben basieren auf Erdöl. – *Wäre es dann nicht sinnvoll, einfach Frischpapier zu verwenden? Das wäre doch immer noch ökologischer als Kunststoff?* – Auch die frische Druckfarbe der neuen Verpackung kann in die Lebensmittel migrieren! – *Wieso verwendet man dann nicht einfach mineralölfreie Druckfarben?* – Ich warte bis heute auf eine Antwort. Auch kann man durch Kunststoff hindurchgucken und so sehen, was sich hinter der Verpackung befindet – ein Grund, warum selbst Papierverpackungen immer häufiger mit Sichtfenstern ausgestattet werden. Und überhaupt, wenn es mal regnet, ist Plastik schon praktischer.

Alles respektable Gründe, aber die Frage bleibt: Ist es das wert?

Einige Lebensmittel gibt es aber, die noch (oder wieder?) in Papier- oder Pappbehältnissen verkauft werden. Und es ist sinnvoll, diese den in Plastik verpackten gegenüber zu bevorzugen, wo es geht.

Doppelt und dreifach

Viele Produkte sind nicht nur verpackt, um ihren Schutz zu gewährleisten. Hinzu kommen noch weitere Verpackungen, um den Inhalt in mundgerechte Größen zu portionieren oder um eine größere Außenverpackung generieren zu können, die mehr Platz für Werbung bietet. Solche Doppeltverpackungen sind unnötig, leider kann man sie aber nicht immer vermeiden. Süßigkeiten sind besonders gerne so verpackt. Aber es gibt auch solche, die auf die portionsgerechte Verpackung im Inneren verzichten. Nimm dir Zeit, zu schauen, ob das gleiche oder ein ähnliches Produkt auch mit weniger Verpackung erhältlich ist.

Die Größe zählt

Die Bewertung der Verpackung ist außerdem von seiner Größe abhängig. Je kleiner die Packungsgröße, desto ungünstiger das Verhältnis, und zwar sowohl in puncto Müll als auch in puncto Preis. Die Schokoriegel schneiden bei dieser Bewertung also nicht sehr gut ab, genauso wie Fruchtzwerge und Trinkpäckchen. Wer Tomaten haben möchte, kann entweder bei Aldi zu den Kirschtomaten in der Hartplastikschale greifen oder aber zu einem ganzen Bund ausgewachsener Tomaten. Selbst lose im Bioladen sind diese Tomaten dann immer noch günstiger als die kleinen Geschwister. Derartige Beispiele gibt es viele, und so kann jeder eine Menge reduzieren, ohne gleich alle Gewohnheiten über Bord zu werfen.

Aber auch die anderen standardmäßigen Verpackungsgrößen im Einzelhandel fallen eher klein aus. Nur einige Lebensmittel und Kosmetika finden sich vor allem in Biosupermärkten auch in größeren Verpackungseinheiten. Eine Alternative dazu können Großgebinde sein, die über spezielle Händler meist direkt nach Hause geliefert werden. Bei einem 25Kilo-Sack Reis ist es dann erstaunlicherweise auch kein Problem mehr, ihn lediglich in Papier zu verpacken. Wer im Internet nach dem Stichwort »Großgebinde Reis, Weizen …« sucht, wird schnell fündig. Einen solchen Sack Reis aufzubrauchen, mag für einen Asiaten kein Problem sein. Bei einem Europäer kann das aber schon mal etwas länger dauern. Auch begnügen wir uns ungern mit Reis, sondern wollen auch Nudeln, Bohnen, Linsen, Erbsen, Getreide, Polenta … Das werden dann plötzlich eine ganze Menge Säcke. Obwohl solche absolut trockenen Lebensmittel praktisch nicht schlecht werden, können sie trotzdem von Schädlingen befallen werden und verbrauchen eine Menge Platz. Es bietet sich also an, solche Großeinkäufe nicht alleine, sondern in einer Gemeinschaft zu tätigen. Wir beispielsweise kauften lange die verschiedensten Sorten an Lebensmitteln ein, lagerten sie zu Hause und gaben sie an Hausbewohner und Nachbarn weiter, bevor wir unseren eigenen Unverpackt-Laden eröffneten. So wird das Risiko minimiert und die Lebensmittel werden schneller aufgebraucht. Durch die großen Mengen kommen unterm Strich auch alle günstiger weg.

Pfand nicht gleich Pfand

Vor einigen Jahren wurde bei uns mit dem Dosenpfand auch das erweitere Pfand auf allerlei Kunststoffflaschen eingeführt. Das war ein guter Schachzug, der dazu führte, dass die Dose fast ausgestorben ist und praktisch keine Plastikflaschen mehr in der Umwelt liegen bleiben. Weggeschmissen werden sie immer noch, aber der neue Wirtschaftszweig der Pfandsammler sorgt dafür, dass sie zeitnah im Pfandsystem untergebracht werden. Schön und gut, aber Pfandflasche ist leider nicht gleich Pfandflasche. Es gibt zwei Sorten von Pfandflaschen: die Mehrwegpfandflasche, die dem direkten Recycling zugeführt wird – das heißt, die Flasche wird gespült und erneut verwendet –, und die Einwegpfandflasche, die bereits in der Pfandannahmestelle plattgewalzt wird. Solche Flaschen landen zwar auch im Recyclingsystem, um aber daraus wieder neuen nutzbaren Kunststoff zu gewinnen, ist ein hoher Energieaufwand nötig. Zudem handelt es sich nur um einen Downcyclingprozess, denn dabei verringert sich die Materialgüte so, dass der Kunststoff nur noch für minderwertige Zwecke genutzt werden kann.

Neben dem durchaus positiven Trend, Pfand zu sammeln, steht der negative Trend zum Einwegpfandflaschenkonsum. Diese Einwegflasche hat den Markt bei uns im Schlaf erobert. Wahrscheinlich weil sie so schön praktisch ist. Während die Mehrwegpfandflasche vor allem in großen Getränkekästen erhältlich ist, die wieder in den Handel zurücktransportiert werden müssen, gibt es die Einwegflasche im handlichen Sechserpack zusammengeschnürt. Außerdem ist die Mehrwegflasche bei Weitem nicht überall erhältlich, die Einwegflasche gibt es dagegen mittlerweile bei jedem Discounter.

Praktisch hin oder her – mit ein wenig Umsicht meidest du die Einwegflasche und setzt wieder auf Mehrweg. Dabei sparst du auch direkt die Umverpackung aus Plastik, die erforderlich ist, um daraus ein handliches Sechsergebinde zu schnüren.

Das ultimative Argument sowohl für Plastikflaschen als auch für Einwegplastikflaschen sind Gewicht und Tragekomfort. Es ist nicht leicht, ohne Auto einen Getränkekasten nach Hause zu bekommen, und ein Leben ohne Auto können wir natürlich nur begrüßen. Deshalb schleppen wir zu Hause außer dem ein oder anderen Bierkasten überhaupt keine Getränke. Mit meinem spontanen Einzug in die Familie brachte ich auch einen Wassersprudler mit. Dieser erleichtert mein Leben, schon seit ich von zu Hause auszog, und davor das Leben meiner Eltern. Er ist also keineswegs eine neue Erfindung, und doch trifft man ihn in den wenigsten Haushalten an. Dabei macht er aus einfachem Leitungswasser, das nahezu kostenfrei und unbegrenzt bei uns aus dem Hahn läuft, in Windeseile prickelndes Sprudelwasser. Die benötigten CO_2-Kartuschen sind Pfandflaschen, die im Handel umgetauscht werden. Lediglich ihr Deckel ist bei manchen Händlern mit einem Kunststoffverschluss versiegelt.

Das Leitungswasser in Deutschland unterliegt so hohen Standards, dass es als Trinkwasser auf jeden Fall zu empfehlen ist und meist sogar eine höhere Reinheit aufweist als Flaschenwasser. Auch ist das belastete Leitungswasser, das einige Häuser haben, das Problem sehr alter Leitungen, die die Güte des Leitungswassers auf ihrem Weg in die Wohnung schmälern können. Das sind jedoch Ausnahmen, und eine pauschale Verurteilung des Leitungswassers wäre also übertriebene Vorsicht.

WAS EINKAUFEN?

Ähnlich wie man zu Großmutters Zeiten erst zum Bäcker, dann zum Metzger, dann zum Schneider und dann zum Imker ging, stellt auch das verpackungsfreie Einkaufen ohne entsprechende Supermärkte ein Sammelsurium an Lösungen dar. Viele Lebensmittel haben ihre ganz eigenen Möglichkeiten. Je regionaler wir denken, desto weniger Ressourcenaufwand steckt dabei zwischen Erzeugung und Teller.

Honig

Honig wird meistens im Glas angeboten. Leider handelt es sich hierbei eher selten um Pfandgläser. Der deutsche Imkerbund verwaltet zwar ein Pfandsystem für die Gläser seiner Imker, aber nur die wenigsten Honige gehören dazu. Da Honig eines der wenigen Produkte ist, die gerade in kleiner Produktion von Privatleuten sehr gut funktionieren, gibt es jedoch weitere Möglichkeiten, ohne Reue an den süßen Saft zu gelangen. So bietet der Brotverkäufer auf unserem Wochenmarkt zusätzlich selbst geimkerten Honig an. Die Gläser nimmt er zurück und befüllt sie wieder, auch ohne ein komplexes Pfandsystem. Solche Kleinimker sind vor allem lokal vertreten und vertreiben ihren Honig auf Wochenmärkten, in Geschäften von Bekannten oder direkt von zu Hause aus. Wer regelmäßig seinen Honig von einem regionalen Imker bezieht, kann hier sicherlich auch seine leeren Gläser zurückbringen.

Kaffee

Auch den Kaffee unverpackt zu bekommen, ist kein Problem. Röstereien, die Kaffeebohnen frisch rösten, gibt es mittlerweile an jeder Ecke. Die meisten dieser Bohnen werden dann im Laufe des Tages zum Verkauf abgepackt. Wer während der Röstzeiten kommt, was praktisch den ganzen Tag über ist, kann sich die Bohnen auch lose abfüllen lassen. Im Prinzip kannst du als Gefäß mitbringen, was du willst. Ich empfehle aber ein Stoffsäckchen, da dieses klein und leicht ist. In Blechdosen können Spuren der Kaffeebohnen zurückbleiben, die, wie wir nach regelmäßiger Ermahnung der Kaffeefachverkäufer erfuhren, den frischen Kaffee ranzig machen können. Mir ist das noch nicht passiert, aber nach wiederholten Belehrungen bin ich auf das Stoffsäckchen umgestiegen, und seitdem habe ich Ruhe. Lediglich ein paar stolze Bemerkungen der Abfüller, sie hätten etwas mehr reingetan, bekomme ich immer noch regelmäßig zu hören. Auch hier scheint man meine Praxis vorbildlich zu finden.

Wir bezahlen in der Rösterei für ein Kilogramm Bio- und Fair-Trade-zertifizierten Kaffee rund 20 Euro. Der Kaffeepreis bei Kaffeekapseln für Nespresso und ähnliche Maschinen beläuft sich dagegen auf 60 bis 80 Euro pro Kilogramm. Wer also weiterhin glaubt, er habe kein Geld, um Müll einzusparen, weiß jetzt, wo er das Geld hernehmen kann.

Und wie wird nun aus der Bohne ganz ohne teure Geräte ein leckerer Kaffee? Dadurch, dass wir ganze Bohnen einkaufen, sparen wir uns die typische Aluminiumverpackung, die dazu dient, das Aroma des fertig gemahlenen Kaffeepulvers zu erhalten. Wir mahlen unseren Kaffee jedes Mal frisch in einer gebrauchten Handmühle vom Antikmarkt. Den frisch gemahlenen Kaffee füllen wir in einen Espressokocher und stellen diesen auf den Herd, bis er pfeift. Den frisch gebrühten Espresso verlängern wir mit heißem Wasser zu einem sogenannten Americano.

Jedes Mal frisch zu mahlen gibt nicht nur dem Kaffee ein besonders gutes Aroma. Natürlich dauert unser Kaffee länger als der aus einer Kapsel- oder Padmaschine. Aber wieso sollte das als zeitlicher Nachteil bewertet werden? Das Kaffeekochen als solches wird wieder gewürdigt. Der Prozess an sich bekommt seine zeremonielle Bedeutung zurück. Wir haben die Chance, Muße und Entschleunigung einkehren zu lassen. So ist der Kaffee schon eine Auszeit aus der Alltagshektik, bevor er überhaupt fertig ist.

Unterwegs oder wenn Gäste kommen, brühen wir unseren Kaffee in einer French-Press-Maschine auf. Dazu kochen wir lediglich Wasser auf (nach dem Kochen 30 bis 60 Sekunden warten oder das Wasser kurz vor dem Siedepunkt anhalten, denn der Kaffee schmeckt am besten mit 92–96 °C heißem Wasser) und gießen es über das frisch gemahlene Pulver in der French-Press-Kanne. Zur optimalen Befeuchtung des Pulvers wird die Kanne kurz geschwenkt. Nach ca. 5 Minuten kann die Presse heruntergedrückt werden und der Kaffee ist fertig. Wie viel

Kaffeepulver in die Kanne gehört, hängt vom eigenen Geschmack ab und wie stark man seinen Kaffee trinken möchte.

Filterkaffee kommt zwar ohne Aluminiumkapseln oder eingeschweißte Pads aus, ein Einwegkaffeefilter wird aber immer noch benötigt. Dieser ist zwar *nur* aus Papier, warum aber auch dabei Sparsamkeit sinnvoll ist, werde ich in einem späteren Kapitel erzählen. Eine gute Alternative sind moderne Kaffeefilter aus Keramik, die einen so feinen Filter eingebaut haben, dass ein weiterer Papierfilter verzichtbar wird.

Gerade für Arbeitsplätze, an denen viel Kaffee getrunken wird, ist es fraglich, ob sich die händische Methode wieder durchsetzen kann. Hier ist der Kaffee-vollautomat eine Alternative, der die Bohnen frisch mahlt und ohne Material-einsatz den Kaffee aufbrüht. Zwei Nachteile haben diese Geräte allerdings. Sie benötigen immer Wasserfilter aus Kunststoff, die regelmäßig gewechselt werden müssen, und spezielle Reinigungsmittel, von denen niemand genau weiß, was drin ist. Und ihre Lebensdauer ist relativ gering.

Eier

Eierkartons gehören zu den harmloseren Verpackungen. Aber auch sie wollen produziert werden, für sie werden Bäume gefällt und giftige Druckfarbe einge-setzt. Das Einsparen von Eierkartons ist also genauso sinnvoll wie die Vermei-dung anderer Verpackungen auch. Vor allem wenn man bedenkt, wie einfach es geht. Gerade in Bioläden und an Marktständen stehen die Eier lose zum Verkauf bereit. Ohne den Karton funktioniert der Transport aber nicht, weshalb auch wir die angebotenen Eierkartons annehmen. Die Kartons zu Hause zu stapeln und zweimal im Jahr in einem großen Turm wieder mit in den Supermarkt zu bringen, ist aber keine adäquate Lösung, da die meisten Geschäfte aus hygieni-schen Gründen eine Annahme verweigern. Warum also erst zu Hause stapeln? Wir nehmen den leeren Eierkarton direkt wieder mit ins Geschäft und füllen die neuen Eier direkt dort hinein. Dabei bestehen keine Gesundheitsrisiken und keine Bedenken. Der Eierkarton hat dabei nur eine begrenzte Haltbarkeit, wes-halb ich unseren Eierkarton in Wachs getränkt habe. Nun ist er so stabil, dass er seither dauerhaft im Einsatz ist.

Konserven und Co.

Wenn hierzulande Mais auf den Tisch kommt, dann stammt er aus der Dose, genauso wie Kichererbsen, Bohnen und Erbsen mit oder ohne Möhren. Manche Lebensmittel kennen wir von Kind auf nur aus der Konserve oder dem Glas.

Verpackungsarm einzukaufen bedeutet also auch hier, umzudenken und Lebensmittel ganz anders kennenzulernen. Lange gab es bei uns keinen Mais, und die Experimente, Popcornmais zu kochen, erbrachten keine kulinarische Delikatesse. Bis wir auf einer Rumänienreise angesichts des reichhaltigen Angebotes regelmäßig Maiskolben abpulten, um daraus die tollsten Gerichte zu kreieren. Damit war auch für zu Hause die Lösung gefunden. Seitdem kaufe ich ganze Maiskolben und schneide die Maiskörner mit dem Messer vom Strunk herunter. Natürlich schmecken sie auch super direkt in der Pfanne oder auf dem Grill zubereitet.

Hülsenfrüchte aus der Dose bieten die Flexibilität, sie direkt verzehren zu können, während ihre getrockneten Verwandten teilweise über Nacht eingeweicht werden müssen, um sie wieder frisch zu bekommen. Faszinierend ist es allemal zu beobachten, wie die gewässerten Früchte mit der Zeit immer größer werden, es erfordert aber auch eine entsprechende Planung. In der Anfangsphase ging es mir wie jedem verwöhnten Verbraucher, und ich vergaß die Vorbereitung regelmäßig. Mittlerweile bin ich so routiniert darin, dass mir das nur noch selten passiert. Ich habe mich daran gewöhnt, wie ich mich auch vorher an die Konserve gewöhnt hatte, und empfinde die Planung nicht mehr als einschränkend oder lästig, sondern schlicht als selbstverständlich.

Auch Spinat kannte ich früher nur aus dem Tiefkühlfach. Wer frischen Spinat einkauft, sollte dabei richtig zugreifen. Der größte Anteil ist Wasser, und somit fällt er im Topf buchstäblich in sich zusammen. Auch Sauerkraut gibt es verpackt in Dose, Glas oder Kunststoffbeutel. Die Bewertung ist nicht immer leicht, welche Verpackung hier die günstigste ist. Viele Metzger bieten neben ihrem fleischigen Kerngeschäft auch frisches Sauerkraut an. Von *frisch* kann man bei Sauerkraut zwar nie sprechen, aber der Vorteil gegenüber der abgepackten Variante ist, dass das Sauerkraut nicht erhitzt wird und somit wirklich alle Inhaltsstoffe verbleiben, die es zu so einem wertvollen Nahrungsmittel machen. Frag einfach mal nach, ob der Fachverkäufer dir das Sauerkraut auch einfach so in deine mitgebrachte Dose füllt.

Wer von Dose, Glas, Beutel und Tiefkühlpackung zu frisch umsteigt, wird feststellen, dass die Lebensmittel ganz anders schmecken. Für Erwachsene bedeutet das in der Regel besser, für Kinder ist alles Neue tendenziell eher schlecht. Sie brauchen Zeit, sich daran zu gewöhnen, wenn sie anders aufgewachsen sind. Widerstand ist ganz normal, er geht aber auch ganz normal mit der Zeit zurück. Wenn ein Mensch etwas eine gewisse Anzahl an Malen probiert, hat er sich an einen neuen Geschmack gewöhnt und mag ihn. Es lohnt sich also, immer wieder zum Probieren zu animieren, wenn die Kinder nicht gerade komplett dichtmachen.

Was aber auf jeden Fall passiert, wenn du dich auf das Frischsortiment konzentrierst, ist, dass du große Überraschungen erlebst, wenn du feststellst, woher die Lebensmittel eigentlich kommen, die sonst so gedankenlos aus der Dose purzeln. So wirst du auch feststellen, dass nicht alles immer verfügbar ist. Und wenn doch, dann hat es einen langen Weg hinter sich und kostet entsprechend viel. Hier ist die Ökobilanz nicht immer so offensichtlich. Regionale Lebensmittel, in der Dose haltbar gemacht, können besser abschneiden als ein aus Übersee importiertes frisches Produkt. Wer lediglich auf Frischkost umsteigt, hat also nicht immer gewonnen. Nur im Zusammenhang mit einer regionalen und saisonalen Küche macht es erst wirklich Sinn. Leider ist das Abwägen nicht immer leicht, und einen universal gültigen Schlüssel gibt es nicht. Vielleicht sollte die Verhaltensregel lauten: Je regionaler und saisonaler, desto besser. Wer sein Gemüse auf dem Markt einkauft, hat es am leichtesten mit der Kontrolle. Denn alles, was nicht zugekauft wurde, stammt von dem Bauern, dem es nicht zu weit war, auf diesen Markt zu fahren, um seine Lebensmittel hier zu verkaufen.

GEWÜRZE

Gewürze sind besonders schwer zu bekommen. Gerade gemahlene Gewürze brauchen Lichtschutz und Aromaschutz und sind teilweise so fein gemahlen, dass eine Papierverpackung den Inhalt nicht vollkommen beisammenhalten kann. Deshalb wird man auch in einem Gewürzregal keine Gewürze in Papierbeuteln finden. Selbst als Großhändler eine kunststofffreie Belieferung zu erhalten, ist eine große Herausforderung. Es gibt aber spezielle Gewürzläden, die ihre Gewürze im Großgebinde beziehen und in kleinere Verpackungen abpacken. Da sie selbst verpacken, kann auch leicht in den Prozess eingegriffen und beim Einkauf rechtzeitig das eigene Schraubglas zum Auffüllen vorgestreckt werden. Solche Läden aufzuspüren ist nicht immer ganz leicht, die

Recherche kann aber durchaus lohnende Ergebnisse erzielen. In Köln und München sind wir bereits fündig geworden.

Einkaufsausstattung

Es geht also nicht darum, ohne Verpackung einzukaufen, sondern seine Verpackung selbst mitzubringen. Mit der richtigen Ausstattung ist zumindest theoretisch alles möglich. Ich fasse noch einmal zusammen, was wir brauchen:

- Eierkarton: immer wieder mitbringen und dort die losen Eier hineingeben. Ein mit Wachs verstärkter Eierkarton hält bedeutend länger.
- Dosen und Gläser: für Wurst, Fleisch, Käse, Cremes und alles, was feucht ist.
- Stoffsäckchen: für Obst, Gemüse, Brot und alle trockenen Streugüter wie Kaffee, Linsen und Nudeln.
- Alte Schraubgläser: Sie eignen sich hervorragend für den Transport feiner und kleiner Zutaten wie Gewürze.
- Pfandflaschen/-gläser: Milch, Sahne, Joghurt, Kefir, Buttermilch, Schwedenmilch, alle Getränke inkl. Wein und Zitronensaft sind darin erhältlich, teilweise auch Honig und Quark.
- Glasflaschen: für Essig, Öl, Wein und Spirituosen.
- Alte Plastikflaschen: für Reinigungsmittel (Glas geht natürlich auch).

Selber machen

Nicht alles, was du wegen der handelsüblichen Verpackung nicht mehr kaufen möchtest, muss von deinem Speiseplan verschwinden. Viele zubereitete Speisen kannst du mit mehr oder weniger Aufwand selbst zubereiten. Dabei kannst du nicht nur Verpackung und Geld sparen, sondern auch die Inhaltsstoffe selbst bestimmten. Handelsübliche Produkte enthalten oft viel Zucker, Konservierungsstoffe und gerne Palmöl. Bei deinen eigenen Kreationen kannst du selbst entscheiden, was und wie viel du wovon unterbringen möchtest.

Der Weg der Alternativen ist nicht so geradlinig, wie in den Supermarkt zu gehen und etwas in den Einkaufswagen zu legen. Und so gibt es auch immer wieder geschmackliche Überraschungen. Nicht alles wird so, wie man es aus der Packung kennt. Manchmal schmeckt es schlechter, manchmal besser, aber häufig einfach nur anders.

Der Handel bietet uns eine Vielzahl an Fertig- und Halbfertigprodukten an. Bei einigen Produkten, wie zum Beispiel Pfannkuchenteig, fassen wir uns heute noch an den Kopf, dass es so etwas Einfaches geben muss. Andere Produkte, wie Pizzateig, haben sich dagegen längst etabliert, und viele Konsumenten wählen den fertigen Teig, den es nur noch auszurollen gilt. Aber auch Nudeln, Schupfnudeln, Gnocchi und Klöße lassen sich aus ein paar Grundzutaten selber machen. Wer es versucht, der bekommt nicht nur die Kontrolle über die Inhaltsstoffe zurück, sondern eignet sich auch längst vergessenes Wissen darüber an, wie wir früher unsere Lebensmittel hergestellt haben, und gewinnt einen Geschmack dafür, wie lecker solche Dinge werden können, wenn man sie selbst zubereitet. Gerade auch Kindern zu zeigen, was hinter solchen Lebensmitteln steckt, kann ihnen ein ganz neues Bewusstsein für Lebensmittel geben, die sie oft nur noch aus der Verpackung zum Aufreißen kennen.

Einmachen

Unsere Großeltern wussten noch, wie das Einmachen geht, wir hingegen verlernen es immer mehr. Aber das alte Wissen kommt zurück. Der Trend geht dahin, es selber zu machen und selbst zu bestimmen, was drin ist. Und wer selbst einmacht, der kann Obst und Gemüse auch über die Saison hinaus genießen, haltbar machen und Einwegverpackungen vermeiden.

Eine gute Methode ist das Einkochen. Damit kann man so ziemlich alles haltbar machen, wenn man es richtig anstellt. Marmeladen werden zusätzlich durch ein hohes Maß an Zucker konserviert, aber auch Öl, Essig und Salz dienen dazu, Nahrungsmittel dauerhaft genießbar zu machen.

Das Schöne am Einmachen in Schraubgläsern ist, dass ausgedienten Gläsern aus dem Einzelhandel eine zweite, dritte, vierte Lebensdauer zukommt und so die Sinnhaftigkeit ihrer Produktion vergrößert wird. Gläser und Deckel müssen in kochendem Wasser sterilisiert werden. Dabei muss zwischen Glas und Topfboden ein Lappen oder ein anderer kochfester Abstandshalter gelegt werden, damit die Gläser durch den heißen Topfboden nicht platzen. Danach werden sie auf ein sauberes Handtuch zum Trocknen ausgelegt, damit das Restwasser ablaufen und verdunsten kann. Das Einzumachende wird kochend heiß und randvoll in die Gläser gefüllt. Diese werden verschlossen und auf den Kopf gestellt. Durch den heißen Inhalt wird der Deckel erneut sterilisiert und ein Vakuum entsteht.

Einmachen mit speziellen Gläsern ist etwas einfacher, da man nicht darauf achten muss, dass sie steril sind. Die mit Dichtungsring und Klemmen verschlossenen Gläser werden in eine backofenfeste Form gegeben, in die etwa zwei Finger hoch Wasser gefüllt wird. In dieser Form werden die verschlossenen Gläser nun abschließend bei ca. 120 °C sterilisiert. Wie lange der Prozess dauert, ist schwer vorzugeben, da es von der Größe des Glases, der Anzahl der Gläser, der Temperatur des Inhalts und dem Inhalt selbst abhängt. Erkennen lässt es sich, wenn in den Gläsern Bläschen nach oben steigen. Nun wird der Backofen abgeschaltet und die Gläser kühlen bei (halb)offener Backofentür ab. Auch diese Gläser müssen voll sein, damit das Konservieren funktioniert. Die abgekühlten Gläser werden nun von den zwei Metallklemmen befreit, und hier zeigt sich, ob das Einkochen erfolgreich war: Lässt sich der Deckel anheben, hat es nicht funktioniert. Hat es geklappt, kann das Glas samt Deckel und ohne Klemmen sogar auf den Kopf gedreht werden – der entstandene Unterdruck hält den Deckel fest.

Es braucht ein wenig Erfahrung, um zu wissen, wie voll man die Gläser machen kann. Da sich der Deckel je nach Modell etwas nach innen wölbt, kann es passieren, dass man, wenn man ihn auflegt, bereits etwas von dem Inhalt nach außen drückt. Auch im Backofen kann bei einem zu vollen Glas etwas von dem Inhalt am Abdichtungsring vorbei nach außen treten. Die Haltbarkeit muss davon aber nicht zwingend betroffen sein, da der Dichtungsring meist trotzdem schließt.

Passierte Tomaten

Die Tomatensaison ist in Deutschland leider nicht gerade die längste. Umso besser sollte man sie ausnutzen. In passierter Form sind Tomaten das ganze Jahr über erhältlich. Eigentlich eine schöne Form, sie lange haltbar zu machen, wenn das Problem mit der Verpackung nicht wäre. Pfandverpackungen wären hier eine zumindest weitaus bessere Alternative, die aber leider im Handel nicht angeboten wird. Was uns also bleibt, wenn wir unseren Glasverbrauch nicht in die Höhe schießen lassen wollen, ist, sie selbst auf diese Weise einzukochen.

Tomaten werden grob zerkleinert, aufgekocht, mit dem Pürierstab oder der Passiermühle zerkleinert und in die Gläser gegeben. So halten die Tomaten den ganzen Winter bis zur nächsten Saison. Die Arbeit ergibt aber auch nur Sinn, wenn du entweder viele Tomaten im Garten hast oder sie saisonal und aus der Region einkaufst. Dann sind sie auch am günstigsten. Auf dem Markt kannst du Glück haben, dass gerade Tomaten anfallen, die schon so überreif sind, dass sie nur noch zur sofortigen Verarbeitung dienen können und dementsprechend günstig sind.

Butter

Ich experimentiere sehr viel in der Küche, da es mir persönlich viel Spaß macht herauszufinden, was womit wie reagiert und schmeckt. Auch lerne ich immer wieder Neues über unsere Lebensmittel und eigne mir dabei Wissen an, das in Zeiten der Hightechverpackungen mehr und mehr verloren geht. So war ich doch sehr erstaunt, dass Butter nichts anderes ist als zu lange geschlagene Sahne.

○

Zutaten
Flüssige Sahne
(am besten frühzeitig aus dem Kühlschrank herausnehmen, bis sie Raum-
temperatur erreicht hat)

Zubehör
Ein verschließbares Glas
(Schraubgläser funktionieren gut, haben aber die ärgerliche Kunststoff-
schicht im Deckel, aus der Weichmacher in die Butter übergehen können.
Deshalb verwenden wir lieber Drahtbügelgläser oder Weckgläser.)

Zubereitung
Die Sahne wird in das Glas gegeben. Dabei das Glas im Idealfall nicht
weiter als bis zur Hälfte füllen. Nun das Glas gut schließen und so lange schütteln, bis im Inneren ein fester Kloß entsteht. Hat die Butter
Zimmertemperatur, also rund 20 °C, wird der Zustand der Schlagsahne
übersprungen und es wird direkt Butter daraus. Das ist auch der Grund,
warum manche beim Schlagsahneschlagen statt Sahne plötzlich Butter
erhalten und dies als riesiges Missgeschick empfinden. Nicht so bei uns,
wir freuen uns über die leckere, frische Butter.

Die Sahne kann natürlich auch mit dem Mixer geschlagen werden. Hat die
Sahne aber die richtige Temperatur, geht das Ganze so schnell, dass allein das
Rausholen des Mixers die Mühe nicht wert ist, geschweige denn das Reinigen
im Anschluss. Während des Schüttelns trennt sich die Butter von der Milch ab,
die abgegossen und anderweitig verwendet werden kann.

◆◈◆   Die Butter ist nicht ganz so lange haltbar
wie herkömmliche Butter. Die Haltbarkeit kann
aber verlängert werden, indem möglichst viel von
der Flüssigkeit aus der Butter, am besten mit einem Löffel, herausgepresst wird. Da die Butter
meist in kleineren Mengen hergestellt wird, ist

die Haltbarkeit so völlig ausreichend. Im Zweifelsfall kann die Butter samt Glas eingefroren werden.

Snacks und Süßigkeiten

Wir sind es gewohnt, uns hier und da immer wieder den ein oder anderen Schokoriegel einzuverleiben. Sie stehen gerne nahe an der Kasse, bieten sich dem direkten Zugriff aus der Warteschlange an und befriedigen recht effektiv das spontane Bedürfnis nach Zucker, Fett und Schokolade. Wer sich entschieden hat, müllfrei zu leben, wird aber auch hier immer seltener schwach werden. Denn verpackt sind sie allesamt in Kunststoff oder Aluminium, und das in winzig kleinen Portionen, die das Verhältnis von Verpackung zu Inhalt höchst ungünstig ausfallen lassen. Ein großer Verlust für die Menschheitsgeschichte, mag jetzt der ein oder andere denken. Ich würde es eher als großen Gewinn bezeichnen, sich diese höchst seltsame Angewohnheit, sich ständig Süßes in den Mund zu schieben, wieder abzugewöhnen. Diese Produkte sind aufgrund ihres hohen Fett- und Zuckergehalts, der Zusatzstoffe und der meist konventionell angebauten Inhaltsstoffe nicht sonderlich gesund. Hinzu kommt Schokolade aus unfairem Handel, der Bauern ausbeutet und einen nachhaltigen Anbau unmöglich macht, sowie Palmöl, das so gut wie in jedem handelsüblichen Riegel eingesetzt wird. Und wenn das noch nicht reicht, so sollte man sich vor Augen führen, dass diese Produkte im Verhältnis zu ihrem Gewicht unwahrscheinlich teuer sind. Wer sich solche Riegel leisten kann, könnte sich stattdessen auch sein Hähnchen in Bioqualität leisten. Wieso sind wir bereit, für einen schnellen Snack so viel zu bezahlen, für die Lebensqualität eines Lebewesens jedoch nicht?

Alles in allem gibt es keinen vernünftigen Grund, solche Produkte zu kaufen. Auch ich bin eine kleine Naschkatze und konnte bei Süßigkeiten schon immer schwer Nein sagen. Es hat mir geholfen, das ganze Regal innerlich auszublenden und komplett vom Speiseplan zu streichen. Ich betrachte es einfach nicht mehr als potenzielles Konsumgut, sondern lediglich als bunte Hintergrundbemalung. Aber auch das geschah nicht von einem Tag auf den anderen. Wie so häufig hilft die Gewohnheit dabei, sich Dinge anzugewöhnen – oder eben abzugewöhnen.

Wenn du trotzdem nicht aufs Naschen verzichten möchtest, was ich persönlich gut nachvollziehen kann, wird es Zeit, mal wieder selbst zu backen und zu kochen. Einen handelsüblichen Schokoriegel bekommt man zwar nicht so leicht kopiert, dafür kann man andere Dinge finden, die der Familie schmecken. Kinder lieben es, Plätzchen zu backen. Warum sollten sie es nur zu Weihnachten tun? Backt doch regelmäßig, was euch schmeckt. Und wenn ihr immer gleich eine größere Menge macht, spart das nicht nur Strom für den Backofen, sondern erlaubt es auch, einen Teil der Leckereien sofort zu verstecken und genau dann auszupacken, wenn mal ganz dringend etwas hermuss.

Beim Plätzchenbacken weiß jeder, was er zu tun hat, es gibt aber auch weniger triviale Leckereien, die man in der Küche gut selbst hinbekommt. So gelingen auch Karamell, Anis- oder andere Bonbonkreationen, ebenso die beliebten gebrannten Mandeln und gerösteten Maronen. Auch Adventskalender und Ostereier lassen sich gut mit Plätzchen befüllen. Und Müsliriegel und Knäckebrot sind ein guter Energielieferant für zwischendurch, den man vorbereiten und lange lagern kann.

Eis aus der Tiefkühltruhe gibt es bei uns nur noch als Wassereis in nachfüllbaren Eisformen. Als Nachtisch überlegen wir uns seither andere Leckereien. Pudding, Grießbrei und Fruchtjoghurt lassen sich auch ohne Fertigpackung kinderleicht selber machen. Und hin und wieder ist der Gang zur Eisdiele ein netter Kurzausflug und auch immer eine gute Animation, um die Kinder von den Handys und vor die Tür zu bekommen.

Überhaupt ist Eiscreme von der Eisdiele der perfekte Zero-Waste-Snack für zwischendurch. Sie kann komplett mit der Waffel als Verpackung verspeist werden, und nichts bleibt zurück. Mich wundert es immer wieder, wenn ich sehe, wie viele Menschen diese Chance nicht nutzen und stattdessen das Eis mit einem Plastiklöffel aus dem Becher essen. Aber genau das ist der Punkt mit dem mangelnden Bewusstsein: Man denkt einfach nicht darüber nach, weil einen bisher niemand auf die Idee gebracht hat, dass etwas dagegensprechen könnte. Wenn du also das nächste Mal in der Eisdiele bist, ist die erste bewusste Zero-Waste-Entscheidung die für das Hörnchen. Leider gibt es immer mehr Eisdielen, die einem direkt eine Serviette aufzwängen oder ein mit Werbung bedrucktes Papierhütchen um die Waffel legen. Mit der Zeit bekommt man ein Auge dafür und schafft es rechtzeitig, den Verzicht auf diese ungewünschten Beigaben anzukündigen, und das sollte man auch tun. Selbst Gregors Kinder bekommen das schon so vorbildlich hin, dass ich immer wieder ein bisschen stolz auf sie bin.

Wer lieber herzhaft nascht, hat es schwerer, dies verpackungsfrei zu tun, unmöglich ist aber auch das nicht. Erdnüsse lassen sich prima mit Öl und Salz in der Pfanne oder im Backofen zu gesalzenen Erdnüssen verarbeiten. Käsestangen kann man auch ohne Blätterteig selbst backen, und wer eine Fritteuse hat, für den kann es sogar klassische Chips geben, und das ganz ohne Geschmacksverstärker, tierische Bestandteile und Palmöl. Auch ist der Vielfalt keine Grenze gesetzt. Warum sollten es immer nur Kartoffelchips sein? In der eigenen Küche lässt sich alles in dünne Scheiben schneiden, würzen und frittieren. Ich selbst wollte nie eine Fritteuse haben, zum einen aus der Sorge, dass ich viel zu viel Frittiertes essen würde, zum anderen wegen der großen Fettmengen, die regelmäßig entsorgt werden müssen. Kürzlich habe ich aber von zwei sehr interessanten Weiterverwendungen von altem Fritteusenfett gehört. So soll es möglich sein, daraus Seife zu machen, was ja auch nichts anderes ist als verseiftes Fett. Als Anwendung für Imbissbuden ist das sicher interessant, für den privaten Hausgebrauch aber nicht ganz so praktisch. Da ist es schon passender, das Öl zu filtern, es mit Wasser in eine Schale zu geben und es mit schwimmenden Öllichtdochten zu bestücken. Das Ganze ergibt dann schwimmende Kerzen, die sich aus dem Öl im Wasser nähren.

Wem das alles zu kompliziert ist, der backt einfach Kekse mit Salz statt Zucker und würzt sie nach Belieben.

KOCHEN

Kürzlich planten wir, ohne uns groß Gedanken zu machen, einen thailändischen Kochabend bei Freunden. Als dann aber die Rezeptbilder und die Einkaufslisten rübergeschickt wurden mit der Bitte, noch ein paar fehlende Zutaten zu besorgen, verging mir kurzzeitig der Appetit. Hilfe! Wo soll ich die bloß herbekommen? Während ich zu Hause souverän fehlende Zutaten ausgleiche, merkte ich, wie mir die Kontrolle aus den Händen glitt und mich die Realität von der Seite anfuhr – wohlgemerkt nach fast drei Jahren Zero Waste. Vielleicht war genau das das Problem. Ich hatte gar nicht mehr auf dem Schirm, dass viele Leute es anders machen als wir. Ich musste erkennen, dass mein Vorschlag, im Winter in Deutschland spontan thailändisches Essen vorzuschlagen, vielleicht nicht die beste Idee war. Sollten wir nicht doch lieber einfach Reibekuchen machen?!, war mein folgender Gedanke. Die schmecken doch auch immer gut! Aber da war es schon zu spät. Die Zutaten wurden besorgt, und ich war erleichtert wie ein Buddhist, der zwar keine Tiere tötet, aber Fleisch isst. Der Abend war natürlich schön und auch lecker, aber ich habe mir geschworen, daraus zu lernen.

Zu Hause selbst zu kochen ist leicht, da man Rezepte meist so verändern kann, dass sie möglichst regional, saisonal und natürlich verpackungsarm gekocht werden können. Gerade bei Gebäck gibt es viele Zutaten, die durch andere oder selbst gemachte Bestandteile ersetzt werden können, die weniger Müll hinterlassen. Es empfiehlt sich, gute Neukreationen aufzuschreiben. So kann man sich Stück für Stück eine Sammlung an eigenen Rezepten schaffen, die mit gutem Gewissen auf den Tisch kommen und auch weitergegeben werden können.

Kochen mit Freunden ist da noch eine ganz andere Herausforderung, und das Problem beginnt schon beim Einkauf. Mir ist die Freude daran ein wenig vergangen. Wer sich bekochen lässt oder ins Restaurant geht, weiß zwar, dass es dort nicht müllfrei zugeht. Es ist aber leichter zu ertragen, da man es nicht direkt sieht. Die Bilanz des Einmachglases voll Müll ruiniert es theoretisch aber trotzdem. Wer jedoch mit Freunden zusammen kocht, der soll Zutaten besorgen, der reißt Packungen auf und der füttert am Ende den Mülleimer. Will man dennoch nicht darauf verzichten, kann man mit vorausschauenden Strategien die Sache zumindest optimieren.

Beginnt die Debatte darüber, was auf den Tisch kommen soll, so ist Initiative gefragt, und hier bekommt die selbst angelegte Rezeptesammlung eine weitere Bedeutung. Denn mit ihr hat man immer eine Auswahl an leckeren Rezepten parat, die man in die Runde werfen kann. Geht es ans Einkaufen, so kann man sich freiwillig für die Zutaten melden, die problematisch sind, für die man selbst aber schon eine gute Lösung gefunden hat. Bringt man den Käse in der eigenen Dose mit anstatt in Plastikfolie, kommt es vielleicht zu einem Gespräch über die Problematik und entwickelt bestenfalls sogar einen gewissen Nachahmungseffekt. Aber fang gar nicht erst an zu missionieren, sonst endet die Sache nur damit, dass niemand mehr mit dir kochen möchte.

Wenn du zu dir nach Hause einlädst, kannst du, um auf Nummer sicher zu gehen, die Zutaten auch gleich alle selbst besorgen. Und dann klappt es bestimmt mit dem gemeinsamen Kochabend.

PROBLEMFALL BACKEN

Ein müllreduziertes Leben ohne verpackungsfreien Supermarkt erfordert nicht selten Kreativität. So zum Beispiel auch beim Backen. Denn Backzutaten sind gerne in besonders kleine Einheiten in Plastiktütchen verpackt und lose kaum erhältlich.

Backen mit Öl

Auch beim Teig selbst muss ein wenig umgedacht werden. Der Fettanteil ist bei Backrezepten meist in Butter oder Margarine angegeben. Butter kann man zwar selber machen, bei den Mengen, die hier oft gefordert werden, kann einem aber die Freude am Backen schnell vergehen. Margarine als vegane Alternative gibt es gar nicht ohne Kunststoffverpackung, und der Hauptbestandteil Palmöl ist ebenfalls nicht sonderlich attraktiv. Eine gute Alternative ist das Backen mit einem neutralen Öl wie Sonnenblumen- oder Rapsöl. Die Zutaten können aber nicht eins zu eins ausgetauscht werden, sondern müssen auf 50 bis 80 Prozent der angegebenen Menge reduziert werden. Wie viel Öl die richtige Menge ist, braucht ein wenig Übung und ist von Teig zu Teig unterschiedlich.

Bei meinen ersten Kuchen dachte ich nicht an solche Umrechnungen und wunderte mich über die tropfende, schleimige Konsistenz, die dabei herauskam. Ich erinnere mich noch gut an den misslungenen Versuch, Gregors Zwillingen zum Geburtstag einen Zitronenkuchen zu backen. Diesmal konnte ich es ihnen nicht verdenken, dass sie ihn verschmähten. Letztendlich fügte ich weiteres Mehl hinzu, knetete das Ganze nochmal und backte es erneut. Was dann herauskam, war gar nicht mal so schlecht.

Seitdem taste ich mich häufig an die ideale Menge Öl heran, indem ich erst nur die Hälfte der angegebenen Fettmenge in Öl dazugebe, den Teig knete und je nach Konsistenz noch etwas mehr hinzunehme. Gerade wenn der Teig zu spröde wird, muss mehr Öl hinein. Da Butter und Margarine neben Fett auch Wasser enthalten, ist es sinnvoll, dem Teig ein paar Esslöffel hinzuzufügen, damit er nicht zu fettig wird, aber trotzdem hält.

Auch fürs Kochen ist Öl ein guter Ersatz und kann genauso in der Pfanne oder in der Mehlschwitze eingesetzt werden. Beim Braten muss man allerdings darauf achten, dass das Öl hitzebeständig ist.

Backpulver und Co.

Backpulver und Hefe gibt es nicht nur portionsgerecht abgepackt, sondern auch in Großpackungen. Leider ist hier häufig nur das Internet eine sichere Bezugsquelle. Dafür ist eine immense Kosteneinsparung möglich, da jede Abfüllung in kleinere Gebinde mit einer Preissteigerung verbunden ist. Wer eine Küchenwaage hat, benötigt die antiquierten vorportionierten Kleinpackungen nicht und kann ganz autonom die standardmäßigen 7 g Hefe und 14 g Backpulver eines Tütchens abwiegen. Ganz streichen kann man Backpulver auch, indem man auf Natron umsteigt. Dieses nützliche Pulver gibt es sowieso in jedem Zero-Waste-Haushalt in großen Mengen, da es so vielseitig einsetzbar ist. Als Bestandteil des Backpulvers fehlt lediglich etwas Säure, um ihm die gleiche Wirkung zu verleihen. Ersetze das Backpulver eins zu eins mit Natron. Wenn du bereits Buttermilch im Rezept hast, ist das ausreichend. Andernfalls gibst du pro Teelöffel Natron einen Esslöffel Essig bei Brot und einen Esslöffel Zitronensaft bei Kuchen hinzu.

Vanillezucker

Auch Vanillezucker gehört zu den Lieblingen der in Kleinstmengen abgepackten Zutaten, die wir anders gar nicht kennen. Aber was ist Vanillezucker denn schon? Vanille und Zucker, und genau so kann er auch selbst auf Vorrat hergestellt werden. Man nehme zwei Esslöffel Zucker und einen Teelöffel Vanillepulver und schüttle beides kräftig zusammen. In einem handelsüblichen Päckchen sind meist 8 Gramm, die man nun auch einfach abwiegen kann.

Nüsse

Wir umgeben uns nur mit sehr wenigen elektrischen Geräten in der Küche, da wir die meisten Tätigkeiten lieber ganz klassisch mit der Hand verrichten, anstatt uns den Schrank mit Geräten vollzustellen. Ein Gerät, das ich dennoch jedem empfehlen kann, ist ein Stabmixer mit ein paar zusätzlichen Aufsätzen, wie etwa einem separaten Becher mit externem Schneidwerkzeug. Dieses Gerät ist nicht nur äußerst vielseitig, sondern ermöglicht zudem Anwendungen, die mit der Hand nicht zu erreichen sind. Das lässt sich bei den verschiedenen Darreichungsformen von Nüssen gut verdeutlichen. Die Nuss kann entweder als Ganze verzehrt, mit einem Stampfer grob zerkleinert oder im Mixbecher zu feinem Nussmehl verarbeitet werden. Und wer nun einfach weiter mixt, macht nach kurzer Zeit durch das austretende Fett aus dem Mehl eine Nusscreme. Die

Creme kann als Basis für Dressings, Nachtische, Soßen und Nussnugatcreme dienen oder einfach pur aufs Brot geschmiert werden.

Auch Krokant wird leicht selbst gemacht. Die kleingehackten Nüsse werden mit Zucker übergossen und in einer Pfanne auf dem Herd so lange gerührt, bis der Zucker karamellisiert ist. Die heiße Masse wird dünn auf ein Backpapier gegossen. Erkaltet kann sie mit den Händen oder einem Stößel zerkleinert und weiterverwendet werden.

Es ist also durchaus möglich, auf die Kleinpackungen verschiedenster Nüsse in der Backabteilung des Supermarkts zu verzichten. Eine Großpackung ganzer Nüsse reicht aus für alle diese gewünschten Produkte. Lediglich die Mandelplättchen bekomme ich damit nicht hin.

Zucker

Der Zuckeranteil wird heute immer häufiger durch den importierten Rohrzucker ersetzt, dem gesundheitliche Vorteile nachgesagt werden. Die Hoffnung, der unraffinierte Rohrzucker kompensiere den ungesunden Zuckerkonsum, ist gefährlich, denn ein überhöhter Zuckerkonsum ist nie gesund, egal wie roh der Zucker auch ist. Leider gibt es unseren heimischen Rübenzucker nicht unraffiniert, wir ziehen ihn aufgrund der kurzen Transportwege aber trotzdem dem Importzucker vor. Wird Zucker in Maßen genossen, so kann er genauso gut vom Feld um die Ecke stammen, ohne eine wochenlange Schiffsreise auf dem Buckel zu haben. Ein weiterer Vorteil ist, dass heimischer Zucker häufig auch noch in einer reinen Papierverpackung erhältlich ist. Unraffinierter heimischer Rübenzucker bleibt aber weiterhin eine Marktlücke.

Auch Puderzucker lässt sich selbst herstellen. Mit dem bereits erwähnten Mixbecher des Stabmixers wird der Zucker staubfein und kann wie handelsüblicher Puderzucker eingesetzt werden – zum Bestreuen von Waffeln, zum Anmischen des Zuckergusses oder für die Klebemasse der Lebkuchenhäuschen.

Verzierungen

Auf Liebesperlen und andere fertige Verzierungen verzichte ich komplett, genauso wie auf Farbtuben für bunte Beschriftungen allein schon wegen deren höchst zweifelhafter Inhaltsstoffe. Solche farblichen Akzente lassen sich aber durchaus selbst herstellen, und zwar dank der kräftigen Farben aus natürlichen Lebensmitteln wie Spinat oder Roter Bete. Verzierungen gelingen auch aus Zuckerguss, aus dem selbst gemahlenen Zucker, den man ebenfalls selbst einfärben kann. Oder mit Nüssen, Rosinen, Schokolade, Marmelade oder Sahnehäubchen.

VEGETARISCH UND VEGAN

Ich selbst lebe größtenteils vegetarisch, aber nicht vegan; dennoch suche ich immer wieder vegane Alternativen. Denn obwohl ich Tierhaltung nicht grundsätzlich ablehne, so glaube ich doch, dass unser Konsum von Tierprodukten bei Weitem zu hoch ist. Wer die Weltbevölkerung ernähren will, der schafft dies nicht mit einem so hohen Konsum von tierischen Produkten. Auch werden häufig tierische Produkte verwendet, wo keinerlei Notwendigkeit besteht und sehr gut ersetzt werden können. So werden in vielen Koch- und Backrezepten vorsorglich einfach mal Eier untergebracht, die bei genauem Hinsehen gar nicht nötig sind oder die leicht durch Stärke, Sojamehl oder andere Zutaten ersetzt werden können. Sobald man versteht, was sie im Teig eigentlich tun, kann man sie entsprechend durch andere Zutaten austauschen. Aber bevor ich mir Schuhe aus Kunststoff anziehe, nehme ich lieber solche aus Leder aus artgerechter Haltung, dann sind sie wenigstens kein Umweltproblem.

Wer vegan oder vegetarisch lebt, der tut es meist auch aus Gründen des Umwelt- und Tierschutzes. Tatsächlich zerstört unsere konventionelle Tierhaltung gigantische Flächen an Regenwald für die Futtermittelproduktion und damit den Lebensraum der dort heimischen Tierarten und Urwaldvölker. Gerade die Masse an Fleisch, die wir konsumieren, bringt uns wieder an den Punkt, dass wir vollkommen über unsere Verhältnisse leben. Die landwirtschaftlichen Flächen in Deutschland würden niemals dafür ausreichen, Futtermittel für all die Tiere anzubauen, die wir hierzulande verspeisen. Man stelle sich vor, jeder auf der Welt würde so viel Fleisch beanspruchen wie wir.

Leider sind vegetarische und vegane Alternativen nicht sonderlich befriedigend, was ihre Verpackung angeht. Und was hilft es dem Veganer, wenn er dem Kalb seine Milch lässt, aber dazu beiträgt, dass sein auf Palmöl basierender Brotaufstrich den Lebensraum von Orang-Utans und Tigern zerstört? Was hilft es dem Vegetarier, wenn er das Huhn vor der Schlachtung bewahrt, der Transport seiner Cashewkerne, Avocados und Kokosnussmilch aber Erdölkatastrophen fördert, die ganze Vogelschwärme töten? Es ist nicht sonderlich befriedigend, dass es gerade hier bisher so wenig echte Alternativen gibt.

Wer wirklich vegan und müllfrei leben will, der muss etwas Grundsätzlicheres an seiner Ernährung ändern, anstatt Fleisch einfach durch Tofuwürstchen zu ersetzten. Eine Ernährung aus frischem Gemüse und getrockneten Getreiden und Hülsenfrüchten lässt sich gänzlich ohne Kunststoffverpackungen realisieren. Und wer bei seiner Ernährung wirklich den Umweltgedanken im Vordergrund hat, der muss sich auch über Regionalität und Saisonalität seiner Lebensmittel Gedanken machen.

Wirkliche Tierersatzprodukte in einer zumutbaren Verpackung im Handel zu finden, kann man sich aber leider meist abschminken. Es fängt bei den Milchersatzprodukten an. Vegane Milch (die diesen Namen in der freien Wirtschaft übrigens nicht tragen darf) aus Nüssen, Getreide oder Reis ist fast ausschließlich in Getränkekartons mit Aluminiumverstärkung erhältlich. Das ist auch weiter nicht verwunderlich, da es zwischen der Herstellung von Milch und der von Ersatzprodukten einen entscheidenden Unterschied gibt. Die Milch der Pfandflaschen wird immer noch in regionalen Betrieben abgefüllt und in nahe gelegenen Orten verkauft. Wegen der kurzen Transportwege rentiert sich das größere Gewicht der Glasflaschen. Die veganen Alternativen dagegen werden an wenigen Standorten in großen Mengen produziert und nach ganz Europa transportiert. Ein Transport in Pfandflaschen bringt in einem so großräumigen Aktionsradius keine ökologischen Vorteile. Eine dezentrale Verlagerung der Produktion auf viele kleine und regionale Betriebe wäre die einzige Lösung für ein Pfandsystem.

Auch vegane Metzger – oder wie immer man ein solches Handwerk nennen könnte – gibt es nicht. Stellen wir uns mal vor, es gäbe unabhängige Geschäfte, in denen vegane Fleischersatzprodukte unverpackt in der Frischetheke liegen würden, ganz so wie beim herkömmlichen Metzger. Dann könnte jeder mit seiner eigenen Dose vorbeikommen und sich die Leckereien selbst einpacken. Bis es so weit ist, bleibt nur, die entsprechenden Produkte selbst herzustellen.

Sojamilch zubereiten

Zutaten
(für 2,5 l Sojamilch und 500 g Okara)
300 g weiße Sojabohnen
Wasser
Salz
Stevia, Zucker, Honig oder Agavendicksaft

Zubehör
Mixer oder Pürierstab
großer Topf
Nudelsieb
dünnes Stofftuch

Zubereitung
Die Sojabohnen waschen und in Wasser einweichen lassen. Dabei darauf achten, dass die Bohnen beim Aufquellen immer mit Wasser bedeckt sind. Die Größe der Bohnen verdoppelt sich dabei. Nach 10 bis 12 Stunden die Bohnen durch ein Sieb abseihen und gut durchspülen.
Die Bohnen im Mixer oder mittels Pürierstab pürieren. Dabei pro Tasse gequollene Bohnen erst eine Tasse Wasser hinzugeben. Ist ein dickflüssiger Brei entstanden, weitere zwei Tassen Wasser hinzugeben und nochmals mixen.
In der Zwischenzeit ein Nudelsieb in einen großen Topf hängen und ein dünnes Stofftuch darüberlegen. Die Masse hineingießen und gut ausdrücken, bis nur noch eine feste Sojabohnenmasse, genannt Okara, im Tuch zurückbleibt. Das Okara beiseitelegen und den Vorgang wiederholen, bis die gesamten Bohnen verarbeitet sind.
Die Flüssigkeit im Topf nun mit einer Prise Salz aufkochen und 5 Minuten köcheln lassen. Dabei immer wieder umrühren, da die Milch gerade am Anfang zum Überkochen neigt.
Nach der Kochzeit die Milch nach Geschmack süßen, entweder mit Stevia, Zucker, Honig oder Agavendicksaft, um sie pur zu genießen.

◆◆◆   Da die selbst gemachte Sojamilch aus ungeschälten Sojabohnen hergestellt wird, ist der Geschmack leider nicht jedermanns Sache. Sie hält sich im Kühlschrank etwa 1,5 Wochen. Aus dem beiseitegestellten Okara können tolle vegetarische Bratlinge, Tortenböden und weitere Gerichte mit viel Eiweiß hergestellt werden. Möchte man das aber nicht direkt tun, kann das Okara in einer verschließbaren Dose auch sehr gut eingefroren werden.

Tofu herstellen

Sei es aus Tierschutz, Ekel, Körperbewusstsein oder einer umweltbewussten Lebensweise, Gründe, den Fleischkonsum zu reduzieren, gibt es genügend. Wer aber trotzdem gerne Fleisch isst, hat mittlerweile eine Vielzahl an Ersatzprodukten zur Auswahl: Sojaschnetzel, Saitan und eben auch Tofu. Gerade die vorgefertigten Fleischersatzprodukte sind jedoch bis zur Unkenntlichkeit verpackt. Tofu findet man zwar manchmal am Stück an der Frischetheke, meistens allerdings nur in Asialäden, wo wieder abgewogen werden muss, ob es bio und gentechnikfrei sein soll oder doch eher verpackungsfrei und von ungewisser Bioqualität. Wer bereits selbst Sojamilch wie oben beschrieben hergestellt hat, für den ist es aber kein weiter Weg mehr zum selbst gemachten Tofu.

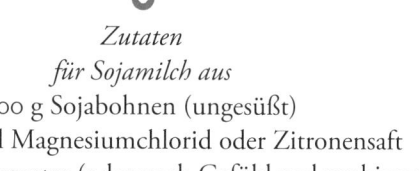

Zutaten
für Sojamilch aus
500 g Sojabohnen (ungesüßt)
1½ Esslöffel Magnesiumchlorid oder Zitronensaft
Küchenthermometer (oder nach Gefühl mal probieren)

Zubehör
1 dünnes, durchlässiges Tuch
1 großer Topf
1 Nudelsieb oder andere Form mit Löchern

Zubereitung
Die Sojamilch auf 75 °C abkühlen lassen. Das Magnesiumchlorid in der Zwischenzeit mit ca. 50 ml Wasser vermischen, bis sich das Pulver auflöst. Dieses Gemisch bzw. den Zitronensaft in den Topf mit der Sojamilch geben. Nach einiger Zeit ist zu erkennen, wie sich die festen Tofustückchen von der durchsichtigen Molke trennen. Zwischendurch etwas umrühren. Ist die Flüssigkeit durchsichtig, den gesamten Topfinhalt in das Tuch abgießen. Dazu die gewählte Tofuform bzw. das Nudelsieb mit dem Tuch auslegen und die durchtropfende Flüssigkeit darunter grob auffangen, dann das Tuch darüber schließen und entweder beschweren oder mit manueller Kraft die Flüssigkeit weiter herauspressen. So noch etwa

30 Minuten abtropfen lassen. Den fertigen Tofu zur Lagerung in ein Gefäß geben, das mit Wasser aufgefüllt wird.

◆◆◆ Wird das Wasser alle 1 bis 2 Tage ausgewechselt, hält der Tofu sich im Kühlschrank ungefähr eine Woche. Aus 500 g getrockneten Sojabohnen entstehen übrigens ca. 600 g Tofu – verrückt, nicht wahr?

Saitan herstellen
Ein toller und auch regionaler Fleischersatz ist Saitan. Man kann ihn fertig kaufen, aber auch leicht selbst herstellen aus Weizenglutenpulver. Dieses Pulver ist in Bioläden auch in Papier verpackt erhältlich.

Zutaten
250 g Weizengluten
250 g Wasser
1 TL Salz
2 TL Gemüsebrühe hefefrei
Sojasauce (optional)
Gewürze (optional)

Zubehör
1 dünnes, durchlässiges Tuch
1 großer Topf
1 Nudelsieb oder andere Form mit Löchern

Zubereitung
Das Glutenpulver mit den – wenn gewünscht – zugefügten Gewürzen mischen. Die Sojasauce in das kalte Wasser einrühren, zu dem Pulver geben und kräftig verkneten. Ist die Masse zu krümelig, noch etwas Wasser hinzugeben. Ein gummiartiger Teig ist das Ziel.
Den fertigen Teig in Scheiben oder Würfel schneiden, nicht groß, da sie sich im anschließenden Kochvorgang in der Größe knapp verdoppeln.
Nun wird die Brühe in 1,5 Liter kochendem Wasser gelöst und die Seitanstücke für circa 30 Minuten geköchelt.

◆◆◆ Mit seiner bissigen Konsistenz ist Saitan ein besonders guter Ersatz für Gulasch, Schnitzel oder Grillfleisch. Er kann nach dem Kochen sofort verwendet werden oder noch heiß in Einmachgläser gegeben und somit für spätere Verwendungen vorportioniert und ca. zwei Wochen haltbar gemacht werden.

Getreide-/Nussmilch zubereiten
Dieser Milchersatz funktioniert immer nach dem gleichen Prinzip. Lediglich die Zutatenverhältnisse variieren. Bei der Verwendung von Nüssen empfiehlt es sich, diese vorher über Nacht in Wasser einzuweichen. Dabei beginnt zum einen ein Keimprozess, der schwerverdauliche Inhaltsstoffe in weitere Nährstoffe umwandelt, zum anderen werden die Nüsse weicher. Letzteres macht die weitere Verarbeitung leichter. Der Reis sollte vor der Prozedur gekocht werden.

Zubehör
Feines Sieb
Mixer

Zutaten Hafermilch
60 g Haferflocken
600 g Wasser

Zutaten Mandel- oder Nussmilch
100 g Mandeln oder Nüsse ohne Haut
600 g Wasser

Zutaten Kokosmilch
60 g Kokosflocken
600 g Wasser

Zutaten Reismilch
120 g Reis
600 g Wasser

Zutaten Hirsemilch
150 g Hirse
600 g Wasser
Nach Wunsch etwa 30 g neutrales Öl

Zubereitung
Die Zutaten mit jeweils 1/3 der Wassermenge auf höchster Stufe mixen. Wird die Masse fester, ein weiteres Drittel Wasser hinzugeben und weiter mixen. Dann den Rest hinzugeben, erneut mixen und die Milch schließlich durch ein feines Sieb abgießen. Statt eines Siebs kann auch ein dünnes Tuch verwendet werden. Bei einem leistungsstarken Mixer dauert die Prozedur ca. 1 Minute. Ist der Mixer nicht ganz so stark, muss etwas länger gemixt werden. Im Anschluss kann die Milch nach Wunsch gesüßt, mit einer Prise Salz oder Süßungsmitteln versehen oder weiterverwendet werden.

◆◆◆   Haferflocken- und Reisrückstand können auf vielerlei Arten weiterverwendet werden: entweder in den Kuchen- oder Brotteig geben, in den Smoothie, zum Müsli oder gleich so mit etwas Süßem deiner Wahl essen. Die Rückstände von Nüssen können wie Nussmus verwendet werden. Sie machen sich gut in Kuchen oder zum Beispiel in Rohkosttorten. Wer sie länger haltbar machen möchte, kann sie einfrieren oder trocknen. Die Reismilch eignet sich gut für Milchreis, die Hirsemilch schmeckt lecker im Kartoffelpüree und die Kokosmilch natürlich in asiatischen Gerichten.

Nuss-/Getreidecuisine

Nuss- und Getreidesahne hat nicht ganz die Eigenschaften tierischer Sahne und wird deshalb auch gerne als Creme oder Cuisine bezeichnet. Auch hier ist die Prozedur immer die gleiche.

Zubehör
Mixer

Zutaten Hafercuisine
80 g Haferflocken
70 g neutrales Öl (Sonnenblume oder Raps)
180 g Wasser

Zutaten Mandel- oder Nusscuisine
60 g Mandeln oder Nüsse ohne Haut
70 g neutrales Öl (Sonnenblume oder Raps)
180 g Wasser

Zutaten Cashewcuisine
100 g Cashewkerne ohne Haut
30 g neutrales Öl (Sonnenblume oder Raps)
100 g Wasser

Zutaten Kokoscreme
150 g Kokosflocken
500 g Wasser

Zubereitung
Die Zutaten ca. 1 Minute auf höchster Stufe mixen und fertig ist der Sahneersatz. Ist der Mixer nicht ganz so stark, einfach wieder etwas länger mixen.

◆◆◆   Wer es lieber mag, kann die Mandel- oder Nusscreme zudem absieben. Bei der Cashewcreme bleiben die Kerne drin und machen die Cuisine besonders cremig. Die Kokosflockenreste lösen sich beim Kochen auf.

LIEFERSERVICE

Sonntagabend, kurz vor dem Fernsehprogramm, Hunger und keine Lust zu kochen oder vergessen einzukaufen? Oder die ganze Couch voller Freunde, aber kein Topf, der groß genug wäre, um mit selbst Gekochtem alle hungrigen Mäuler zu stopfen? Oder Lust auszugehen und keine Zeit mehr, die Kinder vorher noch kulinarisch zu versorgen? Nachvollziehbare Gründe für den Lieferservice gibt es genug. Und doch hat der Lieferservice ein ganz entscheidendes und offensichtliches Problem – das Essen muss verpackt werden. Und diese Verpackung hat es in sich. So eine Pizza ist mit ihrem Pizzakarton aus Frischfasern noch relativ harmlos. Nudelgerichte oder Asiaten können mit einem Karton nichts anfangen. Die beliebteste Verpackung ist die Aluminium- oder Kunststoffschale. Das hinterlässt nach einer einzigen Mahlzeit natürlich jede Menge Müll. Gleichzeitig kommen die meist fetthaltigen Speisen aber auch in direkten Kontakt mit Kunststoff und Aluminium und haben genügend Zeit, sich alles Mögliche an bedenklichen Inhaltsstoffen aus der Verpackung zu saugen. Ein Dilemma, das sich ohne eine grundlegende Einstellungsänderung nicht auflösen lässt.

Der Bedarf nach Essenslieferungen nimmt stetig zu und spiegelt unsere gesellschaftlichen Veränderungen sehr deutlich wider. Wir werden immer gemütlicher, verlernen immer mehr, selbst gut zu kochen, und verlassen uns auf Fertiggerichte. Auch haben wir immer weniger Zeit. Obwohl wir in einer hochtechnisierten Welt leben, in der uns Maschinen unsere Arbeit abnehmen können, arbeiten wir paradoxerweise immer mehr. Wo früher ein Vollverdiener pro Familie ausreichte, ist es heute keine Ausnahme mehr, dass beide Elternteile Vollzeit arbeiten. Wer hat da noch die Muße, sich intensiv mit Kochen auseinanderzusetzten, geschweige denn die Kinder in den Prozess miteinzubeziehen, damit diese ebenfalls lernen, selbst zu kochen?

Für uns zu Hause haben wir den Lieferservice von unserem Speiseplan gestrichen. Was nicht heißt, dass es nicht auch bei uns Sonntagabende gibt, an denen wir leckeres Essen wollen, ohne dafür einen Finger krummzumachen. In solchen Fällen nutzen wir die Gelegenheit für einen kleinen Spaziergang zu der fabelhaften Pizzeria ein paar Straßen weiter, und der Verdauungsspaziergang ist schon inklusive. Kommen wir aber doch in Not, bestellen zu »müssen«, weil wir bei Freunden sind und die demokratische Wahl auf den Lieferservice fällt, wollen wir uns nicht ausgrenzen und beleidigt nach Hause gehen. Zu einer Aluschale können wir uns nicht überwinden, aber ein Pizzakarton ist immerhin ein Kompromiss.

Um den Lieferservice komplett auszuschließen, ist meist eine deutliche Änderung der eigenen Gewohnheiten die Voraussetzung. Wer grundsätzlich auf frisch gekochte Gerichte umsteigt, hat es leichter, denn mit ein bisschen Erfahrung weiß man, wie man auch auf die Schnelle mit einem Minimum an Zutaten eine leckere Mahlzeit zaubern kann. Ich habe hier den wertvollen Vorteil, dass ich sehr gerne koche, habe aber auch festgestellt, dass meine Freude am Kochen proportional zu meinen wachsenden Fähigkeiten steigt. Wenn du also nicht ganz so gerne kochst, liegt es vielleicht nur an der mangelnden Erfahrung und es besteht durchaus Hoffnung.

MÜLLFREI TO GO

In einer Welt, in der wir immer weniger Zeit haben und Essen zu einer notwendigen Nebentätigkeit verkommt, gibt es mittlerweile alles »to go« oder direkt ins Haus geliefert. Schnell mal was auf die Hand und für zwischendurch sind Essgewohnheiten, die unseren Alltag durchziehen. Ob diese Entwicklung mit Blick auf die Qualität, mit der wir unsere Zeit verbringen, eine positive ist, steht auf einem anderen Blatt. Definitiv negative Auswirkungen hat sie auf unser Müllaufkommen. Denn alles Essbare, das wir mitnehmen, wird so verpackt wie das, was wir geliefert bekommen. Die beste Lösung für das Problem wäre wahrscheinlich, sich diesem Trend zu entziehen, sich für alle Mahlzeiten ausreichend Zeit zu nehmen, selbst zu kochen oder im Restaurant Platz zu nehmen. Aber auch wer einer solchen Esskultur wohlgesonnen ist, hat es in unserer rastlosen Gesellschaft schwer. Eine Stunde Mittagspause ist dafür oft zu knapp.

Wer auch unterwegs müllfrei wegkommen möchte, der muss vorbereitet sein und unter Umständen Abstriche machen. Wenn Gregor und ich auf den Weihnachtsmarkt gehen, so wissen wir, dass wir etwas konsumieren wollen, und nehmen entsprechend Dosen, Servietten und vielleicht sogar Besteck mit. Wenn wir unterwegs allerdings spontan hungrig sind und ganz unvorbereitet dastehen, so nehmen wir uns die Zeit und setzen uns dorthin, wo Geschirr und Besteck noch gespült werden. So eine Dose hat man eben nicht immer in seiner Handtasche, eine Stoffserviette und ein Stoffsäckchen aber vielleicht schon, denn beides verbraucht weder nennenswert Platz, noch hat es ein merkliches Gewicht, kann unterwegs aber den entscheidenden Unterschied machen. So geht das Brötchen auf die Hand und von dort in den Stoffsack und die Bratwurst im Brötchen auf die Serviette. Wenn ich länger unterwegs bin, habe ich immer ein kleines selbstgenähtes Set für Besteck und Serviette dabei.

Leider ist die mitgebrachte Dose oder der eigene Kaffeebecher nicht immer das Erfolgsrezept. An Buden, Ständen und Wochenmärkten wird man keine Probleme haben, stationäre Cafés und Bistros sind da weniger flexibel – die Angst vor unserem strengen Recht und Gesetz lässt ihnen wenig Spielraum. Wird die Theke nicht peinlich genau als Hygienebarriere beachtet, besteht – zumindest theoretisch – die Gefahr, sich unbekannte Keime in den Hygienebereich zu holen. Ob die Lebensmittelkontrolleure es als Hygienerisiko empfinden, Dose und Becher die Theke passieren zu lassen, ist kommunal unterschiedlich, und ob es die Menschen dahinter interessiert, was die Lebensmittelkontrolleure davon halten, ist von Theke zu Theke unterschiedlich. Es lohnt sich also immer nachzufragen. Und wenn es nur dazu dient, deutlich zu machen, was wir Kunden uns wünschen.

Eine Zwischenlösung für den Kaffee wäre ein Einfüllen in ein Kännchen oder einen Becher, aus dem sich der Kunde seinen Kaffee selbst abfüllt. Schlag das deinem Kaffeelieferanten doch einfach mal vor, vielleicht ist er einfach noch nicht darauf gekommen. Sowohl in Deutschland als auch in der Schweiz gibt es mittlerweile Initiativen wie *Coffee to go again*, die zum Mitbringen des eigenen Bechers animieren. Es ist ein guter Anfang, ein eindeutiges Signal an die Politik. Gegen den Becherwahnsinn ist das allerdings auch mehr als überfällig, wenn sich flächendeckend etwas ändern soll. Wo es ganz offiziell keine Probleme gibt, sind Spender zur Selbstbedienung. Ein vom Kunden zu bedienender Kaffeeautomat kann vollkommen rechtmäßig auch den eigenen Becher befüllen. Leider sind diese Möglichkeiten nicht überall gegeben. Wenn ich unterwegs einen Kaffee trinken möchte, nehme ich ihn mir daher gerne in meinem Thermobecher von zu Hause aus mit. Das ist zwar weniger flexibel, dafür bin ich sicher, meinen Kaffee auf jeden Fall zu bekommen. Kaffeetrinker wissen, wie wichtig diese Sicherheit sein kann.

Unabhängig von unseren veränderten Essgewohnheiten und »Luxusansprüchen« wie Kaffee ist aber vor allem das grundlegendste Nahrungsmittel überhaupt oft ein Problem – Wasser. Wasser bekommt man überall zu überteuerten Preisen auch rund um die Uhr am Kiosk. Jedoch ist die Einweg-Pfandflasche aus Kunststoff auch hier vorherrschend. Glasflaschen sind wenig praktikabel und eben auch nicht immer die umweltschonendere Variante. Wenn es lediglich darum geht, Durst zu löschen, ist einfaches Leitungswasser dafür geradezu ideal. Es ist sauber, zuckerfrei und unschlagbar günstig. Es muss nicht abgefüllt und transportiert werden und es müssen keine Gefäße dafür produziert und entsorgt werden. Damit ist die Ökobilanz von Leitungswasser durchschnittlich 450 Mal besser als die von abgefülltem Mineralwasser.[11] Warum also ist die Wasserversorgung in Deutschland darauf ausgerichtet, dass wir uns am Kiosk kleine Wasserflaschen kaufen? Andere Länder und Regionen sind da weitaus fortschrittlicher mit ihren frei zugänglichen Trinkwasserbrunnen und -spendern. Sowohl auf der Straße, an Plätzen, in Schulen und öffentlichen Gebäuden, kann man sich unterwegs kostenfrei und umweltschonend versorgen und seine Trinkflasche auffüllen.

Da es all das in unserem Land aber nicht gibt, müssen wir uns anders behelfen. Eine wiederbefüllbare Trinkflasche von zu Hause mitzunehmen, ist für unterwegs aber trotzdem sinnvoll. So hat man den ersten Wasserbestand bereits dabei. Ist die Flasche leer, finden sich, wenn auch nicht ganz so komfortabel, immer Wege, an Leitungswasser zu kommen. So geht man eben an den Wasserhahn im Waschraum oder fragt nach dem Cafébesuch an der Theke.

Nicht nur die Versorgung des leiblichen Wohls ist unterwegs teilweise eine Herausforderung, sondern auch jeder öffentliche Waschraum. Dass es in Deutschland keine Hygienebrausen gibt, damit habe ich mich abgefunden, Papierhandtücher und Flüssigseife akzeptiere ich jedoch weniger bereitwillig. Dabei gibt es gerade hier längst passende Lösungen. Statt der Flüssigseife entweder zum Nachfüllen aus dem Plastikbeutel oder gleich in der handelsüblichen Pumpflasche aus Kunststoff ist mal wieder die trockene Seife die Lösung. Ein Stück Seife müsste sich aber niemand teilen, wenn der Trockenseifenspender wieder Einzug in unsere Waschräume hielte. Gehörte er früher auf jeder Zugtoilette zum Standard, ist er mittlerweile in Vergessenheit geraten. Der Trockenseifenspender sieht dem fest installierten Flüssigseifenspender ganz ähnlich, jedoch hat er im unteren Bereich ein Rad, das durch Drehen ein wenig von der festen Seife im Inneren abreibt. Mit diesen Seifenspänen lassen sich die Hände wie gewohnt reinigen.

Da das Frotteehandtuch unserem Bedürfnis nach absoluter Reinheit nicht mehr genügt, ist es in öffentlichen Bereichen so gut wie gar nicht zu finden. Es wurde von Papiertüchern abgelöst, die nach einmaligem Gebrauch in einem großen Mülleimer unter dem Spender enden. Diese Papiertücher können durch einen Stoffhandtuchspender ersetzt werden. Ein langes Handtuch auf einer Rolle wird von Benutzer zu Benutzer auf eine zweite Rolle gezogen. Ist das Endloshandtuch einmal durchgelaufen, wird es vom Anbieter dieser Miethandtücher ausgetauscht und gewaschen. Kleinere Cafés oder Arztpraxen bieten einen Stapel kleiner Stoffhandtücher an, die nach einmaligem Gebrauch gewaschen werden.

In der Regel findet man jedoch Flüssigseife und Papier, was mir beides nicht zusagt. Meine nassen Hände trocknen deshalb meist an meinem Hosenbein. Beim Sport bin ich jedoch besser vorbereitet: Ein kleiner Waschlappen mit einem Stück Seife darin dient sowohl zur Aufbewahrung der Seife als auch als Handtuch für danach.

Ist Zero Waste Verzicht?

Sind wir mal ehrlich: Wir bekommen weder alle Lebensmittel unverpackt oder in Pfandflaschen noch in akzeptablen Verpackungen wie Pappe. Da wir das Thema sehr ernst nehmen, führt es bei uns in vielen Fällen dazu, dass wir gewisse Dinge nicht mehr kaufen: Fertiggerichte, Süßigkeiten, Tofu und noch einige andere Lebensmittel. Nach außen mag dieses Leben wie ein einziger Verzicht wirken. Wir dürfen dies nicht, wir dürfen das nicht… Genau genommen dürfen wir alles, wir wollen es schlichtweg nicht mehr. Ist es ein Verzicht, dass wir keine Sklaven mehr haben? Ist es Verzicht, dass wir unsere Kinder nicht mehr schlagen? Ist es Verzicht, wenn wir kein Fleisch aus konventioneller Tierhaltung essen? Nein, es ist kein Verzicht, sondern eine bewusste und freie Entscheidung, von der wir überzeugt sind und die wir unserem täglichen Leben als ethische Handlungsanweisung zugrunde legen.

Das häufigste Argument für die Behauptung »Zero Waste ist nichts für mich« kommt genau aus dieser mangelnden Bereitschaft zu verzichten. Das ist auch nicht weiter verwunderlich, denn wir sind es nicht gewohnt zu verzichten. Die wenigsten von uns haben einen Krieg miterlebt oder andere gesellschaftliche Engpässe. Und so sind wir mit einem Überfluss aufgewachsen, bei dem alles immer in mehr als ausreichender Menge verfügbar ist. Selbst um 18 Uhr muss die Bäckerei noch frische Brötchen anbieten, sonst gehen wir zur Konkurrenz. Auch fehlt der gesamtgesellschaftliche Konsens, der sich bei Fragen wie der Sklaverei oder der körperlichen Züchtigung der Kinder in der Erziehung schon vor langer Zeit durchgesetzt hat. Würden wir alle erklären, dass Massentierhaltung ethisch nicht korrekt ist, und uns auch entsprechend verhalten, so gäbe es sie nicht mehr, und niemand würde sie vermissen. Da wir uns aber an unserem Umfeld messen und nur das tun, was alle tun, fällt es uns so schwer, hier eine Vorreiterrolle einzunehmen. Das macht den infrage stehenden Entwicklungsprozess natürlich unglaublich träge.

An das Thema Zero Waste mit der Sorge vor Verzicht heranzugehen, ist aber der falsche Ansatz, genauso wie man nicht mit den Umstellungen anfangen sollte, die einem am schwersten fallen. Die Strategie sollte vielmehr eine andere sein. Der erste Schritt besteht darin, die Dinge zu ändern, bei denen es einem am leichtesten fällt. Wer seine Einwegprodukte durch Mehrwegprodukte austauscht, muss auf nichts verzichten. Der nächste Schritt ist es, Alternativen zu finden und Gewohnheiten zu ändern, die zwar eine Veränderung bedeuten, aber nicht direkt einschränken, also beispielsweise das Brot im mitgebrachten Brotsack einzukaufen. Und erst der dritte Schritt stellt die Frage, ob es Produkte gibt, die wir aufgrund ihrer absurden Verpackung gar nicht mehr kaufen wollen. Aber auch hier sollte man niemals mit seinem Lieblingsgericht anfangen, sondern mit den Dingen, die einem leichter fallen. So kann man Stückchen für Stückchen seine Bereitschaft erweitern, ohne leiden zu müssen.

Ich habe es ganz genauso gemacht. Auch ich kaufte mir anfangs immer mal wieder kleine Schweinereien. Mit meiner Umstellung bin ich auch nicht rigoros vorgegangen, sondern habe mich langsam an die neuen Gegebenheiten gewöhnt. Ich kaufte erst keine Süßigkeiten mehr, aß sie aber noch, wenn ich bei Freunden war. Mittlerweile ist die Hemmschwelle, Schokolade aus ihrer Aluverpackung zu pellen, so groß, dass ich mich einfach nicht mehr dazu durchringen kann. Der gesunde Menschenverstand spielt mir hier in die Hände, denn die absurdesten Verpackungen gehören auch meist zu den ungesündesten Produkten. Da ich viel Wert auf meinen Körper und meine Gesundheit lege, schlage ich gleich zwei Fliegen mit einer Klappe, verzichte ich so doch meist nicht auf etwas, was gut für mich wäre.

Man kann es mit einer erfolgreichen Diät vergleichen. Eine erfolgreiche Diät ist nämlich gar keine Diät. Während man bei einer Diät konstant darauf wartet, bis man endlich wieder normal essen kann, erreicht man eine dauerhafte Gewichtsabnahme nur, wenn man auch dauerhaft etwas an seiner Ernährung ändert. Und wer sich genügend Zeit nimmt, um seine Gewohnheiten zu ändern, hat bessere Chancen, auch auf Dauer dabeizubleiben. Ganz genauso mache auch ich keine Diät, sondern habe schlichtweg meine Ernährung umgestellt. Wie weit man damit geht, muss jeder für sich selbst entscheiden. Es einfach mal auszuprobieren tut aber nicht weh. Und deshalb würde ich meinen Zustand auch nicht als Verzicht bezeichnen. Es gab zwar Phasen, in denen ich Dinge vermisste, aber sie werden immer seltener. Stattdessen konzentriere ich mich mehr auf das, was bleibt, und erfreue mich daran. Es ist immer noch so viel mehr, als die meisten Menschen auf dieser Welt haben. Wer sich das ab und zu mal bewusst macht, hat es leichter, auch in unserer Gesellschaft nachhaltig zu handeln.

Zero Waste ist manchmal mehr Arbeit und das Angebot ist weniger reichhaltig, aber das ist mir unsere Welt schlichtweg wert.

Rohstoffe

Wer seine Lebensmittel, Verpackungen und Gebrauchsgegenstände klug wählen möchte, muss wissen, woraus sie gemacht sind und was mit der jeweiligen Rohstoffförderung verbunden ist.

KUNSTSTOFF

Kunststoff gibt es in unendlichen Varianten. Seine Erfindung hat Produkte ermöglicht, die vorher nicht denkbar gewesen wären. Der Rohstoff dafür ist jedoch immer Erdöl. Trotz der riesigen Vorkommen auf der Erde ist dieser Rohstoff als endlich zu betrachten, da die Herstellung von Erdöl eine Erde viele Millionen Jahre Ruhe kostet, und von uns bekommt sie die ganz bestimmt nicht. Die Förderung geht mit Umweltschäden und der Rodung der umliegenden Flora einher. Die nicht seltenen Störfälle bei Förderung und Transport hinterlassen Ölteppiche im Meer, die auf vielen Quadratkilometern den Tod für Meerestiere und Seevögel bedeuten. Bei seiner Verbrennung setzt das Erdöl das in ihm gespeicherte CO_2, das mit ihm im Boden war, in die Luft frei, was die Hauptursache für Ozonloch und Klimaerwärmung ist. Mit den daraus folgenden steigenden Meeresspiegeln, der zunehmenden Desertifikation und den immer stärker werdenden Wetterphänomenen nimmt auch immer mehr die Flucht vor diesen klimatischen Bedingungen in unsere gemäßigten Regionen zu.

Die vielseitigen Einsatzmöglichkeiten haben aber nicht nur zu ganz neuen Produkten geführt, sondern vor allem dazu, dass Produkte billiger werden und ihre Haltbarkeit kürzer. Wer auf dauerhafte Produkte setzen möchte, wird sich von dem Werkstoff Kunststoff zwangsläufig distanzieren. Denn Kunststoff verliert schnell seine anfängliche Ästhetik, wird stumpf und verfärbt sich. Außerdem wird er je nach Sorte schnell brüchig und zerfällt in seine Einzelteile. Ganz verschwindet er aber nicht, nur weil man ihn nicht mehr erkennen kann.

Recycling

Kunststoff ist grundsätzlich recycelfähig. Dafür ist aber eine sortenreine Trennung notwendig. Die Vielzahl an bestehenden Kunststoffarten erschweren den Prozess daher erheblich. Es gibt allein sechs verschiedene Recyclingcodes für sortenreinen Kunststoff und einen weiteren Code für alle sonstigen Kunststoffarten. In der Sortieranlage werden die Kunststoffe nach Sorten getrennt. Die Kategorie 7 sowie alles, was nicht eindeutig zugeordnet werden kann, findet sich umgehend auf dem Weg in die Verbrennungsanlage. Für den sortenreinen Rest (Recyklat) lohnt sich eine Wiederverwertung nur, wenn auch ausreichende Mengen zusammenkommen, was natürlich nicht bei jeder Kunststoffsorte der Fall ist. Dieser Prozess macht das Recyklat teuer, das bei der Produktion von neuen Kunststoffprodukten mit den billigen Weltmarktpreisen für Erdöl konkurrieren muss. Hinzu kommen Farbstoffe, Weichmacher und andere Additive, die herauszulösen sich finanziell noch weniger rechnet. Auch sind die Eigenschaften des wiederverwerteten Kunststoffs oft schlechter als die des neuen.

All diese Aspekte führen dazu, dass ein Recycling zwar theoretisch ganz gut möglich ist, in der Praxis aber nur rund ein Viertel unseres gesammelten Kunststoffs auch wiederverwertet wird.[12]

Mikroplastik

Es gibt zwei Sorten von Mikroplastik. Das *sekundäre Mikroplastik* ist zerfallener Kunststoff. In der oben beschriebenen Weise findet Plastik immer häufiger seinen Weg in unsere Weltmeere, wo es durch Wellenschlag und UV-Licht in mikroskopisch kleine Partikel zerfällt. Die Studien der Risikobewertung stehen hierzu noch ganz am Anfang und eine Bewertung dürfte äußerst schwerfallen. Grund zur Sorge besteht aber bereits. Neben den Chemikalien, die bereits in Kunststoffen enthalten sind, bindet das Mikroplastik aufgrund seiner physikalischen Eigenschaften Schadstoffe wie DDT und andere Chlorverbindungen an der Oberfläche. Als Nahrungsmittel für Planktontierchen gelangt beides auch in die Mägen unserer Fische und damit auch wieder bei uns auf dem Teller.[13] Es wurde bereits in Kleinstlebewesen wie Zoo-Plankton, Muscheln, Würmern, Fischen und Seevögeln gefunden. Auch das als sehr gesund bewertete Meersalz ist mittlerweile mit Mikroplastik belastet und verdient keine positive Kritik mehr.

Das *primäre Mikroplastik* dient als Ausgangsstoff für die Kunststoffverarbeitung, wird aber auch immer häufiger als Bestandteil von Kosmetika direkt in den Produkten verarbeitet. Mit dem Abwasser gelangen diese Mikropartikel in unsere Kläranlagen, die sie nicht ausreichend herausfiltern können. So ist der Weg frei in unsere Gewässer und mit der Zeit auch in die Ozeane. Solche Produkte sind mittlerweile keine Ausnahme mehr, vielmehr findet sich dieses Mikroplastik in allen Make-ups und Kosmetika von Peelingprodukten bis zur Zahncreme aller bekannten und unbekannten Marken. Lediglich Naturkosmetik kann sich gänzlich davon freisprechen. Wer solche konventionellen Produkte in seinem Badezimmer hat, tut besser daran, sie zu entsorgen, als sie aufzubrauchen, da sie im Abwasser eine zu starke Belastung darstellen. Da es nicht immer leicht ist, das Mikroplastik aus den Inhaltsstoffen herauszulesen, hat der BUND einen Einkaufsratgeber herausgegeben, der alle belasteten Produkte auflistet. Die Liste der sauberen Kosmetik wäre wahrscheinlich kürzer gewesen.

Aber nicht nur dort versteckt sich Mikroplastik. Auch unsere Kleidung ist heute zu großen Teilen aus Kunstfasern hergestellt. Der Abrieb dieser Kleidung ist also ebenfalls sehr feiner Plastikstaub. Wir atmen ihn in unseren Wohnungen ein und leiten ihn beim Waschen über unsere Waschmaschine ins Abwasser. Gerade Fleecestoffe verlieren stark an Material. Wer Müll vermeiden will, sollte also auch beim Kleiderkauf genauer hinschauen und auf reine Baumwolle, Wolle, Leinen oder im besten Fall Hanf umsteigen.

Bio-Kunststoff

Nicht jeder Kunststoff ist aus Erdöl erzeugt. Mittlerweile erlaubt es uns die Technik, auch aus Pflanzen Kunststoff herzustellen. Das klingt nach der perfekten Lösung, in der Praxis ist aber auch dies etwas differenzierter zu betrachten. Biologisch abbaubar ist der Kunststoff zwar, aber weder Temperatur noch Druckverhältnisse oder die Zeit reichen aus, um ihn bei uns auf dem Kompost oder in den modernen Kompostieranlagen zu zersetzen. Er wird also aussortiert und mit dem Restmüll verbrannt. Wie klassischer Kunststoff recycelt werden kann er nicht.[14] Zwar wird bei der Verbrennung von Bio-Plastik nur kurzfristig gebundenes CO_2 frei, was einer CO_2-Neutralität entspricht, eine ganz andere Problematik schließt ihn aber als einfache Erdölalternative aus: Um unseren enormen Bedarf an Kunststoff zu decken, müssten wir Anbauflächen schaffen, die die Größe der Erdoberfläche bei Weitem überschreiten. Die Konkurrenz mit Anbauflächen für Nahrungsmittel besteht bereits durch den zunehmenden Anteil an Ethanol in unserem Kraftstoff. Monokulturen zerstören die Bodenqualität und verlangen oft eine intensive boden- und grundwasserschädigende Düngung. Deshalb ist Biokunststoff zwar eine gute Alternative, dort wo wir auf Kunststoff nicht verzichten können, aber nur solange wir unseren Bedarf drastisch senken.

Fazit

Aus dem Weg gehen können wir dem Mikroplastik nicht mehr. Wir können seinen Eintrag in die Umwelt allerdings drastisch verringern. Dazu sollten wir penibel darauf achten, dass all unser Kunststoff nicht in der Umwelt landet und wir kein Mikroplastik mit unseren Kosmetikprodukten konsumieren, und unsere Kleidung wieder mehr und mehr auf Naturfasern umstellen. Müll aufzuheben, der nicht *unserer* ist, ist ebenfalls ein guter Beitrag.

Auch der grundsätzliche Umgang mit Kunststoff ist es wert, überdacht zu werden. Kunststoff ist weiterhin eine geniale Erfindung, in den Dimensionen, in denen wir ihn konsumieren, wird er aber zum Fluch. So ist es sinnvoll, ihn auf die Lebensbereiche zu reduzieren, wo er absolut notwendig ist, wie zum Beispiel im medizinischen Bereich. Aber auch hier sollte die Reduktion des Materialeinsatzes weit mehr gefördert werden. Für unseren Privatgebrauch gibt es in den meisten Fällen die Möglichkeit, sich gegen Plastik zu entscheiden – eine Entscheidung, die übrigens mit einer höheren Wertigkeit unserer Produkte einhergeht. Besonders das schnelle Plastik aus Verpackungsmaterialien gilt es zu vermeiden. Es wird so schnell und unbedacht um alles gewickelt, ganz egal, ob es wirklich notwendig ist oder nicht. Und genauso schnell landet es im Abfall. In den allermeisten Fällen kann aber darauf verzichtet werden, und gerade Industrie und Einzelhandel sollten schnellstens auf Alternativen setzen.

Zu guter Letzt ist ein einwandfreies Recycling eine Möglichkeit, diesen wertvollen Rohstoff vor der endgültigen Verbrennung zu bewahren. Kunststoff sollte deshalb, wenn er denn schon anfällt, stets im gelben Sack landen. Werden beispielsweise die Joghurtdeckel entfernt und nicht in den Becher hineingedrückt, so hat auch dieser Becher eine bessere Chance auf Wiederverwertung. Vermeidung bleibt aber nach wie vor die bessere Wahl.

ALUMINIUM

Spätestens wenn es an die Alufolie geht, ist Aluminium aus unserem Haushalt kaum wegzudenken. Der Rohstoff von Aluminium ist Bauxit, das weltweit abgebaut wird. Hauptlieferanten sind Australien, China, Indien, Guinea und Jamaika. Ein großer Teil der ausgebeuteten Bauxitreserven liegt im Tropengürtel – für den Abbau im Tagebau wird entsprechend Regenwald gerodet, indigene Völker werden vertrieben und Tierarten bedroht.

Mithilfe von Natronlauge wird Eisen und Quarzsand aus dem Bauxit getrennt, um Aluminiumoxid zu gewinnen. Dabei entsteht als Abfallprodukt der stark ätzende Rotschlamm. Auf ein Kilogramm Aluminium fallen so als Abfallprodukt 1,5 bis 4 kg Rotschlamm an.[15] Eine Weiterverwendung oder Neutralisierung der toxischen Schlacke ist bisher nur sehr eingeschränkt möglich. So werden gerade mal 5 Prozent des Rotschlamms wieder sinnvoll nutzbar gemacht.[16] Der Rest muss bislang endgelagert werden und belastet die umgebende Umwelt. Dass eine Deponierung nicht immer sauber und sicher abläuft, liegt auf der Hand. So kam es bereits zu zwei gravierenden Störfällen mit fatalen Folgen. In Brasilien starb das Ökosystem eines ganzen Sees ab, nachdem Rotschlamm eingetreten war, und in Ungarn brach der Damm einer Deponie: Ein besiedeltes Gebiet von 40 Quadratkilometern wurde überschwemmt, mehrere Dörfer wurden überflutet, zehn Menschen starben und 150 wurden verletzt. Der Rotschlamm floss weiter in die Donau.

Die Weiterverarbeitung des Aluminiums erfordert einen sehr hohen Energieaufwand. Es kann aber bis zu 100 Prozent recycelt werden, wenn es sortenrein in der Sortieranlage landet. Durch die Wiederverarbeitung von gebrauchtem Aluminium kann dieser Energieaufwand deutlich gesenkt werden. Leider landet ein großer Teil dieses wertvollen Rohstoffs im Restmüll und ist für den Rohstoffkreislauf verloren.

Fazit

Trotz des hohen weltweiten Vorkommens von Aluminium ist dessen Verwendung angesichts der schädlichen Folgen für die Umwelt kritisch zu beurteilen. Obwohl es so gut recycelt werden kann, stammt der größte Anteil unseres Aluminiums aus erster Förderung, und angesichts des stetig wachsenden Bedarfs muss auch stetig neues Aluminium in den Kreislauf eingespeist werden. Aluminium komplett zu verbannen ist weder möglich noch sinnvoll. Unser Verbrauch ist aber schlichtweg zu hoch und sollte sich auf die Bereiche beschränken, wo es wirklich notwendig ist und nicht einfach nach dem Pausenbrot im Papierkorb landen. Wer Aluminium verwendet, sollte zudem penibel darauf achten, dass es in der gelben Wertstofftonne entsorgt wird und nicht in irgendeinem Mülleimer an der Straße. Aluminium zu umgehen ist eine Herausforderung, da es neben der Autoindustrie und dem Baugewerbe auch in vielen Alltagsprodukten wie Kaugummiverpackungen, Tierfutter, Nudelschalen vom Lieferservice, Kaffeeverpackungen, Tetrapacks, Joghurtdeckeln, Zahnpastatuben, Deo, Getränkedosen und sogar in den Deckeln von Glasflaschen vorkommt. Den Verbrauch schränkt also vor allem ein, wer sich von Wegwerfartikeln distanziert.

GLAS

Einen besonderen Vorteil zeichnet Glas gegenüber anderen Verpackungsmaterialien aus. Es ist absolut dicht und keine Stoffe können aus der Verpackung in die enthaltenen Lebensmittel migrieren. Leider gilt das nur für die Glasverpackung selbst und nicht für die Schraubdeckel, die sowohl Aluminium als auch Kunststoff und Weichmacher enthalten können.

Der Rohstoff des Glases, der Quarzsand, gilt mit seinem hohen weltweiten Vorkommen als praktisch unbegrenzt. Der Energiebedarf für die Glasherstellung ist sehr hoch, er kann aber durch die Zugabe von Altglas gesenkt werden. Theoretisch lässt sich Glas zu 100 Prozent wiederverwerten. Welchen Anteil Altglas bei der Neuproduktion tatsächlich haben kann, hängt von der Glasfarbe ab. Grünes Glas verträgt den größten Anteil an Altglas von fast 100 Prozent. Deshalb gehören blaue Flaschen auch in den Grünglascontainer. Bei Braun- und Weißglas liegen die Anteile nur bei 70 bis 80 Prozent. Schuld daran ist die fehlende Sortenreinheit. Der Einsatz von Pfandflaschen verbessert die CO_2-Bilanz deutlich, da ein Einschmelzen des Rohstoffs erst nach vielen Verwendungszyklen notwendig wird. Besonders geeignet sind hierfür Normflaschen, die mit verschiedensten Produkten befüllt werden, womit die Wegstrecke beim Rücktransport minimiert wird. Immer mehr Getränkehersteller wählen jedoch ausgefallene Flaschen, die dementsprechend wieder genau an ihren Ursprungsort zurücktransportiert werden müssen. Wer der Normflasche den Vorzug gibt, setzt also ein Zeichen gegen diesen Irrsinn.

Fazit

Durch den hohen Energieaufwand und das ebenso hohe Transportgewicht wird Glas gegenüber Getränkekartons und Kunststoffbehältern nicht zwangsläufig zur besseren Alternative, was den CO_2-Ausstoß angeht.[17] Mit seiner hohen Recyclingfähigkeit und der Schadstofffreiheit bleibt es aber unschlagbar unter den wählbaren Materialien, gerade für Lebensmittel. Um den Energieverbrauch zu senken, sind allerdings Pfandflaschen zu bevorzugen. Auch ist es sinnvoll, die Herkunft zu beachten und auf Normflaschen zu setzen, um die Länge der Transportwege zu minimieren. Muss es also wirklich Importbier sein, oder tut es auch solches aus der Umgebung? Um den Anteil des recycelten Glases zu erhöhen, sind wir alle gefragt, möglichst genau das anfallende Altglas zu trennen und die Hinweise auf den Glascontainern ernst zu nehmen. Porzellan gehört demnach in den Restmüll, ebenso manche Gläser, die nicht als Verpackungsmaterial dienen. Für einen Laien ist es allerdings schwer zu erkennen, ob es sich um diese zuletzt genannte Art von Glas handelt.

PAPIER UND PAPPE

Papier und Pappe bestehen in erster Linie aus einem nachwachsenden Rohstoff. Das macht sie zu der besten Verpackung für trockene Produkte. Für die Papierherstellung wird entrindetes, kleingeschnittenes Holz verwendet. Um holzfreies Papier herzustellen, werden die Fasern mittels einer schwefeligen Lauge oder Säure aus dem Holzverbund herausgelöst. Bei holzhaltigen Papieren reicht ein mechanischer Prozess. Nur 20 Prozent unseres Papiers werden in diesem mechanischen Verfahren hergestellt, da das fertige Papier brüchiger ist und schneller vergilbt. Für den Prozess bis zum fertigen Papier wird eine Menge Wasser benötigt, zudem viel Energie, die sicherlich nicht immer aus regenerativen Quellen stammt.

Pro Kopf kann uns Deutschen ein Jahresverbrauch von fast 250 kg Papier angerechnet werden. Damit liegen wir neben Belgien, Luxemburg und den USA an der Spitze des Weltverbrauchs. Diese Papiermenge beinhaltet die 19 kg Hygienepapier, die wir jährlich in der Toilette hinunterspülen und gar nicht mehr zum Müllaufkommen dazurechnen. Der Anteil an Altpapier liegt bei gerade einmal 25 Prozent, und selbst das Papier für unser allerschmutzigstes Geschäft stammt nur zu 50 Prozent aus Altpapier. Der durchschnittliche Pro-Kopf-Verbrauch weltweit beträgt demgegenüber 54 kg.[18] Wir können uns aber ausmalen, welche Auswirkungen es hat, wenn uns der Rest der Welt einholt.

Um diesen enormen Verbrauch zu decken, reicht unser Land alleine nicht aus, weshalb wir 3,7 Millionen Tonnen Zellstoff importieren. Hauptexportländer sind Brasilien und Uruguay, wodurch die grobe Schätzung gestützt wird, dass 20 Prozent des weltweiten Papierverbrauchs aus Urwäldern stammt. Dadurch werden hochkomplexe Ökosysteme zerstört, die unser Erdklima stabilisieren, CO_2 speichern, Sauerstoff erzeugen, Schadstoffe aus der Luft filtern und den Wasserhaushalt regulieren. Gerade der tropische Regenwald ist eine sehr artdichte Heimat von Tieren, die nur hier leben können.[19] Um einen solchen primären Regenwald neu zu erzeugen, reichen ein paar hundert Jahre nicht aus, weshalb gerodeter Regenwald als vollständig verloren anzusehen ist. Auch ist es mit der Aufforstung unserer Holz- und Papierlieferanten nicht weit her, nur ein geringer Teil wird nachhaltig wiederaufgeforstet. Das FSC-Siegel zeichnet Produkte aus, die aus einer nachhaltigen Forstwirtschaft kommen. Wer sich umschaut, wird schnell merken, dass solche Produkte in der Unterzahl sind.

Ein weiteres Problem sind die Schadstoffe, die beim Bedrucken aufs Papier aufgetragen werden, in unsere Umwelt gelangen und dazu führen, dass recyceltes Papier nur eingeschränkt nutzbar ist. Als Lebensmittelverpackung ist es damit zum Beispiel ausgeschlossen.

Fazit

Papier ist zwar ein nachwachsender Rohstoff, die tatsächliche Aufforstung erfolgt aber nur in unzureichendem Maße. Damit basiert unser Papierkonsum zum großen Teil auf Ausbeutung. Neben der zweifelhaften Herkunft, dem Energie- und Wasserverbrauch sowie den umweltschädigenden Druckfarben lautet auch bei diesem relativ ökologischen Rohstoff die Devise wieder mal: Wo es geht vermeiden.

Deshalb bezieht sich der Wunsch nach unverpacktem Einkaufen eben auch auf Papier. Denn rund 40 Prozent unseres Papierverbrauchs fallen als Verpackungsmaterial an. Das Vermeiden ist nicht immer leicht, aber manchmal eben doch. Zum Beispiel bei der Brötchentüte vom Bäcker. Für einen umsichtigen Umgang sind wir alle gefragt. Verbraucht ein Büromitarbeiter im Schnitt täglich 45 Blatt Papier[20], dürfte sich dies ohne Weiteres reduzieren lassen. Wer um Papier nicht herumkommt, kann auf Recyclingprodukte setzten. Frischwaren sollten eine FSC-Zertifizierung tragen und beides sollte möglichst nicht auch noch in Kunststoff verpackt sein. Gerade letzteres ist leider viel zu häufig der Fall.

Um den Eintrag an Chemikalien in unsere Umwelt und in unser Altpapier zu verringern, sollten wir uns ganz gezielt Druckereien aussuchen, die gänzlich ohne Schadstoffe auskommen, mineralölfrei und vegan drucken. Da wir bei unseren handelsüblichen Printprodukten leider noch keine Wahl haben, ist die Frage, ob wir unsere Tageszeitung nicht vielleicht lieber über eins unserer zahlreichen elektronischen Helferlein lesen, die wir ja sowieso besitzen. Oder wir hören zur Abwechslung mal wieder Radio.

TEXTILIEN

Unsere Textilproduktion wurde weitestgehend ausgelagert in die sogenannten »Billiglohnländer«, um die Produktionskosten zu senken. Ein Geheimnis ist es nicht mehr, dass die Arbeitsbedingungen in den allermeisten Textilfabriken und Nähereien gesundheitsschädlich und ausbeuterisch sind. Zudem erfolgt die Produktion nicht-zertifizierter Baumwolle mit einem äußerst hohen Wasserverbrauch oft in Gegenden, in denen Wasser bereits Mangelware ist. Eine nachhaltige Wasserwirtschaft wird nicht betrieben, dafür umso mehr Pflanzenschutzmittel auf die Felder aufgetragen. In der weiteren Verarbeitung kommen giftige Chemikalien und Färbemittel hinzu. Beides verbleibt nicht nur in der Kleidung, die wir uns über die Haut ziehen, sondern stellt auch eine große gesundheitliche Belastung für die ausführenden Arbeiter dar. Leider gibt es keine Negativliste, anhand der wir auswählen können, welche Kleidungsmarken wir in Zukunft besser vermeiden sollten. Es gibt sie wahrscheinlich deshalb nicht, weil alle Marken auf dieser Liste aufgeführt wären, die nicht entsprechend zertifiziert sind. Greenpeace betreibt seit einigen Jahren eine Kampagne namens »Detox«, um namhafte Hersteller zu einer Reduzierung ihrer Schadstoffbelastung zu bewegen. Gerade für Baby- und Kinderkleidung sollte der Schadstoffgehalt in der Kleidung nicht ignoriert und z. B. auf Biobaumwolle gesetzt werden.

Aus reinen Naturmaterialien besteht nur noch ein geringer Teil unserer Kleidung. Sie wurden durch Kunststofffasern ersetzt, die besondere Eigenschaften wie Dehnbarkeit mit sich bringen. Kaum berücksichtigt wird dabei die Frage der Entsorgung. Die Kleidung sollte also in keinem Fall in die Umwelt gelangen, denn sie ist letztlich Kunststoff und verrottet nicht. Aber selbst in Textilprodukten aus 100 Prozent Biobaumwolle kann im Garn ein gewisser Anteil an Elastan enthalten sein, um es in den modernen Industrienähmaschinen überhaupt bei der hohen Geschwindigkeit verarbeiten zu können, ohne dass es reißt. Die Auswirkungen des Abriebs von Mikroplastik solcher Kleidung habe ich bereits erwähnt.

Altkleidersammlung

Im sicheren Glauben, etwas Gutes für Bedürftige zu tun, geben wir unsere gebrauchte Kleidung in Altkleidersammlungen oder -containern ab. Wir haben ein gutes Gewissen, aber uns ist kaum bewusst, was hinter den Kulissen der Kleidersammlung geschieht. So sind diese Sammlungen in den seltensten Fällen humanitär begründet, sondern ein sehr lukratives Geschäft. Da unsere jährlichen Kleiderspenden jeglichen Bedarf übersteigen, wird ein überwiegender Teil der Kleidung gewerblich vertrieben. In Textilsortierbetrieben werden die Kleidungsstücke auf ihren Zustand geprüft und sortiert. Weniger als die Hälfte der Kleidung wird als so gut erhalten eingestuft, dass sie auf unserem Secondhandmarkt, vor allem aber in Osteuropa, Afrika und im Mittleren Osten weiterverkauft wird. Unbrauchbare Stücke werden immerhin noch in der Putzlappenproduktion weiterverarbeitet, aber gut 20 Prozent landen im Restmüll, da sie nicht recycelt werden können.

Wirklich ärgerlich daran ist, dass dieses System für uns kaum zu durchschauen ist. Selbst gemeinnützige Organisationen überlassen gewerblichen Händlern immer häufiger ihr Logo für solche Kleidersammlungen. Um einen seriösen Altkleidersammler zu erkennen, muss man schon genau hinsehen. Solche Sammler geben ihre vollständige Adresse an und informieren umfassend, was mit der Kleidung passiert. Die schwarzen Schafe zeigen sich aber nicht nur an Haustürsammlungen, sondern auch mit öffentlich aufgestellten Kleidercontainern. Das Aufstellen von Kleidercontainern ohne Genehmigung erfreut sich zunehmender Beliebtheit, denn bis sich tatsächlich jemand verantwortlich fühlt und den Container beseitigt, fließt eine Menge Geld.

Dass die Kleidung, ob gewerblich oder sozial, wiederverwertet wird, ist grundsätzlich erfreulich, denn so werden die in ihr steckenden Ressourcen nicht einfach verbrannt. Und doch hat diese ungewollte Kleiderflut ein »Gschmäckle«. Es läuft eine kontroverse Debatte darüber, ob unsere Altkleider den afrikanischen Textilmarkt zerstören oder ob sie es vielmehr der ärmsten Bevölkerung erst ermöglichen, überhaupt Kleidung zu kaufen. Unabhängig davon wird der

Anteil der nicht mehr verwertbaren Kleidung in den Sammlungen immer größer und die Sammlungen werden immer unwirtschaftlicher. Das liegt vor allem an der ständig abnehmenden Qualität der Textilware: Sie ist nicht nur schnell *out*, sondern im Grunde auch unbrauchbar.[21]

Fazit

Trotz aller Kritik ist es in jedem Fall ratsam, seine nicht mehr gebrauchte Kleidung in die Altkleidersammlung zu geben, bevor sie im Müll landet. Trotz der Aufschrift, nur brauchbare Kleidung in die Sammlung zu geben, würde ich jederzeit alle Textilien hineingeben. Denn so werden sie einem Recycling zugeführt, das der Restmüll nicht bieten kann. Wenn dadurch die Kosten weiter steigen, bleibt die Hoffnung, dass sich die Textilindustrie in Zukunft auch an den Kosten für die Entsorgung gesetzmäßig beteiligen muss. Wem dabei der humanitäre Gedanke wichtig ist, sollte genauer hinschauen, an wen er seine Kleidung abgibt. Wem es lediglich auf die Wiederverwertung ankommt, der ist mit jeder Sammlung gut beraten.

Allerdings ändert die Möglichkeit der Altkleiderabgabe nichts an der Tatsache, dass unser Textilienverbrauch ebenfalls zu hoch ist, um eine nachhaltige Produktion für alle möglich zu machen. Die damit einhergehende mangelhafte Qualität der Kleidung sorgt immer schneller für unverwertbaren Restmüll. Somit können wir uns unseres schlechten Gewissens nicht dadurch entledigen, dass wir unsere Altkleider immer brav in die Sammlung geben. Nur eine drastische Reduzierung unseres Kleiderkonsum, das vollständige Umsteigen auf gebrauchte oder zertifizierte Produkte, eine vermehrte Konzentration auf Naturtextilien sowie das Einspeisen von nicht mehr gebrauchter Kleidung in den Nutzungskreislauf entspricht einem nachhaltigen Umgang mit Textilien.

Um herauszufinden, welche Kleidung mit gutem Gewissen getragen werden kann, gibt es zahlreiche Siegel. Was diese Siegel allerdings bewerten, ist sehr unterschiedlich. Das umfassendste ist sicherlich das GOTS-Siegel. Es garantiert einen Mindestanteil von 70 Prozent biologisch erzeugten Naturfasern, das strengere GOTS Bio immerhin 95 Prozent. Chemische Stoffe müssen bestimmte Kriterien der Umwelt- und Gesundheitsverträglichkeit erfüllen. Giftige Schwermetalle, Formaldehyd, funktionelle Nanopartikel, gentechnisch veränderte Organismen sowie Accessoires aus PVC, Nickel oder Chrom, ohne die konventionelle Kleidung kaum noch auskommt, sind verboten. Die Verarbeitungsbetriebe müssen über eine Kläranlage verfügen und die Mindestkriterien der Inter-

nationalen Arbeitsorganisation (ILO) müssen zum Schutz der Arbeiter ein-
gehalten werden. Der Einsatz von Wasser und Energie muss entlang der Liefer-
kette dokumentiert und stetig verbessert werden. Leider gilt das aber nur für
Naturprodukte und schließt Leder bisher aus.[22] Eine andere Möglichkeit des
Einkaufs sind spezielle Onlineshops wie Armedangels, Avocadostore, glore, Hess
Natur u. v. m., die genau beschreiben, was in der Kleidung enthalten ist.

PALMÖL

Palmöl gerät immer mehr in die Kritik, und das zu Recht. Eigentlich ist die Ölpalme ein tolles Gewächs, denn sie ist eine sehr ergie-
bige Pflanze, die mehr Öl produziert als jede andere. Und auch die besondere
Konsistenz des Öls macht das Palmöl so erfolgreich. Leider hat die Ölpalme
aber den entscheidenden Nachteil, dass sie nur um den Äquator herum wächst.
Somit teilt sie sich einen Lebensraum mit unseren letzten Regenwäldern. Diese
werden nun nicht mehr nur für die Futtermittelproduktion unserer Masttiere
gerodet, sondern auch ganz massiv für Palmölmonokulturen. Der Verlust einer
äußerst wertvollen Flora und Fauna ist die Folge, Lebensräume seltener Tiere
werden weiter zerstört, einheimische Bewohner vertrieben. Diese Rodungen
sind fatal, denn selbst eine spätere Aufforstung kann niemals einen Primärwald
erschaffen, wie er vorher bestand. Die Humusschicht eines Primärregenwaldes
speichert immense Mengen an CO_2, ist äußerst fruchtbar und braucht mehr als
ein Menschenleben für seine Entstehung. Eine Monokultur zerstört diese wertvolle Schicht sukzessive und endgültig in ziemlich kurzer Zeit.

Vor diesem Hintergrund ist es kaum zu glauben, dass Palmöl heute in so
ziemlich jedem Produkt steckt und dies nur wenigen bewusst ist. Enthalten ist es
vor allem in verarbeiteten Lebensmitteln wie Margarine, Brotaufstriche, Nussnugatcreme, Fleischersatzprodukten, Eiscreme, Süßigkeiten, Gebäck, Schokolade,
Müsliriegel, Fertiggerichte, Pommes Frites, Brötchen, Soßen, Suppen und Teig-
waren. In Kosmetika sind es Cremes, die meisten Seifen, Waschmittel, Schminke, Sonnencreme und Duschgel. In Haushaltsartikeln sind es vor allem Kerzen,
Schmiermittel, Farben und Lacke. Nicht nur in Lebensmitteln, Kosmetika und
Haushaltsartikeln, auch in der Strom- und Wärmeproduktion und natürlich in
unserem Kraftstoff steigt der Anteil des Palmöls. So ist nicht nur der verrufene
Bio-Sprit damit versetzt, sondern auch die undeklarierten Kraftstoffsorten.

Abgesehen vom Kraftstoff hat der Verbraucher noch die Wahl und kann, wenn er sucht, für alles Alternativen finden. Die Deklaration auf den Produkten ist aber alles andere als eindeutig. Palmöl verbirgt sich hinter Bezeichnungen wie Palm, Palmate, (Cetyl) Palmitate und Sodium Lauryl Sulfoacetate. Andere Bezeichnungen sind weniger spezifisch, beinhalten meist jedoch auch das billige Palmöl, wie Pflanzenöl, Pflanzenfett, pflanzliches Fett, pflanzliches Öl, Stearyl, Stearate, Cetearyl, Cetyl, Cetearyl Alcohol, Emulsifiers E471 und Glyceryl.

Fazit
Wie alles im Leben ist auch Palmöl nicht grundsätzlich schlecht, und es wäre vermessen, die Asiaten dafür zu verurteilen, dass sie ihren Fettbedarf hauptsächlich über Palmöl decken. Das wirkliche Problem ist wie immer die Masse. Der hohe Bedarf an Palmöl, den vor allem Länder wie Deutschland vorgeben, kann selbst über nachhaltige Palmölplantagen nicht gedeckt werden. Es empfiehlt sich also, auf Palmölprodukte, soweit es geht, zu verzichten, um dazu beizutragen, dass sich die ausbeuterischen Zustände im Regenwald wieder entspannen und vielleicht noch ein bisschen von ihm übrig bleibt.

SELTENE ERDEN

Seltene Erden, oder besser gesagt Metalle seltener Erden, beinhalten ihre Problematik schon im Namen: Sie sind selten. Sie und auch die Edelmetalle wie Gold werden vor allem zur Herstellung unserer modernen Elektronikartikel zwingend benötigt.

Ihre Förderung ist meist hochproblematisch, da sie in Billiglohnländer verschoben ist, in denen weder Umweltauflagen noch Arbeitsschutz besonders großgeschrieben werden. So sind ausbeuterische, gesundheitsschädigende Arbeitsbedingungen und auch Kinderarbeit keine Seltenheit. Das Fördern der Rohstoffe bringt zusammen mit diesen auch radioaktive Materialien, Schwermetalle und andere giftige Stoffe hervor, die, bisher im Boden gebunden, nun freigesetzt werden. Die Arbeiter sind diesen Stoffen oft schutzlos ausgeliefert und die Entsorgung erfolgt oft in der freien Landschaft ohne eine umweltschützende Deponierung oder gar Neutralisierung.

Während es inzwischen immerhin faire und ökologische Kleidung auf dem Markt gibt, fehlt es bei den seltenen Erden immer noch an Alternativen, die man guten Gewissens konsumieren kann. Jedes Handy, jeder Fernseher, jeder Computer und sogar jedes Elektroauto basiert auf solchen seltenen Bodenschätzen, und es gibt gerade mal zwei Handymodelle am Markt, die Bemühungen zeigen, etwas an den ausbeuterischen Förderbedingungen zu ändern.

Wir sind auf Seltene Erden und Edelmetalle angewiesen, wenn wir in einer Welt mit moderner Technik, wie wir sie heute kennen, leben wollen. Selbst für fortschrittliche, umweltfreundliche Technologien sind sie unumgänglich. Wir mögen Hightechgeräte entwickeln, die unsere Energieprobleme lösen, Basis bleibt immer ein knappes Vorkommen ganz spezieller Elemente, die uns nur begrenzt zur Verfügung stehen. Hier zeigt sich mal wieder, dass ein grenzenloses Wachstum nicht möglich sein kann.

Fazit

Ein Verzicht auf seltene Erdmetalle ist in unserer modernen Welt nicht realistisch; umso erforderlicher ist es, unseren Umgang mit ihnen zu überdenken. Wir sollten sie deshalb dringend als das betrachten, was sie sind: äußerst wertvoll. Handys und Fernseher sind also keine Wegwerfartikel, sondern wertvolle Rohstofflager. Nichts davon sollte verloren gehen oder in irgendwelchen Schubladen verwesen. Entsprechende Entsorgungsstellen ermöglichen eine Wiederverwertung der Rohstoffe, ganz im Gegensatz zum normalen Hausmüll. Möchten wir etwas gegen die miserablen Zustände vor Ort unternehmen, haben wir bei unserem neuen Smartphone die Wahl zwischen Fairphone und Shiftphone. Bei allen anderen Gegenständen unseres Bedarfs hilft nur eine konsequente Konsumreduzierung, gebraucht kaufen und länger behalten. Bei aller Machtlosigkeit ist genau das die Macht, die wir Verbraucher immer haben und vor der sich jedes Unternehmen fürchtet.

Reinigungsmittel

Reinigungsmittel selber zu machen ist ein wesentlicher Bestandteil eines umweltbewussten und müllreduzierten Lebens. Warum? Es gibt mittlerweile doch so viele ökologische Reinigungsmittel, deren Inhaltsstoffe weniger belastend für die Umwelt sind, die keine Desinfektionsmittel enthalten, deren Tenside biologisch abbaubar sind?

Das stimmt, nur leider haben handelsübliche Reinigungsmittel ein paar entscheidende Nachteile. Sie funktionieren immer nach dem gleichen Prinzip. Man nehme eine Kunststoffflasche, gebe ein paar Wirkstoffe hinein und fülle das Ganze mit jeder Menge Wasser auf. Das gilt für Putzmittel, Spülmittel, flüssiges Waschmittel und sogar für die meisten kosmetischen Erzeugnisse. Durch die flüssige oder gelartige Form wird also einerseits eine Kunststoffverpackung notwendig, andererseits wird beim Transport dieser Produkte zum größten Teil einfaches Leitungswasser auf unseren Straßen hin und her transportiert, verstopft und verschleißt Straßen und leistet damit seinen Beitrag zum Schadstoffausstoß und Erdölverbrauch.

Diesen Aufwand und diese Verpackung kann man sich sparen, wenn man die Reinigungsbausteine in trockener Form bezieht und sie zu Hause selbst anrührt mit dem Wasser, das aus der Leitung kommt. Einige wenige Reiniger wie Waschpulver und Spülmaschinenpulver nutzen diesen Vorteil bereits aus. Leider sind sie aber trotzdem meist in Kunststoff verpackt.

INHALTSSTOFFE

Neben dem relativ harmlosen Aspekt, dass uns das Geld aus der Tasche gezogen wird, gibt es aber auch noch den weniger witzigen Gesichtspunkt der Umweltbelastung und Gesundheitsgefährdung. Denn moderne Reinigungsmittel sind voll von billigen Chemikalien, die in unserem Abwasser nur schwer bis gar nicht abgebaut werden können und als Folge in die Umwelt gelangen.

Desinfektionsmittel

Die Angst vor Keimen und Krankheitserregern ist in unseren modernen Gesellschaften sehr ausgeprägt, vermutlich unterstützt von einer Werbemacht, die uns immer neue Produkte verkaufen möchte. Wer ein paar Jahre den Fernseher nicht anschaltet, der vergisst schnell, wozu das alles gut war. Ganz im Gegenteil sollten Desinfektionsmittel zu Hause überhaupt nicht zum Reinigen verwendet werden.

Der allergrößte Teil der existenten Keime und Bakterien schadet uns nicht. Viele sind sogar überlebenswichtig für uns, wenn wir uns nur mal einen gesunden Darm von innen angucken.

Auch der Kontakt mit gesundheitsschädlichen Keimen ist nicht grundsätzlich negativ. Vielmehr ist er geradezu wichtig für unser Immunsystem, um es zu trainieren und auf schlimmere Feinde vorzubereiten. Wer seine Wohnung stets desinfiziert, bekommt nicht genügend Training und wird schneller krank, sobald er die sterile Atmosphäre verlässt. Bereits im Kindesalter werden gute Abwehrkräfte geschaffen durch eine nicht zu reinliche Umgebung und das gesunde Spielen im *Dreck*.

Die Menge macht das Gift. In geringen Mengen können einem gesunden Organismus selbst gesundheitsschädliche Keime und Bakterien nichts anhaben. Beim Reinigen geht es also im Wesentlichen um eine Verdünnung. Der Einsatz von genügend frischem Wasser spült den größten Teil der Keime einfach weg.

Tenside

Die Herstellung von Tensiden erfolgt überwiegend aus Erdöl und Kohle. Zunehmend werden sie aber auch aus nachwachsenden Rohstoffen wie dem Palmöl gewonnen. Weder das eine noch das andere klingt sonderlich befriedigend.

Tenside, die für die Reinigungswirkung eingesetzt werden, müssen bei Reinigungsmitteln zwar vollständig biologisch abbaubar sein, können aber teilweise noch sehr lange im Klärschlamm überleben. Für Gewerbe, Industrie und Institutionen sowie für Kosmetikprodukte gilt es gleich gar nicht. Andere bedenkliche Inhaltsstoffe dürfen weiterhin schwer bis unvollständig abbaubar sein, wie Phosphate, Polycarboxylatre, EDTA, optische Aufheller, Konservierungsmittel und potenziell Allergien auslösende Duftstoffe. Werden diese in den Kläranlagen nicht abgebaut, reichern sie sich in unseren Gewässern an oder werden mit dem Klärschlamm auf unseren Feldern ausgebracht. Tenside aus Seifen, Zucker und Öl sind eine gute Alternative, da sie sich leicht abbauen.

Wasserenthärter

Wer nicht gleich sein eigenes Waschmittel herstellen möchte, kann mit einem Wasserenthärter zumindest die benötigte Waschmittelmenge reduzieren. Schau doch einmal auf die Dosieranleitung deines Waschmittels. Dort wirst du feststellen, dass die Menge vom Härtegrad des Wassers abhängt. Wird dieser mittels Wasserenthärter herabgesetzt, ist also auch weniger Waschmittel notwendig. Früher kam zu diesem Zweck oft Phosphat zum Einsatz, glücklicherweise haben sich die Hersteller hiervon aber weitestgehend distanziert. Leider ist es immer noch zu finden, zum Beispiel in Geschirrspülreinigern. In Kläranlagen wird es nicht abgebaut und gelangt in unsere Gewässer. Als Pflanzendünger führt es zu einem übermäßigen Algenwachstum und bringt das Gleichgewicht im Ökosystem durcheinander. Wasserenthärter aus Zeolith ist dagegen unlöslich und kann somit in der Kläranlage mechanisch entfernt werden.

Bleichmittel

Der einzige Unterschied zwischen einem Waschmittel für weiße Wäsche und einem Waschmittel für bunte oder schwarze Wäsche ist der, dass ersteres zudem noch Bleichmittel enthält. Bei bunter Wäsche würde dies die Farben schädigen, bei weißer Wäsche hilft es, Flecken und Grauschleier zu entfernen. Percarbonat ist dem Perborat vorzuziehen, da Letzteres in großen Konzentrationen Pflanzen schädigen kann.

Optische Aufheller

Der Werbespruch »Weißer als weiß« ist nicht ganz von der Hand zu weisen, aber dennoch mit Vorsicht zu genießen. Die entsprechende Wirkung wird durch optische Aufheller mit fluoreszierenden Substanzen erzielt, die UV-Strahlung absorbieren und sichtbares Licht mit hohem Blauanteil emittieren. Wenn die Sonne scheint, wirkt die Wäsche also tatsächlich weißer. Die Rückstände sind aber nur schwer biologisch abbaubar und reichern sich im Klärschlamm an.

Duftstoffe

Seitdem ich keine Duftstoffe mehr zu mir nehme, stelle ich immer wieder fest, dass mein Geruchssinn sensibler geworden ist. Das ist nicht nur ein Segen, da ich mich häufig durch übermäßige Gerüche aus Kosmetikprodukten, Parfums und Deos gestört fühle. Dieses Beispiel zeigt, dass unser natürlicher Geruchssinn von unseren modernen Produkten geradezu vernebelt wird. Aber nicht nur eine Abstumpfung der Nase spricht gegen den übermäßigen Einsatz von Duftstoffen. Denn Duftstoffe sind, wie der Name schon sagt, ebenfalls Stoffe, die vom Körper aufgenommen werden. Da sie Allergien auslösende Substanzen enthalten können und die genaue Wirkung der meisten Duftstoffe noch unbekannt ist, ist ihr Einsatz kritisch zu bewerten. Auch ist die genaue Deklaration allergener Duftstoffe auf der Verpackung der entsprechenden Artikel erst ab einer bestimmten Menge zwingend. Darunter muss sich der Verbraucher mit der Information begnügen, dass Duftstoffe enthalten sind.

Konservierungsmittel

Die flüssige Form der meisten Reiniger bedingt, dass Konservierungsstoffe eingesetzt werden müssen, um Schimmelbefall auszuschließen. Solche Konservierungsstoffe können gesundheitlich bedenklich sein.

DIE CRUX DER REINIGUNG

Gründe gibt es also genug, Reinigungsmittel selbst herzustellen, und sei es nur der Grund, dass sie in Eigenherstellung unschlagbar günstig sind. Die Rezeptevielfalt im Internet wird immer größer. Leider sind es aber meistens Laien, die solche Rezepte veröffentlichen oder kopieren, und so ist das Feld der selbst gemachten Reiniger ein großes Ausprobieren. Bei Weitem nicht alles, was im Netz steht, ist sinnvoll oder empfehlenswert. Um Reiniger selbst herzustellen, ist es daher angeraten, ein Verständnis für die komplexen Reinigungsprozesse zu bekommen.

Der Sinnersche Kreis

Nach dem Sinnerschen Kreis gibt es vier Parameter, die den Erfolg einer Reinigung bestimmen: chemische Reaktion, Zeit, Mechanik, Temperatur. Alle diese Faktoren gehören zu einer Reinigung dazu, ihre relative Größe ist aber veränderbar. So werben moderne handelsübliche Reiniger damit, in kürzester Zeit und mit möglichst wenig Arbeit zum gewünschten Ergebnis zu kommen. Sie nutzen also vor allem den ersten Punkt, die chemische Reaktion. Um eine ökologischere Reinigung zu erzielen, ist es ratsam, den chemischen Anteil so gering wie möglich zu halten und sich dafür die übrigen Parameter zunutze zu machen. Lassen wir die angebratene Pfanne lange genug in Wasser einweichen, so wird sie fast von selbst sauber. Oder wir nutzen mechanische Reinigungshelfer und kratzen sie quasi sauber. Auch Fett löst sich nicht nur mit Spülmittel, sondern auch mit heißem Wasser. Die meisten Spülvorgänge kommen also tatsächlich gänzlich ohne Spülmittel aus.

Reinigungstypen

Es gibt drei Typen von chemischen Reinigern, und je nachdem, welche Reinigungsaufgabe ansteht, hilft nur der entsprechende Reiniger weiter.

- Sauer/säurehaltig: Saure Reiniger sind zum Beispiel Essig, Zitronensaft und Zitronensäure. Sie eignen sich zum Entfernen von Kalkablagerungen.
- Neutral: Tenside sind neutrale Reiniger, die gut Fett lösen und besonders für empfindliche Oberflächen zu empfehlen sind. Das klassische Spülmittel fällt darunter.
- Basisch/alkalisch: Alkalische Reiniger lösen ebenfalls Fett und lassen sich unterscheiden in seifenhaltige und seifenfreie Reiniger. Seife, Natron und Waschsoda gehören dazu.

Basische und saure Bestandteile sollten nie zusammen in einem Reiniger verwendet werden, da sich ihre Wirkung gegenseitig aufhebt.

Mechanische Reiniger

Mechanische Reinigungshelfer sind wichtige Bestandteile eines guten Reinigungsbaukastens, da sie die Reinigungswirkung stark verbessern können. Dazu gehören Hilfsmittel wie Bürsten, Schrubber, gute Lappen, Metallschwämmchen und Cerankochfeldschaber, aber auch Scheuermittel wie Salz, Natron oder Sand.

So macht der Cerankochfeldschaber weit mehr sauber als die Herdplatten. Grober Dreck auf Fensterscheiben oder eingetrocknete Spritzer auf glatten Oberflächen und sogar das angebrannte Popcorn im Topf lassen sich damit sehr effizient vorbehandeln. Bei unbeschichteten Pfannen und Töpfen hilft ein Stahl- oder Zinkschwamm. Für Böden, Bad und Badewanne ist eine Schrubberbürste gut geeignet.

Auch Mikrofaserlappen eignen sich sehr gut zur Reinigung, da sie Schmutz besonders gut aufnehmen. Empfehlen möchte ich sie dennoch nicht. Da sie synthetische Fasern haben, werden sie nicht nur aus Erdöl hergestellt, ihr Abrieb geht als Mikroplastik auch direkt ins Abwasser über und trägt damit zur Belastung unserer Umwelt bei. Ein guter Ersatz sind Lappen aus Frottee, zum Beispiel selbst genäht aus alten Handtüchern. Aber auch Kleidungsreste, die man nirgendwo anders mehr loswird, können zu kleineren Stücken geschnitten werden. Sie sind besonders gut bei sehr starkem Schmutz, der nicht mehr herausgewaschen werden kann, geeignet, etwa zur Reinigung der Fahrradkette. Im Zweifel kann der Lappen einfach entsorgt werden, da er ja sowieso schon dem Tode geweiht war.

Vorbeugung

Jeder spießige Autobesitzer weiß, der Lack hält länger, wenn man ihn sauber hält. Spießig hin oder her, es stimmt. Vorbeugung sorgt nicht nur für eine längere Haltbarkeit, es erspart auch eine Menge Putzkraft, wenn Dreck noch nicht eingetrocknet und Kalk noch nicht eingefressen ist.

So mache ich mir die »Mühe«, nach jedem Duschen die Armaturen abzutrocknen. So sehen sie durchweg sauber aus und ich muss mir nicht in regelmäßigen Abständen die Mühe machen, sie zu schrubben. Das bekommen sogar Kinder hin. Das Gleiche funktioniert im Backofen. Statt aggressive Backofenreiniger unter der Spüle hervorzuziehen, wird der Ofen am besten direkt nach dem Backen, wenn er noch warm ist, gereinigt. Die Bratpfanne kann unmittelbar nach der Benutzung mit Wasser befüllt wieder auf die ebenfalls noch heiße Herdplatte gestellt werden. Achtung natürlich mit Wasser und heißem Fett: Es kann übel spritzen, wenn die Pfanne noch zu heiß ist. Und wenn ich das Geschirr direkt nach dem Kochen spüle und nicht warte, bis die Reste eingetrocknet sind, so ist die Arbeit auf ein Minimum reduziert.

Der Nutzer

Der weitere Trugschluss liegt in der Menge und Dosierung unserer Mittelchen. Viele Dinge lassen sich vollkommen ohne Reinigungsmittel oder nur mit deren minimalem Einsatz reinigen. Denn das Wichtigste aller Reinigungsmittel ist das

Wasser – es sollte, mit weitem Abstand, der Hauptbestandteil eines Reinigungsprozesses sein. Die handelsüblichen Reinigungsmittel sind Konzentrate und die vorgegebenen Mengen der Industrie zur Verdünnung lassen sich häufig noch weiter reduzieren. Gerade die beliebten Sprühreiniger bieten großes Potenzial zur Einsparung. Denn auch sie sind ein Konzentrat, werden aber gerne versprüht, als wären sie der Ersatz für Wasser. Deshalb kann jeder den frisch gekauften Sprühreiniger vor dem Gebrauch aufschrauben und die Hälfte des Inhalts zur späteren Verwendung in einem Gefäß der Wahl im Schrank verstauen. Die Sprühflasche kann nun bis zum Rand wieder mit Wasser befüllt werden. So kommen wir einer sinnvollen Dosierung langsam näher.

Ein weiteres gutes Beispiel ist die Zahnpasta. Die Öffnungen unserer Zahnpastatuben werden immer größer, sodass es dem Verbraucher kaum möglich ist, seine Zahnpasta sinnvoll zu dosieren, selbst wenn er es wollte. Aber er will es wahrscheinlich gar nicht. Denn sein Bild von einer wirkungsvollen Zahnpflege ist untrennbar mit einem ganzen Mund voll Schaum verbunden. Zur qualitativen Zahnreinigung ist eine linsengroße Menge Zahnpasta jedoch vollkommen ausreichend.

Dann kommen die Reinigungsmittel, denen eine besondere Wirkung oder spezielle Reinigungskraft nachgesagt wird. So braucht schwarze Kleidung heute auf jeden Fall das genau passende Waschmittel. Ein weiterer Werbegag, denn dieses Waschmittel kann auch nicht mehr als das Waschmittel für bunte Wäsche. Dessen ungeachtet hat die »Spezialfunktion« natürlich ihren Preis – für den Geldbeutel und für die Umwelt.

Auch die Tendenz, vorbeugend einfach mal Chemie einzusetzen, ist weit verbreitet. So hängen in den meisten Klos immer noch bunte, aggressiv riechende WC-Steine aus Plastik, gefüllt mit Chemikalien, die buchstäblich das Klo hinuntergespült werden, anstatt das Klo zu putzen, wenn es stinkt.

REINIGUNGSBAUSTEINE

Um mit umweltverträglicheren Inhaltsstoffen zu reinigen, gibt es im Bioladen ökologisch gut verträgliche Reiniger. Ein Umstieg auf dieselben und ein umsichtigerer Umgang ist ein sehr guter, aber eben nur der erste Schritt zum ressourcenschonenden ökologischen Reinigen. Denn auch diese Reiniger sind in der Regel in Kunststoff verpackt. Selbst hinter harmlosen

Pappkartons wartet immer wieder eine zweite Plastiktüte. Außerdem bestehen trotz der konzentrierten Form Reiniger und Kosmetikprodukte zum größten Teil aus Wasser. Dieses Wasser muss verpackt und vom Hersteller zum Geschäft und vom Geschäft nach Hause transportiert werden. Angesichts immer voller werdender Autobahnen, all der Staus und Unfälle und des hohen CO_2-Ausstoßes beim Transport klingt es geradezu absurd, so viel einfaches Wasser zu transportieren. Auch der Konsument muss sich bewusst machen, dass er hier hauptsächlich Wasser bezahlt.

Glücklicherweise sind die Zusammensetzungen von Reinigungsmitteln kein Hexenwerk, weshalb sie sich leicht selbst anmischen lassen. Dafür wird ein Baukastensystem verschiedener Grundkomponenten benötigt, die im Handel gut erhältlich sind.

Seife

Seife ist alkalisch und bildet in Verbindung mit Wasser eine Seifenlauge. Die entsteht bei der Verseifung von pflanzlichen oder tierischen Fetten. Pflanzliche Seifen werden aus Kostengründen meist aus Palmöl hergestellt. Palmöl wiederum ist, wie bereits erwähnt, für einen großen Teil der Regenwaldrodung verantwortlich, sein Einsatz daher sehr umstritten. Idealerweise wird also eine Seife ohne Palmöl eingesetzt.

Für Reinigungsanwendungen sollte die Seife nicht überfettet sein und kein Glycerin enthalten. Für Kosmetikanwendungen kann eine überfettete Seife hingegen sinnvoll sein, da sie aufgrund ihrer geringeren Reinigungswirkung weniger scharf wirkt.

Waschsoda

Natriumcarbonat (Na_2CO_3) ist alkalisch, schmutz- und fettlösend und wasserenthärtend; es ist nicht zum Verzehr geeignet. Waschsoda ist stärker alkalisch als Natron und hat in gleicher Verdünnung somit eine stärkere Reinigungswirkung. Das Pulver ist an sich nicht gefährlich, sollte aber nicht eingeatmet werden oder in die Augen kommen, da es die Schleimhaut reizt. Man muss also beim Umfüllen und Verwenden etwas aufpassen.

Natron

Natriumhydrogencarbonat ($NaHCO_3$) ist ebenfalls alkalisch und auch unter den Bezeichnungen Speisesoda, Backsoda (Baking Soda), Speisenatron, Haushalts-

natron, Hausnatron, Kaisernatron oder Natronsalz zu finden. Die Anwendungs-
gebiete von Natron sind so vielfältig, dass es in keinem Zero-Waste-Haushalt
fehlen sollte. Es kann sowohl als Reinigungsmittel, zum Kochen und Backen
oder für Kosmetik als auch für gesundheitliche Anwendungen eingesetzt werden.
Es erzeugt eine alkalische Lösung, bindet Gerüche, neutralisiert Säuren und löst
starke Verschmutzungen. Anders als oft im Internet zu lesen, erzeugt es *keine*
Natronlauge, wenn es mit heißem Wasser in Verbindung kommt.

Essig
Essig ist eine Säure, die gut Kalk löst. Damit ist er ideal für die Badezimmer-
reinigung und zum Entkalken von Wasserkochern und Kaffeemaschinen. Auch
beim Fensterputzen kann er hilfreich sein. Neutrale Essigessenz ist zwar in Glasflaschen im Handel erhältlich, leider aber nicht in Pfandflaschen.

Zitronensaft
Zitronensaft ist sauer, kalklösend und keimhemmend. Er reinigt Glas, bleicht,
hemmt Gerüche. So wird er überall dort eingesetzt, wo sich ein übler Geruch
gebildet hat, er kann aber auch zur Aufhellung der Haare genutzt werden. Zitronensaft ist im Bioladen in Pfandflaschen erhältlich.

Zitronensäure
$C_6H_8O_7$ ist nicht zu verwechseln mit Citrat, das lediglich ein Salz der Zitronensäure ist und in einigen ökologischen Reinigungsmitteln zu finden ist. Zitronensäure ist kalklösend und konservierend. Somit ist sie ideal für die Bade-
zimmerreinigung und zum Entkalken von Wasserkochern und Kaffeemaschinen
geeignet, aber auch zum Einkochen von Marmelade. Zitronensäure wird im
Handel standardmäßig nur in Kunststoffgefäßen angeboten, da sie wasserfrei ist.
Sie zieht also Wasser an und würde mit der Zeit verklumpen. Wer sich allerdings
für das Monohydrat entscheidet, also Zitronensäure, die ein Wassermolekül enthält, der kann dieses Problem umgehen. Leider ist es schwer, es im Handel zu
finden. Einige Apotheken bieten Zitronensäure lose an und füllen es auch in
mitgebrachte Gefäße.

Alkohol
Alkohol ist besonders geeignet, um glänzende Flächen wie Spiegel und Fenster
streifenfrei zu reinigen. Er kann aber auch im Klarspüler der Spülmaschine gute

Dienste leisten. Der Alkohol sollte möglichst hochprozentig sein, um eine konzentrierte Wirkung zu haben.

Ätherische Öle

Gerne werden den selbst gemachten Reinigern ein paar Tropfen ätherisches Öl als Geruchszusatz beigemischt. Nicht alles, was natürlich ist, ist jedoch auch gesund. So dienen ätherische Öle den Pflanzen, aus denen es gewonnen wird, als Schutz vor Fressfeinden und Mikroorganismen. So sensibilisieren Citral und Limonen beispielsweise für gewisse Stoffe und können somit Allergien auslösen. Limonen ist zudem sehr giftig für Wasserorganismen, die damit in Kontakt kommen, was der Fall sein kann, sobald das Abwasser die Kläranlage verlassen hat.[23] Trotzdem ist beides selbst in ökologischen Reinigern häufig zu finden. Auf Zitrusöl sollten wir also eher verzichten.

Wasser

Wasser ist ein wesentlicher Bestandteil des Reinigungsprozesses, der früher oder später immer hinzukommt. Wer diesen Baustein zu Hause aus der Leitung nimmt, kommt nicht nur preislich am besten weg, sondern eben auch ökologisch.

Zeolith

Zeolith ist ein guter ökologischer Wasserenthärter. Seine würfelförmige Molekülstruktur fungiert als natürlicher Ionenaustauscher. Er ist wasserunlöslich und somit gut geeignet, um die Wasserhärte in der Waschmaschine zu reduzieren. Dadurch spart er nicht nur Waschmittel ein, sondern macht ein Waschen mit Reinigungsbausteinen erst möglich.

Tenside

Spülmittel ist leider ebenfalls nicht ohne Kunststoffverpackung erhältlich, wenn man nicht gerade einen Unverpackt-Laden in der Stadt hat. Es zu ersetzen ist aber nicht so leicht. Während man die sauren und die basischen Bestandteile zur Reinigung in fester und pulverförmiger Form erhält, finden sich ökologische Tenside meist nur in flüssigem Spülmittel. Wer sich keine Einbußen bei seinen Reinigern wünscht, kann auf ein ökologisches Spülmittelkonzentrat am besten ohne Limonen zurückgreifen. Tenside haben den Vorteil, dass sie genau wie alkalische Bausteine Fett und anderen Schutz lösen, aber eben nicht alkalisch sind.

Somit können sie auch mit sauren Bestandteilen zusammengemischt werden, ohne dass sie sich gegenseitig neutralisieren. So ein Reiniger kann also gleich beiden Schmutzsorten zu Leibe rücken.

REINIGER SELBST MISCHEN

Bei der Herstellung von Reinigungsmitteln müssen wir uns von dem tiefsitzenden Glaubenssatz verabschieden, dass Schmutz und Fett nur entfernt werden, wenn es ordentlich schäumt. Selbst hergestellte Reinigungsmittel schäumen nur wenig, was ein gutes Zeichen für ihre Umweltverträglichkeit ist. Reinigen tun sie aber trotzdem. Auch ist die Konsistenz eine andere. Weil viele verbindende und formstabilisierende Chemikalien fehlen, sind sie in der Regel einfach nur flüssig und nicht gelartig, cremig oder zähflüssig, und ihre Bestandteile trennen sich mit der Zeit voneinander. Bevor der Reiniger zum Einsatz kommt, sollte er also immer geschüttelt werden. Die Bestandteile verbinden sich wieder und es kann wie gewohnt geputzt werden.

Spülmittel

Zutaten
200 ml kochendes Wasser
2 EL Waschsoda oder Natron (wobei das Waschsoda
eine stärkere Reinigungswirkung hat)

Der Einsatz von Seife als Spülmittel ist eher ungeeignet.

Zubehör
Schneebesen
Spülmittelflasche

Zubereitung und Anwendung
Das Waschsoda mit dem kochenden Wasser übergießen und mit dem Schneebesen darin auflösen. Die abgekühlte Mischung in die Spülmittelflasche oder eine Pumpflasche umfüllen, und schon ist das Spülmittel zum Einsatz bereit.

Da sich die Bestandteile mit der Zeit in der Flasche absetzen können, muss das Spülmittel vor Gebrauch eventuell ein wenig geschüttelt werden.

❖◆❖ Dieses Spülmittel schäumt nicht wie ein handelsübliches Spülmittel, reinigen tut es aber trotzdem. Wer Fett lösen möchte, nutzt zum Spülen am besten möglichst heißes Wasser. Ist das Wasser heiß genug, ist ein Spülmittel oft gar nicht notwendig. Wird direkt nach dem Essen gespült, reicht häufig sogar einfaches Ausspülen mit kaltem Wasser. Gerade Pfannen und Küchenmesser sollten sowieso komplett ohne Spülmittel gespült werden. Probiere doch mal aus, was du auch ganz ohne Zusatzmittel gereinigt bekommst. Für Angetrocknetes oder Angebranntes empfiehlt sich das Einweichen der Gefäße und ein Schwamm aus Metallgeflecht (außer bei beschichteten Pfannen) – so bekommst du auf rein mechanische Weise deine Töpfe wieder sauber.

❖◆❖ Das Rezept kann auch als alkalischer Allzweckreiniger für andere Haushaltsbereiche eingesetzt werden, wo es nicht um Kalk geht.

Spülmaschinenpulver

Wirklich befriedigende Reiniger gibt es am Markt nicht. Ein Pulver ist zwar besser als einzeln verpackte Tabs, ökologische Reiniger sind aber meist zusätzlich in einer Plastikfolie verpackt. Wer eines ohne diese findet, kann sich das Selbermachen sparen. Die durchaus reizvolle Erfindung der selbstauflösenden Folie mancher Spülmaschinentabs funktioniert tatsächlich. Der Kunststoff zersetzt sich vollständig. Auch seine Basis ist aber leider Erdöl.

Zutaten
und Zubehör
250 g Natriumcitrat (alternativ Zitronensäure)
125 g Natron
125 g Waschsoda
Wasserdichter Aufbewahrungsbehälter

Zubereitung und Anwendung

Die Zutaten werden lediglich zusammengemischt und vor Feuchtigkeit geschützt gelagert.

Zur Anwendung werden zwei Teelöffel des Gemischs in die Pulverkammer der Spülmaschine gegeben und es wird wie gewohnt gespült.

◆◆◆ Es kursieren viele Rezepte im Internet, und viele von ihnen enthalten Salz. Dieses sollte jedoch, ob mit oder ohne Rieselhilfe, nicht in die Spülkammer der Maschine gelangen, da es zu Korrosion führen kann. Lass es einfach weg.

Weiter enthalten diese Rezepte oft sowohl Zitronensäure als auch Waschsoda. Wie wir bereits gelernt haben, kommt es in der Kombination von Base und Säure zu einer Neutralisierung und somit zu einer Herabsetzung der Wirkung der einzelnen Bestandteile. Bei genau dieser Kombination entsteht ein fulminantes Sprudelbad in der Spülmaschine, und genau so funktioniert das lustige Brausepulver. Ganz unsinnig ist die Kombination aber dennoch nicht, denn aus Zitronensäure und Waschsoda entsteht bei diesem Sprudelbad Natriumcitrat, ein Salz der Zitronensäure. Dieses fungiert als genau der Komplexbildner, der benötigt wird, um den Härtegrad der Speisereste zu neutralisieren.

Fazit des Ganzen ist, dass die Kombination funktioniert, aber durch die chemische Reaktion eine unnötige Menge an Wirkstoffen verbraucht. Der direkte Einsatz von Natriumcitrat und Waschsoda wäre hier die sparsamere Variante, es funktioniert aber beides.

Klarspüler

Handelsübliche Klarspüler bestehen größtenteils aus Tensiden und sorgen dafür, dass keine Wassertropfen mehr auf dem Spülgut zurückbleiben. Selbst gemachte Klarspüler funktionieren etwas anders. Die Kombination aus Alkohol und Zitronensäure bindet die Kalkreste der Spülmaschine. Die Wirkung ist nicht ganz die gleiche, kommt aber ziemlich nahe an das Ergebnis heran und ist somit ein guter Ersatz.

○

Zutaten
und Zubehör
50 g Zitronensäure
125 g Alkohol (möglichst hochprozentig)
125 g Wasser
Leere Flasche

Zubereitung und Anwendung
Das Wasser aufkochen und die Zitronensäure einrühren. Zu der erkalteten Mischung den Alkohol hinzufügen und das Gemisch in die leere Flasche füllen.
Der Klarspüler wird wie gewohnt in die entsprechende Öffnung der Spülmaschine gegeben.

◆◆◆ Klarspüler und Spülmaschinenmittel sollten nicht gleichzeitig gegen selbst gemachte Rezepte ausgetauscht werden. Denn jede Maschine ist anders, und fällt das Ergebnis doch nicht wie gewünscht aus, ist es schwer herauszufinden, welche Komponente dafür verantwortlich ist.

Allzweckreiniger sauer

Ein Allzweckreiniger kann sowohl alkalisch als auch sauer oder neutral sein. Man sollte nur keine sauren und alkalischen Bestandteile zusammenmischen, da sie sich sonst neutralisieren. Reiniger auf saurer Basis lösen vor allem Kalk, Reiniger auf alkalischer Basis Fett und anderen Schmutz. Zur Herstellung eines alkalischen Reinigers kann auch das Spülmittelrezept weiter oben dienen. Deshalb hier ein Rezept für einen sauren Reiniger.

○

Zutaten
und Zubehör
100 ml Essigessenz oder Zitronensaft
oder
2 EL Zitronensäure
+
900 ml Wasser

+
Ein paar Spritzer Spülmittel (optional als fettlösendes Tensid)
Leere Flasche oder Sprühflasche

Zubereitung
Die pulverförmigen Zutaten in kochendes Wasser einrühren und abkühlen lassen. Die flüssigen Zutaten können mit kaltem Wasser gemischt werden; das kann auch direkt in der Flasche erfolgen, die später verwendet werden soll. Das Spülmittel ebenfalls direkt in die Flasche geben.

Anwendung
Vor der Anwendung unter Umständen schütteln; ca. 1–2 Esslöffel ins Putzwasser geben.

◆◆◆ Wer auf Spülmittel verzichten möchte, der stellt sich am besten sowohl einen sauren als auch einen alkalischen Reiniger her und verwendet sie je nach Bedarf.

Badreiniger

Der Badreiniger entpuppt sich als komplexer als gedacht. Anders als in Badezimmern, in denen mit tensidhaltigen Shampoos gewaschen wird, ist es bei einem Müllvermeider eher die klassische Seife, die zum Einsatz kommt. In Verbindung mit dem im Wasser gelösten Kalk entsteht Fettsäure, die sich mit der Zeit wie ein schmieriger Film über die Sanitärobjekte legt. Nun haben wir es in diesen Bereichen sowohl mit Kalk als auch mit Fettsäure als Verschmutzung zu tun. Um Kalk zu lösen, benötigen wir saure Reiniger, für die Fettsäure jedoch alkalische. Das mag die Erklärung dafür sein, warum viele im Netz kursierende Rezepte sowohl basische als auch saure Bestandteile enthalten. Diese Kombination ist aber leider unwirksam, da sich die Bestandteile gegenseitig neutralisieren. Hier bleibt nur, Verschmutzungen separat zu bekämpfen. Als Erstes löst also ein alkalischer Reiniger den Schmierfilm aus der Duschwanne. Waschsoda ist hier die effektivere Wahl, da es eine stärker alkalische Lösung erzeugt als Natron. Anstatt das Waschsoda in heißem Wasser aufzulösen, kann es auch sehr gut auf eine feuchte Schrubberbürste oder einen guten Lappen gegeben und der Schmierfilm damit direkt weggewischt werden. Letzteres macht besonders viel Spaß, weil man mit sehr wenig Arbeit eine blitzblanke Wanne erhält. In einem zweiten Schritt kann dann ein saurer Reiniger auf der Basis von Essig, Zitronensäure oder Zitronensaft gegen den Kalkfilm eingesetzt werden. Im Anschluss wird mit kaltem Wasser abgespült.

Scheuermittel

Scheuermittel können die Reinigung unterstützen, da ihre groben Bestandteile vor allem mechanisch reinigen, sowohl beim Spülen als auch beim Putzen. Das verträgt natürlich nicht jede Oberfläche. Beschichtete Pfannen sind beispielsweise zu empfindlich und sollten anders gereinigt werden. Bei Holzoberflächen kann an einer unauffälligen Stelle geprüft werden, ob sie es verträgt. Möglichkeiten für Scheuermittel gibt es zahlreiche, lediglich eine grobe Körnung und etwas Flüssigkeit sind entscheidend. So wurde früher noch häufig mit einfachem Sand gespült. Und auch wer heute noch in der freien Natur unterwegs ist, reinigt seine Pfanne am besten direkt im Fluss mit Sand oder Erde vom Ufer. Das hat immer noch den geringsten Einfluss auf die Umwelt. Für zu Hause ist ein versandetes Spülbecken nicht die ideale Methode, hier können aber andere Scheuermittel zum Einsatz kommen. Ein universal einsetzbares Scheuermittel ist Natron. Dazu wird etwas Natron mit einem feuchten Lappen aufgenommen und losgeschrubbt. Bei hartnäckigen Flecken kann das Pulver direkt auf den Fleck gegeben und das Ganze mit etwas Wasser benetzt werden, um es dann eine Stunde lang einwirken zu lassen. Aber auch Salz und Schlämmkreide sind gute Scheuermittel.

Waschmittel flüssig

Es gibt mittlerweile gute ökologische Reiniger, leider sind sie aber meist in Kunststoff verpackt. Flüssigwaschmittel aus dem Handel sind immer belastender für die Umwelt als ein Waschpulver, da sie mehr Tenside enthalten und mehr Kunststoffverpackung benötigt wird. Mit einem selbst gemachten Waschmittel kommst du aber noch besser weg.

○

Zutaten
und Zubehör
15 g (Kern)Seife
2 EL Soda
1 l Wasser

Optional ätherisches Öl
Schneebesen
Rührschüssel
Reibe
Leere Flasche
Wasserenthärter aus Zeolith

Zubereitung
Die Seife klein reiben und mit Soda und 330 ml kochendem Wasser ver-rühren. Eine Stunde später wieder 330 ml kochendes Wasser dazugegeben und verrühren. Das Ganze einen Tag ruhen lassen und dann noch einmal 340 ml kochendes Wasser unterrühren. Wer möchte, kann am Ende noch ein paar Tropfen ätherisches Öl dazugeben. Nun in die leere Flasche fül-len.

Anwendung
Vor Gebrauch schütteln und 20 ml pro Waschgang in das Waschmittel-fach geben. Bei weißer Wäsche können noch zusätzlich 1–2 Teelöffel Na-tron dazugegeben werden. Dieser Waschverstärker sorgt dafür, dass die weiße Wäsche keinen Grauschleier bekommt. Außerdem sollte bei jedem Waschgang ein ökologischer Wasserenthärter zum Einsatz kommen.

Waschnüsse und Kastanien

Indische Waschnüsse sind bei uns mittlerweile seit einigen Jahren auf dem Markt und werden erfolgreich als Waschmittel eingesetzt. Sie sind die Frucht des Sapindus trifoliatus, landläufig auch als Waschnussbaum bezeichnet. Seinen biologischen Namen hat der Baum von dem Wirkstoff, den die Pflanze als Schutz gegen Schädlinge produziert. Die Saponine, die sich in der Fruchtschale befinden, wirken wie Tenside, die in herkömmlichem Waschmittel für die Waschwirkung zuständig sind.

Vier Nussschalen dieser Frucht werden in ein kleines Stoffsäckchen gefüllt, gut verschlossen und direkt mit in die Waschtrommel gegeben. Die Saponine werden herausgewaschen und reinigen die Wäsche besonders farb- und gewebe-schonend. Mit Waschnüssen zu waschen ist theoretisch sehr umweltschonend.

In der Praxis muss allerdings mit eingerechnet werden, dass die Waschnüsse aus Indien importiert werden und meistens in Kunststoff verpackt sind. Auch hat unser Waschnusskonsum Auswirkungen auf die indische Bevölkerung, da der plötzliche Exportboom zu starken Preissteigerungen im Inland führt. Für die Inder sind die Waschnüsse so teuer geworden, dass sie lieber auf billiges Waschmittel voller Chemikalien umsteigen. Wer das große Ganze betrachtet, nimmt also eher wieder Abstand von den Nüssen. Gut, dass nicht nur das weit entfernte Indien einen Seifenbaum hat und unsere heimischen Kastanien tatsächlich auch Saponine enthalten. Wer also hierzulande auf die natürlichste aller Arten waschen möchte, der sammelt im nächsten Herbst einfach fleißig Kastanien. Auch wir haben uns den Vorrat für das ganze Jahr zusammengesucht und ihn trocken eingelagert.

○

Zutaten
Fünf bis zehn Kastanien.
Im Herbst können die Kastanien auf Vorrat gesammelt werden. Bei einer Wäsche pro Woche reichen also 260–520 Kastanien für ein Jahr aus.

Zubereitung
Um die Saponine herauszubekommen, müssen die Kastanien im Gegensatz zu Waschnüssen zerkleinert werden. Da sie sehr hartnäckig werden, wenn sie getrocknet sind, können sie noch frisch nach dem Sammeln in kleine Stücke gehackt und so vorbereitet gelagert werden. Das ist zunächst viel Arbeit, dafür hat man sie den Rest des Jahres immer griffbereit. Sie können mit dem Schraubstock, einem großen Stein oder, wie ich es mache, mit einem schweren Gewürzstampfer aufgebrochen werden. Wer nicht die ganze Mühe auf einmal aufbringen will, der bekommt die Kastanien auch im getrockneten Zustand noch geknackt, er muss nur etwas mehr Kraft aufwenden.
Nun werden die zerkleinerten Stücke mit 100–200 ml Wasser übergossen und über Nacht stehen gelassen. Schon nach kurzer Zeit ist zu erkennen, wie sich eine milchige Flüssigkeit aus den Kastanien herauslöst.

Anwendung
Für die Wäsche das Glas schwenken, um die milchigen Saponine im Wasser zu verteilen. Die Flüssigkeit dann durch ein feines Sieb, z. B. ein Teesieb, direkt in die Waschmittelkammer der Waschmaschine abgießen.

Die Reinigungswirkung von Kastanien ist gegenüber chemischen Reinigern natürlich geringer und so können nicht alle Flecken herausgewaschen werden. Deshalb würde ich eher eine Mischvariante empfehlen, mal Waschen mit Kastanien und mal mit Waschmittel auf Seifenbasis.

WASCHVERHALTEN

Das Waschmittel selbst trägt einen großen Teil zur Umweltbilanz bei, aber auch in Sachen Waschverhalten haben wir oft eine Menge Nachhilfe nötig. So waschen viele Menschen ihre Wäsche bereits nach einmaligem Tragen unabhängig davon, in welchem Zustand sie ist. Manche Menschen glauben sogar, häufiges Waschen mache die Kleidung länger haltbar. Tatsächlich sollte Schweiß aus der Kleidung herausgewaschen werden, da er gegenüber den Fasern aggressiv ist und auf die Dauer unschöne Flecken hinterlässt. Jede Wäsche der Kleidung bedeutet aber auch einen mechanischen Abrieb von Farbe und Faser. Insofern ist genau das Gegenteil der Fall: Wer seine Kleidung schonen möchte, wäscht sie seltener. Gewaschen werden sollte Kleidung eigentlich nur dann, wenn sie riecht oder schmutzig ist. Kleidung, die zum Schmutzigmachen gedacht ist, wie Gartenkleidung oder Reithosen, vertragen auch mehr Dreck und müssen noch seltener gewaschen werden. Und auch eine richtige Jeans kann lange auf die Waschmaschine verzichten – sie sieht einfach so gut wie nie dreckig aus. Nicht mehr ganz frisch riechende Wäsche wird auch wieder fit, wenn man sie einfach ein bisschen draußen in den Wind hängt. Handtücher bleiben länger frisch, wenn sie so aufgehängt werden, dass sie schnell und gut trocknen können. Auch beim Kauf kannst du bereits bestimmen, wie häufig du deine Kleidung später waschen musst. So nehmen synthetische Fasern Körpergerüche und Flecken leichter auf und geben sie durch Lüften schlechter wieder ab. Zusammen mit der Umweltbilanz sind das doch gute Gründe, wieder mehr auf natürliche Fasern zu setzten.

Viele Menschen behaupten, sie hätten weder Geld noch Zeit zur Müllvermeidung. Das hier vorgeschlagene Waschverhalten ist eins der vielen Beispiele, wie man gleichzeitig Müll, Geld und Zeit einsparen kann.

Flecken vorbehandeln

Die Waschwirkung der ökologischen Waschmittel ist naturgemäß der Waschleistung der chemischen Hochleistungswaschmittel mit ihren zweifelhaften Inhaltsstoffen unterlegen. Ob ein Waschmittel wirklich alles wieder aus der Wäsche rausbekommen muss, ist allerdings fraglich. Ohne den Einsatz von viel Chemie lässt sich dieser Anspruch kaum aufrechterhalten. Flecken sollten besser vorbehandelt und dann erst das Kleidungsstück in die Waschmaschine gegeben werden. Das erste Mittel gegen Flecken ist, nicht so lange zu warten, bis sie eingetrocknet sind, sondern sie sofort zu behandeln oder zumindest abzureiben oder auszuspülen. Wie mit einem Fleck am besten umzugehen ist, hängt aber mit dessen Art zusammen. Auch dafür gibt es im Handel zahlreiche Spezialprodukte, die teuer sind und sich in Plastikflaschen im Schrank stapeln. Mit einigen wenigen Hausmitteln kommst du aber genauso gut zurecht.

Ein besonders guter Fleckenlöser ist die Gallseife. Sie ist eine Kernseife, die Enzyme aus der Rindergalle enthält. Als Universalheilmittel kann sie bei jedem Fleck ausprobiert werden. Reibe das Stück Seife kräftig auf den angefeuchteten Fleck und weiche ihn einige Stunden darin ein. Dann wird er ausgespült oder mit in die Waschmaschine gegeben. Andere gute Fleckenentferner sind Kernseife, Soda und Natron. Frisches Blut lässt sich sehr gut mit kaltem Wasser ausspülen; ist es schon eingetrocknet, hilft ein bisschen Seife. Auf keinen Fall sollte warmes Wasser verwendet werden, da das Blut Eiweiß enthält, das gerinnen würde und den Fleck für immer in der Kleidung hält. Für spezielle Flecken von Fett über Rotwein bis Schimmel sind zahlreiche Hausmittel im Internet beschrieben. Stöbere ein wenig, und du wirst garantiert fündig werden.

Körperpflege

Im Badezimmer hat uns die Werbung noch fester in der Hand als bei Reinigungsmitteln. Hier wird noch mehr Schindluder getrieben mit unserem Wunsch nach Perfektion und Reinheit. Ein Blick hinter die Kulissen unserer Pflegeprodukte ist ein interessanter Exkurs, der es einem leichter macht, auf Alternativen umzusteigen.

INHALTSSTOFFE IN KOSMETIK

Die Inhaltsstoffe in unserer Kosmetik sind noch vielfältiger und umstrittener als die in unseren Reinigungsmitteln. Stehen wir mal wieder im Kampf mit den Kindern, wenn sie Pflegeprodukte haben wollen, die wir nicht kaufen möchten, dann fällt immer wieder die Aussage: Wäre das alles so schlimm, dann wäre es doch nicht erlaubt! Das scheint ein unschlagbares Argument, und ich habe mir häufig die gleiche Frage gestellt. Aber wieso dürfen all diese mehr als bedenklichen Inhaltsstoffe unter dem Deckmantel der Körperpflege überhaupt verkauft werden?

Das Problem liegt in der eindeutigen Beweispflicht der Studien. So sind Inhaltsstoffe so lange erlaubt, bis ihre Schädlichkeit eindeutig erwiesen ist. Zu vielen Inhaltsstoffen gibt es aber nur Indizienprozesse. Dass bei fast jeder untersuchten Frau mit Brustkrebs Parabene im Brustgewebe gefunden werden, ist beispielsweise allein noch kein Beweis dafür, dass Parabene dafür verantwortlich sind. Zudem beruhen Gefährdungsbeurteilungen auf Grenzwerten, die die meisten Produkte durchaus einhalten. Übersehen wird dabei allerdings die Vielzahl an Produkten, die wir täglich zu uns nehmen und in deren Summe wir die Grenzwerte dann doch schnell überschreiten. Hormonell wirksame Substanzen können bei Männern eine verminderte Spermienqualität und Hodenkrebs ver-

ursachen, bei Frauen Brustkrebs, bei Jungen Missbildungen an den Geschlechts-
organen und bei Mädchen eine verfrühte Pubertät. Während ich keine Aussagen
zu Spermienqualität und Missbildungen bei Jungen machen kann, ist nicht zu
übersehen, dass Mädchen immer früher in die Pubertät kommen und die Brust-
krebsraten stetig steigen.

Die folgende Auflistung zeigt nur einen groben Teilbereich der kritischen
Inhaltsstoffe. Es gibt noch weitaus mehr davon, und dazu einen Wust an Bezeichnungen, hinter denen sie sich verstecken. Um genauer herauszufinden, was
hinter den Inhaltsstoffen in deiner Kosmetik steckt, empfehle ich die Website
Codecheck.info oder Smartphone-Apps wie Toxfox. Außerdem ist die Bewertung der Inhaltsstoffe leider immer noch eine sehr subjektive Angelegenheit.
Was die einen kritisch beäugen, stufen die anderen als harmlos ein. Selbst wenn
man genauer darauf achtet, um welche Quelle es sich handelt, hilft einem das
nicht immer weiter. Letzten Endes musst du selbst entscheiden, was du in deiner
Kosmetik tolerierst. Ich persönlich bin im Zweifelsfall eher gegen den Angeklag-
ten und nehme lieber Produkte, die so wenig wie möglich von diesen Inhaltsstoffen enthalten.[24]

Aluminium
Bezeichnungen: Alaun, Aluminiumchlorid
Verwendung: Deodorants
Risikobewertung: Aluminiumsalze haben eine schweißhemmende und
antibakterielle Wirkung. Sie stehen aber auch im Verdacht, Brustkrebs
und Alzheimererkrankungen auszulösen.

Amine
Bezeichnungen: Diethanolamine (DEA), Ethanolamine, Monoethanol-
amine (MEA)
Verwendung: Weichmacher in Körperlotionen, Feuchthaltemittel
Risikobewertung: Amine haben eine stabilisierende Funktion in Kosmetik. Sie sind haut- und schleimhautreizend und stehen im Verdacht,
krebserregend und hormonstörend zu wirken.

Bleichmittel
Bezeichnungen z.B.: Natriumperborat, Ammoniumlaurylsulfat, Benzyl-
triethylammoniumchlorid

Verwendung: Weißmacher, Verjüngungseffekt, Antistatikum in Shampoos

Risikobewertung: Bleichmittel kommen in Blondierungen, Zahncreme und Gesichtscreme vor. Sie stehen im Verdacht, krebserregend zu wirken und auf Dauer das Dentin der Zähne anzugreifen.

Chemische UV-Filter

Bezeichnungen z.B.: Ethylhexylmethoxycinnamate, Octylmethoxycinnamat (OMC), Oxybenzon, Benzophenone (BP), Methoxydibenzoylmethane, Dibenzoylmethane, Methylbenzylindencampher (MBC) und alles, was den Bestandteil »benzol« enthält.

Verwendung: UV-Schutz

Risikobewertung: Sie sind vor allem in Cremes und Make-up enthalten, besonders gefährlich ist aber die orale Aufnahme über Lippenpflegestifte und die Aufnahme über die Lunge bei Sonnenschutzsprays. Die meisten UV-Filter haben eine östrogene Wirkung und stehen im Verdacht, Brustkrebs auszulösen; auch Schilddrüsenveränderungen sind nicht ausgeschlossen.

Duftstoffe

Bezeichnungen z.B.: Parfum, Fragrance, z. B. Coumarin, Citral, Farnesol, Linalool

Verwendung: Alle Kosmetik- und Reinigungsmittel

Risikobewertung: Duftstoffe sind kritisch zu beurteilen, da noch sehr wenig über ihre Wirkung bekannt ist. Gerade die Vielzahl an Duftstoffen, denen wir täglich ausgesetzt sind, ist bedenklich. Bisher ist bekannt, dass sie Kontaktallergien auslösen können. 26 Duftstoffe müssen auf kosmetischen Produkten ausgewiesen werden, wenn sie bestimmte Konzentrationen überschreiten, da sie als in besonderem Maße allergieauslösend eingestuft wurden. Dazu gehören Citral, Farnesol und Linalool. Duftstoffe, die unterhalb der deklarationspflichtigen Menge liegen, oder solche, die nicht ausgewiesen werden müssen, können aber trotzdem Allergien auslösen. Polyzyklische Moschusverbindungen sind besonders bedenklich. Sie lagern sich im Fettgewebe an und sind sogar in der Muttermilch nachweisbar. Sie stehen im Verdacht, nervenschädigend zu wirken.

Empfehlung: Kosmetikprodukte und Reinigungsmittel auswählen, die möglichst wenig Duftstoffe beinhalten, auf Parfum verzichten, ebenso auf Raumbedufter, Duftlampen, Räucherstäbchen und Toilettensteine.

Farbstoffe

Bezeichnungen z.B.: Toluene-2,5-Diamine, Laurylamine, Dipropylenediamine, …amine, …diamine, HC…, HC orange, Acid…, Pigment …, Solvent…, …anilin, …anilid, CI…

Verwendung: Färbung

Risikobewertung: Farbstoffe allgemein zu bewerten ist praktisch nicht möglich, da es so viele gibt. Von einigen weiß man bereits jetzt, dass sie schädlich sind, und andere wurden noch gar nicht untersucht. Da die Zahl der kritisch bewerteten Farbstoffe jedoch nicht unerheblich ist, empfehle ich, vorsorglich auf so viele nicht natürliche Farbstoffe wie möglich zu verzichten.

Fluoride

Bezeichnung: Fluorid

Verwendung: Zahnhärtung in Zahnpasta

Risikobewertung: Fluorid ist ein Umweltgift, das in größeren Konzentrationen Krebs und andere Krankheiten verursacht. Ob das Vorkommen in Zahncreme zu einer gefährdenden Aufnahme führt, ist umstritten. Bisher gilt Fluorid als notwendiges Zahnhärtungsmittel aufgrund unserer zuckerhaltigen Ernährung. Gerade bei Kindern und Jugendlichen wird es von Zahnärzten auch weiterhin empfohlen, da deren Zähne noch nicht vollständig ausgehärtet sind. Ein Runterschlucken der Zahncreme ist aber in jedem Fall zu vermeiden, und eine zusätzliche Einnahme von Fluorid, zum Beispiel als Zusatz im Speisesalz, sollte man vielleicht doch nochmal überdenken.

Formaldehyd

Bezeichnungen z.B.: Polyoxymethylene urea, Diazolidinyl urea, Imidazolidinyl urea, Sodium hydroxymethylglycinate, Quaternium-15, Bronidox, Bronopol, Diazolidinyl-Harnstoff, 2-Bromo-2-Nitropropane-1,3-Diol, 5-Bromo-5-Nitro1,3-Dioxane, MDM…, DM…, DMDM…, DMHF…

Verwendung: Konservierungsmittel, Fixierungsmittel, Desinfektions-mittel

Risikobewertung: Formaldehyd wird in Lidschatten, Nagellack, Seifen, Cremes und Shampoos eingesetzt. Es reizt Schleimhäute, kann Allergien auslösen und ist in der CLP-Verordnung[25] mit »kann Krebs erzeugen« eingestuft.

Mikroplastik

Bezeichnungen z.B.: Polyethylen (PE), Polypropylen (PP), Polyethylen-terephthalat (PET), Nylon-12, Nylon-6, Polyurethan (PUR), Ethylen-Vi-nylacetat-Copolymere (EVA), Acrylates Copolymer (AC), Acrylates Crosspolymer (ACS), Polyquaternium-7 (P-7)

Verwendung: Schleifmittel, Bindemittel, Füllmittel und Filmbildner

Risikobewertung: Mikroplastik gelangt mit dem Abwasser in unsere Flüsse und Weltmeere, reichert sich mit Schadstoffen an und endet später wieder bei uns auf dem Teller. Es auf der Verpackung zu detektieren ist nicht leicht, und es empfiehlt sich, im Zweifelsfall weitere Informations-portale aufzusuchen.

Mineralöl

Bezeichnungen z.B.: Paraffinum…, Petrolatum, Mineral Oil, Cera microcristallina, Ceresin, Silicone quaternium, Diisopropyladipate, Mi-neral Spirits, Isoparaffin, Microcrystaline Wax, Isohexadecane, Vaseline, Synthetic Wax, Ozokerit

Verwendung: Suggeriert hydrierende, hauterweichende Wirkung

Risikobewertung: Mineralöl bildet einen öligen Film auf der Haut. So werden Feuchtigkeit, Toxine und Abfallstoffe eingeschlossen und die nor-male Hautatmung wird unterbunden, weil der Sauerstoff nicht in die Haut eindringen kann. Auch wird die natürliche Feuchtigkeitsproduk-tion der Haut eingestellt, sodass eine Form der Abhängigkeit von den entsprechenden Produkten entsteht. Es ist potenziell krebserregend, vor allem bei Produkten, die mit dem Mund, anderen Schleimhäuten oder Wunden in Kontakt kommen. Bei stillenden Frauen, die Brustsalben oder Vaseline auf Brust und Warzen gecremt hatten, stieg der Mineralölgehalt in der Muttermilch schnell und deutlich an.[26] Weiter ist Mineralöl eine endliche Ressource, die unter umweltbelastenden Bedingungen gefördert wird.

Palmöl

Bezeichnungen z.B.: Palm, Palmate, (Cetyl) Palmitate, Sodium Lauryl Sulfoacetate; hinter folgenden Bezeichnungen kann sich Palmöl verbergen und tut es häufig auch: Pflanzenöl, Pflanzenfett, pflanzliches Fett, pflanzliches Öl, Stearyl, Stearate, Cetearyl, Cetyl, Cetearyl Alcohol, Emulsifiers E471, Glyceryl

Verwendung: Billiges Pflanzenfett

Risikobewertung: Palmöl wird auf gerodeten Regenwaldflächen angebaut und fördert somit die sukzessive Abholzung des Regenwaldes. Selbst sogenannte nachhaltige Anbaugebiete sind umstritten und liegen ebenfalls auf ehemaligen Regenwaldflächen.

Parabene

Bezeichnungen z.B.: Propylparaben, Methylparaben, Butylparaben, Ethylparaben

Verwendung: Shampoo, Deo, Rasierschaum, Make-up

Risikobewertung: Sie werden als Konservierungsmittel eingesetzt und stehen im Verdacht, hormonell wirksam zu sein. Das heißt, sie wirken wie Hormone und sind deshalb besonders gefährlich für Schwangere, Föten, Kleinkinder, Jugendliche. Sie lagern sich im Körper an und stehen vermutlich mit Krankheiten und Phänomenen wie Unfruchtbarkeit, Diabetes, verfrühter Pubertät und hormonbedingten Krebsarten wie Brust, Hoden- und Prostatakrebs in Verbindung.

PEG

Bezeichnungen z.B.: Polyethylenglycol (PEG), Polypropylenglycol (PPG), Polysorbate, Copolyol, Polyglycol, ...eth, Ceterareth, Ceteth, Cetholth...

Verwendung: Lösungsmittel, Feuchthaltemittel, Tenside, Weichmacher

Risikobewertung: Solche Tenside kommen in sehr vielen Kosmetikprodukten zum Einsatz, wie Lippenstift, (Sonnen)Creme, Salben, Hygieneartikel, Zahnpasta, Shampoo und Gel. Sie machen die Haut durchlässiger für Schadstoffe und haben eine irritierende Wirkung auf die Haut.

PEG-Derivate werden häufig aus potenziell krebserregenden Erdöl-Derivaten hergestellt.

Phthalate
Bezeichnungen z.b.: Benzylbutylphthalat (BBP), Dibutylphthalat (DBP), Diethylphthalat (DEP), …phthalat
Verwendung: Weichmacher
Risikobewertung: Phthalate sind beispielsweise in Nagellack, Parfum, Haarpflegeprodukten und Deo enthalten. Sie sind als reproduktionstoxisch (fortpflanzungsgefährdend) eingestuft, können das Kind im Mutterleib schädigen und stehen im Verdacht, Leber, Lunge und Niere zu beeinträchtigen. Sie sind sehr giftig, stehen aber nicht immer in den Inhaltsstoffen, weil sie auch Bestandteil von denaturiertem Alkohol sein können und dann nicht kennzeichnungspflichtig sind.

SLS, SLES
Bezeichnungen: Sodium-Lauryl-Sulfat (SLS), Sodium-Laureth-Sulfat (SLES)
Verwendung: Tenside, Schaumbildner
Risikobewertung: Solche Tenside kommen beispielsweise in Shampoos, aber auch vielen Kosmetikprodukten zum Einsatz. Sie machen die Haut durchlässiger für Schadstoffe und haben eine irritierende Wirkung auf die Haut. Sie sind hormonell wirksam und können somit PMS, Menopausen-Symptome, männliche Unfruchtbarkeit und Krebs bei Frauen auslösen. Sie sind häufig mit Dioxin verunreinigt und zudem ein häufiges Hautallergen. Sie werden schnell von Augen, Gehirn, Herz und Leber absorbiert und dort angelagert, was zu Langzeitschäden führen kann. Allgemein können sie Heilungsprozesse verzögern, bei Erwachsenen grauen Star verursachen und bei Kindern dazu führen, dass sich die Augen nicht richtig entwickeln.

Triclosan
Bezeichnung: Triclosan
Verwendung: Desinfektionsmittel, Konservierungsmittel
Risikobewertung: Triclosan wird in Zahnpasta, Seife, Deo, Mundwasser, Textilien und Schuhen eingesetzt. Es zerstört die gesunde Mundflora, die

zur körpereigenen Abwehr gehört, und unterstützt Bakterienresistenzen gegen Antibiotika. Es steht im Verdacht, Hormonstörungen auszulösen, und kann die Schilddrüse beeinträchtigen. Es gelangt über unser Abwasser in die Umwelt, kann unter UV-Einfluss zu Dioxin werden und ist damit beteiligt an der weitverbreiteten Dioxinbelastung unseres Planeten.

Triethanolamin
Bezeichnung: Triethanolamin (TEA)
Verwendung: Weichmacher in Körperlotionen, Feuchthaltemittel
Risikobewertung: Triethanolamin wird in Lotionen, Hautpflegeprodukten, Lösungs- und Reinigungsmitteln eingesetzt. Es kann Allergien auslösen und ist haut- und schleimhautreizend. In Verbindung mit anderen chemischen Inhaltsstoffen können Nitrosamine entstehen, die im Verdacht stehen, Leber, Nieren und Erbgut zu schädigen und krebserregend zu sein.

ALTERNATIVE KÖRPERPFLEGE

Neben dieser langen und beunruhigenden Liste gibt es Alternativen für eine gesunde, umweltschonende und maßhaltende Körperpflege. Das Mülleinsparen kommt dabei von ganz alleine.

Zähne
Wenn man der Zahncreme das Wasser und die Konservierungsstoffe entzieht, bleiben die reinen Wirkstoffe übrig. Diese reichen zur Zahnreinigung aus, denn das Wasser kommt spätestens im Mund hinzu. Durch die feste Form können Transportgewicht und Verpackung reduziert und somit Ressourcen eingespart werden. Auch ist dadurch eine Verpackung ohne Kunststoff möglich.

Zahnpulver
Mit wenigen Zutaten kann zu Hause ein Zahnpulver selbst angerührt werden.

Zutaten
20 g Natron ist der Hauptbestandteil; er übernimmt die Aufgabe des Scheuermittels. Es schäumt nur mäßig, aber verteilt sich gut im Mund.

Alle weiteren Zutaten sind optionale Zusätze, um das Zahnpulver nach Wunsch mit weiteren positiven Eigenschaften zu versehen.

¼ Teelöffel Steviapulver. Stevia ist ein pflanzliches Süßungsmittel mit einer sehr hohen Süßkraft. Im Gegensatz zu Zucker hat es keine Kalorien und löst keinen Karies aus. Und anders als andere chemische Süßstoffe steht es nicht im Verdacht, Krebs auszulösen. Das Steviapulver gibt der Mischung einen angenehm süßlichen Geschmack. Wen der Geschmack des Natrons nicht stört, der kann es auch weglassen. Als Ersatz für Stevia ist Birkenzucker, auch Xylit genannt, zu empfehlen. Er hat zudem eine antikariogene Wirkung.

½ Teelöffel gemahlenes Minzpulver ist das i-Tüpfelchen, da es dem Pulver eine gewisse Frische verleiht. Es sollte aber sehr fein gemahlen sein. Wir benutzen zunächst eine elektrische Kaffeemühle und reiben die Minze dann durch ein feines Sieb direkt ins Pulver.

Eichenrindenpulver und Ingwerpulver wirken entzündungshemmend, und eine Prise *Salz* fördert den Speichelfluss, der wiederum entzündungshemmend wirkt. ½ Teelöffel gemahlener Zimt wirkt antibakteriell und ist als Zusatz ein kleines geschmackliches Highlight, wenn man es mag. Meine Lieblingsmischung enthält Zimt, Minze und Stevia.

Zubereitung und Anwendung

Die einzelnen Zutaten werden in ein Glas oder einen Streuer gegeben und geschüttelt oder umgerührt, bis sich alles gut vermengt hat. Die angefeuchtete Zahnbürste wird nun entweder mit den Spitzen in das Zahnpulver getaucht oder aus dem Streuer auf die Zahnbürste gestreut. Das anschließende Putzen bleibt genau das gleiche.

Zahnputztablette

Für diejenigen, die selbst gemischtem Zahnpulver nicht vertrauen oder denen dafür die Geduld fehlt, ist die Zahnputztablette vielleicht eine Alternative. Wer davon zum ersten Mal hört, fragt sich wahrscheinlich, wie die Zähne davon sauber werden können, dass man eine Tablette schluckt. Die Skepsis ist berechtigt, denn ganz so funktioniert es nicht. Die Zahnputztablette ist nichts weiter als die in eine Tablette gepressten Wirkstoffe der Zahncreme. Die Tablette wird mit den Schneidezähnen zerkaut und mit dem Speichel vermischt, worauf man wie gewohnt die Zähne putzt.

Durch die Portionierung in einzelne Tabletten wird zudem eine Überdosierung der Zahncreme vermieden. Denn mittlerweile ist es Usus, viel mehr Zahncreme zu verwenden, als für eine sinnvolle Zahnpflege überhaupt notwendig ist. Wenn du also gerade deine letzte Tube aufbrauchst, kannst du ab sofort sparen, indem du einfach nur noch die Hälfte der Menge verwendest.

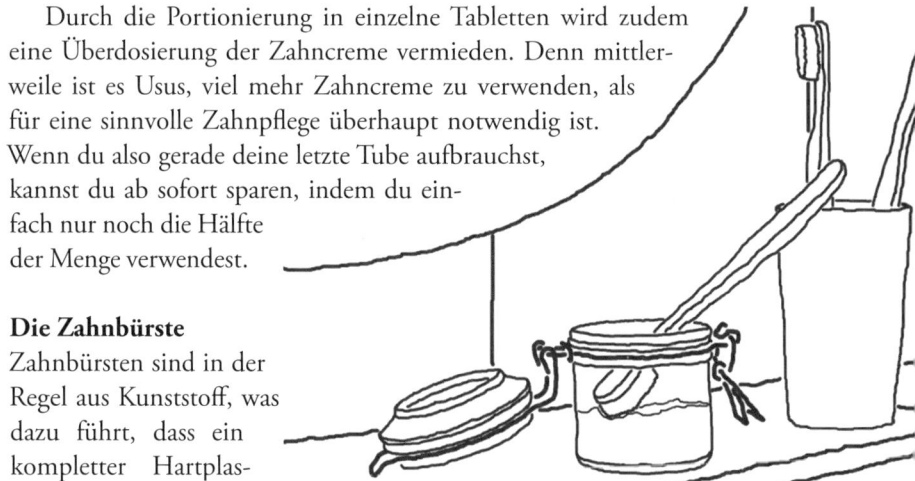

Die Zahnbürste
Zahnbürsten sind in der Regel aus Kunststoff, was dazu führt, dass ein kompletter Hartplastikstab inklusive dessen Plastikverpackung in regelmäßigen Abständen auf dem Müll landet. Eine ökologische Alternative ist die Bambuszahnbürste. Mit seiner sehr dichten Struktur ist Bambus das ideale Naturmaterial für die Zahnreinigung. Da es wenig Wasser aufnimmt und schnell trocknet, braucht man keine Angst vor einer Keimbelastung zu haben. Mittlerweile gibt es eine Vielzahl an Modellen unterschiedlichster Art auf dem Markt. Aber auch hier gilt, je weniger Farbbeschichtungen, desto besser. Um die Marktlücke einer unlackierten Bambuszahnbürste zu schließen, haben wir schließlich unser eigenes Modell auf den Markt gebracht. Um die Zahnbürsten in der Familie voneinander unterscheiden zu können, sind sie statt mit Farben mit verschiedenen Tiersymbolen bestückt. Die Borsten bestehen aus Biokunststoff und können immerhin CO_2-neutral verbrannt werden.

RASUR

Rasierer

Die Neuerfindungen zur Körperrasur ebben nicht ab. Es gibt spezielle Rasierer für Frauen, spezielle für Männer, spezielle für richtige Männer, für die Intimrasur, mit ein, zwei, drei oder vier Klingen, mit Vibration und Ultraschall. Und doch verstopfen die Klingen bei etwas zu langen Barthaaren. Der Fantasie der Produktdesigner sind keine Grenzen gesetzt. Rasierer mit auswechselbaren Klingen scheinen hier die ökologisch vorteilhafte Variante zu sein, aber auch ihre Klingen sind in Kunststoffaufsätze eingefasst und müssen schnell erneuert werden. Zudem sind sie paradoxerweise grundsätzlich teurer als die Wegwerfrasierer. Gut, dass jeder Nassrasierer, ob Mann oder Frau, dieses Thema getrost für lange Zeit an den Nagel hängen kann, mit einer einmaligen Investition in einen guten, soliden Rasierhobel, wie wir ihn von Großvater noch kennen. Er sieht unheimlich männlich aus, aber selbst die weiblichste Intimrasur ist für ihn kein Problem, genauso wie der Drei-Tage-Bart. Eine dünne Rasierklinge ist das Einzige, was man auswechseln muss, und diese gibt es in einer reinen Papierverpackung. Bei der Klingenwahl muss man vergleichen, da nicht alle gleich lang scharf bleiben. Wird die Klinge stumpf, kann sie aber in jedem Fall herausgenommen und noch einmal andersherum eingelegt werden.

Rasierschaum

Wer sich rasiert, benutzt dazu gerne Rasierschaum, um eine möglichst schonende Rasur zu erreichen. Bevor es den Rasierschaum gab, gab es dafür eine Rasierseife und einen Rasierpinsel zum Aufschäumen der Seife. Das war damals gut und ist es heute noch. Spezielle Rasierseife hat einen besonders stabilen Schaum, leider enthält sie aber auch oft Palmöl. Ich benutze deshalb einfach eine ganz normale andere Seife, die tut es ebenso. Die Seife wird auf der nassen Haut aufgeschäumt, und schon kann die Rasur beginnen.

DAMENHYGIENE

Die Damenhygiene gehört eigentlich in das Kapitel Einwegprodukte, denn im Regelfall wird eingelegt oder eingeführt und dann weggeschmissen. Sowohl Tampons als auch Binden und Slipeinlagen haben damit eine sehr kurze Lebensdauer, verursachen im Leben einer Frau aber eine irrsinnige Menge an Müll.

Menstruationstasse

Das Tampon selbst, dessen Kunststoffhülle und der Karton um die einzelnen Tampons sind bereits in der Produktion ihrem Ende geweiht. Wer sich näher mit diesen kleinen Stäbchen auseinandersetzt, wird feststellen, dass sie zudem auch nicht sehr gesund sind. Chlor und andere Chemikalien setzen wir über mehrere Stunden unserer höchst aufnahmefähigen Schleimhaut aus. Auf ökologische Tampons umzusteigen schafft hier zwar Abhilfe, sie sind aber teuer und der Müllberg bleibt. Warum also nicht gleich einmal investieren und zehn Jahre lang profitieren. Der charmante Name Menstruationstasse bietet die Lösung. Statt einer Tasse handelt es sich eher um ein kleines Becherchen aus medizinischem Kunststoff oder Silikon, das wie ein Tampon vaginal eingeführt wird.

Dafür wird die Öffnung zusammengedrückt und eingeführt. Öffnet er sich dort nicht von alleine, zieht man ihn über ein kleines Stäbchen am unteren Ende wieder ein wenig nach unten und schiebt ihn erneut hoch. Nun sollte er perfekt sitzen. Am Anfang erfordert das ein wenig Übung – ganz so wie beim ersten Tampon auch. Den Becher spürt man nun nicht mehr, und er kann tagsüber vergessen werden, denn er muss im Allgemeinen seltener gewechselt werden als ein Tampon. Das macht ihn auch für Reisen und lange Arbeitstage zum idealen Begleiter. Wie oft ein Wechsel ansteht, hängt natürlich von der Stärke der Blutung ab; bei mir ist das gerade einmal am Tag. Zum Ausleeren wird er herausgezogen und in der Toilette entleert, kurz ausgespült und wieder eingesetzt. Wer an kein Waschbecken rankommt, kann ihn aber auch so wieder einsetzen. Es gibt unterschiedliche Größen für unterschiedliche Frauen, ob Mutter oder Teenager, ob schmal oder kräftig. Ist die Periode zu Ende, wird der Becher mit Wasser ausgespült und auf dem Herd in einem kleinen Topf mit Wasser kurz aufgekocht. So ist er wieder steril und kann im mitgelieferten Beutel bis zum nächsten Monat verweilen.

Die Reaktionen bei der Erwähnung der Menstruationstasse sind sehr verschieden. Viele Frauen, die das erste Mal von dieser Methode hören, empfinden so viel Ekel bei dem Gedanken daran, einen Becher voller Blut in der Toilette auszuleeren, dass sie allein den Gedanken, es einmal auszuprobieren, strikt von sich weisen. Das ist allerdings ein sehr deutsches Phänomen. In anderen Ländern, beispielsweise in Kanada, ist die Tasse viel verbreiteter und wird sehr geschätzt. Auch jede Frau, die sich auf einen Versuch eingelassen hat, ist begeistert, und nur sehr wenige Frauen bekommen die Handhabung nicht hin. Der Haupthinderungsgrund, das Experiment zu wagen, ist nach meiner Erfahrung schlichtweg Ekel. Doch was ist daran eigentlich eklig? Es ist doch mein eigenes Blut, das jeden Monat da unten rauskommt. Diese Reaktion spiegelt unsere gesellschaftliche Entwicklung sehr gut wider. Wir entfremden uns zunehmend von unserem eigenen Körper und den natürlichen Prozessen, die in jedem von uns stattfinden. Wir wollen möglichst wenig mit unseren Körperflüssigkeiten zu tun haben, rasieren uns am ganzen Körper und schämen uns in Grund und Boden, wenn uns mal ein Furz entgleitet. Dabei ist all das das Natürlichste der Welt. Das gilt auch für unsere Monatsblutung. Wenn wir aufhören, sie zu tabuisieren, und anfangen, sie zu akzeptieren, als das was sie ist, nämlich ein Teil von uns, dann ist auch die Menstruationstasse nicht mehr unvorstellbar.

Binden und Slipeinlagen

Viele Frauen, gerade die jüngeren, benutzen überhaupt keine Tampons. Für sie ist eine waschbare Einlage die Alternative zu den Wegwerfexemplaren. Sowohl starke Binden als auch dünne Slipeinlagen gibt es käuflich zu erwerben. Wer gerne selbst näht, wird im Netz zudem eine Vielzahl an Anleitungen zum Selbermachen finden. Die benutzten Einlagen werden am besten erst unter kaltem Wasser ausgewaschen. Werden sie gleich in die Waschmaschine gegeben, bleiben die Flecken sichtbar. Wen das nicht stört, der kann sich das Auswaschen sparen. Alternativ können die Binden in einem Eimer mit Wasser direkt nach der Benutzung aufbewahrt und eingeweicht werden, bis sie gewaschen werden. Auch für unterwegs gibt es spezielle Taschen, sogenannte Wetbags, um benutzte Binden bis zu Hause trocken aufzubewahren.

OHREN

Ohrenstäbchen sind eine der genialsten Erfindungen von gelangweilten Produktdesignern, da sie ein Bedürfnis hervorrufen und gleichzeitig die Lösung dafür präsentieren. Bis dato kamen die Ohren ohne Stäbchen aus. Tatsächlich besteht bei der Benutzung die Gefahr, die Ohren zu verstopfen, und so ist von ihnen eher abzuraten. Unsere Ohren sind aber erfreulicherweise ebenfalls eine geniale Erfindung. Sie sind so gebaut, dass sie sich von alleine reinigen. Das tun sie nämlich genau über den gelben Ohrenschmalz, auch Zerumen genannt, den wir so pingelig zu entfernen versuchen. Er bildet einen konstanten Fluss nach außen, wobei er Schmutzpartikel, die ins Ohr gelangt sind, mit heraustransportiert.

Ihn im Inneren des Ohres zu entfernen ist also wenig sinnvoll. Lediglich bei manchen Menschen funktioniert dieser Mechanismus nicht ganz so, wie er soll, und es kommt vermehrt zu Verstopfungen. In diesem Fall kann mit einem speziellen Ohrlöffel vorsichtig der Gehörgang befreit werden, oder man sucht regelmäßig den Ohrenarzt zum Reinigen auf. Sobald der Schmalz aus dem Ohr austritt, ist er eine rein optische Angelegenheit, die wir als unappetitlich empfinden. Um ihn zu entfernen, nimmst du einfach ein dünnes Handtuch oder ein Stofftaschentuch und reibst damit um die Öffnung der Gehörgänge.

HAAR

Das Problem der meisten Körperpflegeprodukte liegt in ihrer flüssigen Form. Du kaufst also nicht nur viel Wasser mit, ein Produkt in flüssiger Form benötigt auch eine Verpackung, und die ist aus Kunststoff. So auch beim Shampoo. Denken wir unsere Pflegeprodukte vollkommen neu, nämlich als feste oder pulverförmige Produkte, wird die Kunststoffverpackung unnötig.

Haarseifen

Die Alternative, die wahrscheinlich am ehesten an das Haarewaschen, wie wir es gewohnt sind, herankommt, sind spezielle Haarseifen. Das feste Stück Seife wird direkt auf der Kopfhaut verrieben und erzeugt den gewohnten Schaum, mit dem die Haare eingeschäumt werden. Diese Methode basiert auf einem tatsächlichen Stück Seife und ist leider nicht für jeden geeignet. Es gibt immer wieder einzelne Menschen, deren Haare danach fettig aussehen oder verkleben oder die den hohen PH Wert der Seife nicht bei jeder Haarwäsche vertragen. Für sie ist der Shampoo-Bar (Shampoo-Riegel) eine Alternative, die allerdings noch weit weniger verbreitet und damit schwieriger zu finden ist. Dieser Riegel entspricht einem Shampoo ohne Wasser; er wird genauso verwendet wie die Haarseife auch, nur bei manchen ist er eben besser verträglich.

Ghassoul

Gerade bei der Haarwäsche gibt es aber noch eine Vielzahl alternativer Methoden, denn das Shampoo ist eine relativ neue Methode, die Haare zu reinigen. Die Marokkaner beispielsweise reinigen seit Jahrhunderten ihre Haare mit Ghassoul (hierzulande auch als Rasul oder Lavaerde bekannt), eine Mineralerde, die im Atlasgebirge abgebaut wird. Hier erfolgt die Reinigung nicht über ein Tensid, weshalb es auch nicht schäumt.

Je nach Haarlänge werden 2–6 EL Ghassoul mit der doppelten Menge Wasser vermengt und 5 Minuten quellen gelassen. Die gelartige Masse wird nur leicht in die Kopfhaut einmassiert. Nach einer kurzen Einwirkzeit werden die Haare ausgespült.

Natron

Eine ähnliche Methode ist das Waschen mit Natron. 1–2 EL Natron werden in etwas Wasser verdünnt. Die Anwendung ist gewöhnungsbedürftig und nicht ganz einfach, da das Gemisch nicht so gut am Haar haftet wie Schaum. Mit etwas Übung und gutem Willen ist es aber möglich. Wie viel Wasser man dazugibt, ist persönlicher Geschmack und muss selbst ausprobiert werden. Da sich das Natron aber nicht im Wasser auflöst, reicht eine kleine Menge Wasser nach meinem Empfinden aus. Das Gemisch wird mit der Hand auf die Kopfhaut aufgetragen und einmassiert. Die Haarlängen sollten dabei so gut es geht ausgespart werden, da sie sonst zu stark austrocknen können. Nach kurzer Einwirkzeit werden die Haare wie gewohnt ausgespült. Da das Natron die Haarschuppen aufraut, ist im Anschluss eine Essigspülung empfehlenswert. Ich lasse sie aber häufig weg, da ich sehr dünne Haare habe und das Aufrauen der Haarstruktur ihnen mehr Volumen gibt.

Roggenmehl

Tatsächlich kann man sich auch mit einfachem Roggenmehl die Haare waschen. Hier ist allerdings ein wenig Vorbereitungszeit einzuplanen. Das Roggenmehl wird mit ein wenig Wasser vermischt und ein paar Stunden quellen gelassen. Die Vorbereitung kann aber durchaus schon am Abend vorher beginnen. Das gequollene Roggenmehl wird zu einem gelartigen Brei, der mit der Hand in die Haare eingeknetet wird. Er sollte ein bisschen einwirken und wird unter der Dusche am besten gleich zu Anfang aufgetragen. Das Ausspülen ist nicht die leichteste Angelegenheit. Um das gesamte Roggenmehl zu entfernen, ist es ratsam, eine Bürste gleich mit unter die Dusche zu nehmen.

Das Waschergebnis ist erstaunlich und besonders für trockene Haare empfehlenswert, da es die Haare schön weich macht. Eine anschließende Spülung ist nicht notwendig. Wie viel Roggenmehl benötigt wird, hängt von der eigenen Haarlänge und der Technik ab. Ich benutze ca. 5 Teelöffel.

Weitere Alternativen

Auch die indischen Waschnüsse oder als Pendant dazu unsere heimischen Kastanien lassen sich zu einer Waschpaste verarbeiten. Das ist allerdings aufwendig und die Mischung muss immer frisch angemischt werden, weshalb ich sie nicht sonderlich alltagstauglich finde und hier nicht weiter darauf eingehen möchte. Wenn du den Aufwand nicht scheust oder es einfach mal ausprobieren willst, dir mit einer Kastanie die Haare zu waschen, so ist dies in unseren Breiten sicher die ökologischste Methode.

Die wohl interessanteste Methode ist aber die No-poo-Methode, die darauf basiert, sich gar nicht die Haare zu waschen. Durch gezielte Kopfmassagen wird die Produktion des kopfhauteigenen Sebums angeregt, das die Haare ganz ohne Zusatzmittel reinigen soll. Ich muss zugeben, es selbst noch nicht ausprobiert zu haben, aus dem selben Grund, warum sie heutzutage wohl auch nicht mehr massentauglich werden wird, aber interessant ist sie allemal.

Welche Alternative du auch immer austestest, du solltest dir darüber im Klaren sein, dass deine Haare danach vielleicht anders aussehen. Moderne Shampoos sind gespickt mit Zusatzstoffen, die die Haarstruktur verändern und sich um das Haar herum anreichern. Dieses braucht eine gewisse Zeit, sich an die natürliche Haarpflege zu gewöhnen. Hab also Geduld und gib nicht gleich auf, wenn du nach dem ersten Mal nicht zufrieden bist.

Ein weiteres Märchen über unsere Haare ist die Häufigkeit der Haarwäsche. Auch ich habe meine Haare früher jeden Tag gewaschen. Das ist aber ganz unnötig. Die Haare werden nur deshalb so schnell fettig, weil sie jeden Tag entfettet werden. Wäscht man sich täglich die Haare, gibt sich die Kopfhaut äußerste Mühe, den Fetthaushalt wieder auszugleichen. Ich staune immer wieder über die Haare unserer Kinder, die bis zu zwei Wochen ohne Haarwäsche auskommen und überhaupt nicht fettig aussehen. Auch hier ist es mal wieder die Gewöhnung. Ihre Haare haben sich nie an eine häufige Haarwäsche gewöhnt, und deshalb brauchen sie sie auch nicht. Bei mir sah das anders aus. Es war ein langwieriger Prozess, meiner Kopfhaut die Fettproduktion abzutrainieren. Stück für Stück verlängerte ich die Abstände zwischen den Haarwäschen. Lange Haare haben es da leichter, da geschickte Frisuren über die schwierigen Tage hinweghelfen. Mittlerweile hat es sich bei mir auf einen Abstand von 4 bis 6 Tagen zwischen dem Waschen eingependelt. Jede Haarstruktur ist anders, und die einen kommen weiter als die anderen. Der Versuch lohnt sich aber, denn so kann viel Haarwaschmittel gespart werden, was auch der natürlichen Funktion deiner Haut entgegenkommen wird.

Spülung

Nach einem halben Jahr Südostasien, in sengender Hitze und unter hoher UV-Einstrahlung auf einer Fahrradtour von Thailand nach Vietnam standen meine Haare in alle Himmelsrichtungen ab, so trocken waren sie. Ich kaufte mir den billigsten Reisessig, den ich finden konnte, und spülte damit meine Haare. Das Ergebnis erstaunte selbst mich, denn meine Haare sahen so aus, wie sie es sechs Monate früher getan hatten, als ich in den Flieger gestiegen war.

Gerade dickes und störrisches Haar wünscht sich für bessere Kämmbarkeit ab und an eine Haarspülung. Die Spülung legt die durch die Haarwäsche aufgerauten Haarschuppen wieder an und macht die Haare glatt und kämmbar. Diesen Effekt haben aber nicht nur handelsübliche Hightech-Conditioner. Einfacher Essig hat die gleiche Wirkung. Häufig wird Apfelessig empfohlen, aber jeder andere Essig tut es genauso.

Für eine Essigspülung wird der Essig im Verhältnis eins zu eins mit Wasser auf das gewaschene Haar gegeben und einmassiert, sodass er sich überall verteilt. Nach ein paar Minuten Einwirkzeit kann er ausgespült werden. Keine Angst vor beißendem Essiggeruch. Zum einen wird der Essig ausgespült, zum anderen verfliegt verbleibender Essiggeruch schnell.

Haare färben

Gute 15 Jahre meines Lebens verbrachte ich damit, mir die Haare in allen möglichen Farben zu färben. Anfangs war es Spaß und der Wunsch nach Individualität in der Pubertät. Dann war es der feste Glaube, dass meine natürliche Haarfarbe schrecklich aussieht. Erst machte ich mir keine Gedanken um das, was ich meiner Gesundheit da antat, irgendwann stieg ich auf ein etwas harmloseres Produkt nach Stiftung Warentest um. Im Zuge der Müllvermeidung entschied ich schließlich, dass Haarfärbemittel nicht gerade zu der notwendigen Körperpflegeausstattung gehören. Mittlerweile kann ich sagen, dass das, was auf meinem Kopf thront, endlich meine Naturhaarfarbe ist, und ich muss feststellen, dass ich sie ganz und gar nicht schrecklich, sondern sehr schön finde. Wie komisch, dass wir uns selbst oft so negativ einschätzen.

Manchmal bin ich etwas wehmütig, dass ich in meiner Jugend nicht besser aufgeklärt wurde oder wahrscheinlich sowieso auf niemanden gehört hätte. Denn lange konnte ich eine beträchtliche Summe an Allergien mein Eigen nennen, mit denen ich nicht auf die Welt gekommen bin. Ich nehme an, sie waren hausgemacht. Mittlerweile sind sie allesamt wieder stark abgeklungen, was ich ebenfalls als hausgemacht einschätze.

Wenn du auf eine andere Haarfarbe nicht oder vielleicht noch nicht verzichten möchtest, hast du zumindest die Möglichkeit, dich für eine natürliche Haarfarbe, beispielsweise aus Henna, zu entscheiden. Eine Blondierung bekommen wir damit nicht hin, dafür entlasten wir unseren Körper und unsere Umwelt von einer großen Menge an Schadstoffen, die über die Kopfhaut in den Körper aufgenommen werden und alle möglichen negativen Auswirkungen haben können.

HAUT

Ein spezielles Duschgel für den Körper hat sich über die Zeit in unserem Badezimmer etabliert. Tatsächlich braucht der Körper zur Reinigung aber nichts anderes als eine Seife. Wer feste Seife benutzt, hat den Vorteil, dass er keine Kunststoffverpackung braucht. Seife trocknet die Haut nicht, wie oft befürchtet, übermäßig aus. Unsere Körper sind meist trockener als die unserer Vorfahren, weil wir uns viel häufiger duschen. Tägliches Duschen ist aber weder notwendig noch zuträglich für unser Hautmilieu. Wenn es um Sauberkeit geht, reicht es auch, gezielt betroffene Stellen am Körper, wie die Achseln, zu reinigen. Auch beim Duschen selbst ist es nicht erforderlich, Seife (oder Duschgel) auf jedem Quadratzentimeter des Körpers zu verteilen. Lediglich die Stellen, an denen es zu Geruchsbildung kommt, die zu unreiner Haut neigen oder die wirklich schmutzig sind, benötigen eventuell eine Behandlung. Für den ganzen Rest reicht einfaches Wasser meistens aus.

Leider sind unsere modernen Badezimmer auf das Stück Seife nicht mehr ausgerichtet. Wer sich zurückerinnert, kennt vielleicht noch die alten Fliesen in der Dusche mit einer Ausbuchtung als Seifenablage und sogar einem Loch, damit das Wasser ablaufen kann. Eine so perfekte Erfindung gerät leider mit der festen Seife in Vergessenheit. Vielleicht sollten wir beides wiederbeleben.

Flüssigseife
Wem so ein Stück Seife, vielleicht von zu vielen Knastfilmen, nicht ganz geheuer ist, kann sich aus jeder Seife auch leicht eine Flüssigseife selbst herstellen.

○

Zutaten
50 g feste Seife nach Wahl
Wasser
Ätherisches Öl (optional, nach Wunsch)

Zubehör
Eine Küchenreibe
Ein Topf
Schneebesen
Leerer Seifenspender

Zubereitung
Die Seife mit der Küchenreibe kleinraspeln. Auf eine Tasse Seifenraspel die gleiche Menge Wasser hinzugegeben und in einem Topf auf niedriger Flamme erhitzen. So lange mit dem Schneebesen rühren, bis sich die Raspel vollständig aufgelöst haben, oder das Gemisch zwischenzeitlich etwas stehen lassen, bis die Seife von selbst schmilzt. Die abgekühlte Seife nochmal mit ca. 1 Tasse Wasser auf die gewünschte Konsistenz verdünnen. Wer mag, gibt nun ein paar Tropfen ätherisches Öl für den Geruch hinzu; danach die Seife in den Seifenspender abfüllen. Die überschüssige Menge kann auf Vorrat in Gläsern oder Flaschen im Schrank gelagert werden.

Anwendung
Die Seife wird genau so verwendet wie jede andere Flüssigseife auch. Da hier allerdings keinerlei Zusatz- und Konservierungsstoffe zum Einsatz kommen, muss die Flasche ab und zu ein wenig geschüttelt werden, damit sich die Bestandteile wieder gut miteinander vermischen.

Pickelcreme, Gesichtswasser, Waschgel …

Auch ich kämpfte mich seit meiner Pubertät mit dem beliebtesten aller Hauttypen herum: trocken, aber doch fettig. So hatte ich auch immer Pickel und unreine Haut, und ich habe alle Produkte im Handel ausprobiert. Ich habe gecremt, gewaschen, desinfiziert, was das Zeug hält, darauf folgten Gesichtspuder, Make-up und Abdeckstifte. Es hat alles nichts genützt, ich sah nicht selten buchstäblich wie ein Streuselkuchen aus. Was mir letztendlich half, war die vollständige Abstinenz von allem, was man sich ins Gesicht schmieren kann. Lediglich ein Stück Seife ist geblieben.

All die Spezialprodukte für unreine Haut sind so grenzenlos in ihren Variationen, wie sie unnötig sind. Mit ihrer desinfizierenden Wirkung ist Seife die ideale Pflege für unreine Haut. Bei Seife besteht häufig die Sorge, dass wir unsere Haut damit austrocknen, da Seife den Fettfilm der Haut entfernt. Wer seine Haut an natürliche Pflegeprodukte gewöhnt, kann aber davon ausgehen, dass sich die Haut bald daran anpasst und selbstständig in der Lage ist, ihren Fettfilm auch wieder aufzubauen.

Bodylotion und Hautcreme

Bisher war ich es immer gewohnt, meinen Körper nach jedem Duschen und Waschen einzucremen. Doch eines Morgens wachte ich auf und fragte mich: Wozu eigentlich immer dieses ganze Cremen? Das kann sich die Natur doch nicht so ausgedacht haben? Also begann ich, die Bodylotion gezielt abzusetzen. Es dauerte tatsächlich lange Zeit, und gerade meine Beine sahen oft aus wie der Boden der Sahelzone. Aber schließlich hat es doch funktioniert, und meine Haut kommt seither ganz gut damit zurecht, dass sie nicht mehr mit Creme eingefettet wird. Natürlich habe ich immer noch ein leichtes Spannungsgefühl nach dem Duschen, weil der Fettfilm der Haut erst einmal abgetragen ist. Nach kurzer Zeit regeneriert sich meine Haut aber von alleine.

Grundsätzlich ist unsere Haut dazu in der Lage, nach dem Waschen ihre Feuchtigkeit zu regulieren; eine regelmäßige Ganzkörperbehandlung mit Bodylotion ist unnötig. Ganz im Gegenteil: Wird der Haut diese Aufgabe der Regeneration ständig abgenommen, stellt sie sich darauf ein und quittiert ihren Dienst. Sie wieder dazu zu motivieren, ihre Fähigkeit auszuüben, kann ein langwieriger Prozess sein. Für die Übergangszeit oder in sehr trockenen Phasen empfehle ich ein gut verträgliches reines Öl, das nur dort aufgetragen wird, wo es wirklich notwendig ist. Olivenöl ist gut geeignet, den Geruch mag aber nicht jeder, und mein persönlicher Favorit ist Kokosöl. Achte aber darauf, die Abstände zwischen dem Einreiben stetig zu vergrößern, um der Entwöhnung Raum zu geben. Wenn du, wie viele andere Menschen auch, ein ungutes Gefühl bei Öl auf der Haut hast, kann ich dich beruhigen: Es unterstützt weder fettige Haut noch verstopft es Poren oder fördert Pickel, sondern ist die beste Hautpflege, die du dir vorstellen kannst.

Wer auf die Plastikflasche, aber nicht auf die Bodylotion verzichten möchte, kann auf sogenannte Massage-Bars oder Lotion-Bars umsteigen. Das ist quasi ein festes Stück Bodylotion oder Körperbutter und kann angesichts der festen Form auch wieder ohne Verpackung verkauft werden. Dieser Riegel wird sanft über die Haut gerieben und der zurückbleibende Fettfilm einmassiert. Aus Sheabutter, Kakaobutter, Öl und Bienenwachs kann ein Massage-Bar auch selbst hergestellt werden. Die Zutaten unverpackt zu bekommen ist in Deutschland allerdings äußerst schwierig.

Was Cremes angeht, zeigen die Produktdesigner mal wieder unendliche Kreativität, um unseren Geldbeutel zu melken. Gegen Cellulitis, gegen Falten, gegen das Älterwerden, für samtig weiche, zarte, strahlende Haut und mit Bräunungseffekt – das klingt schon alles sehr verlockend, und der Wunsch nach äußerlicher Perfektion lässt uns schnell vergessen, welche geballte Ladung an negativen Inhaltsstoffen mit der Wundercreme ebenfalls in unseren Körper gelangen. Ganz davon abgesehen, dass die meisten Versprechen auch nicht wirklich eingehalten werden.

Vielleicht sollten wir uns von den Wunderversprechen der Industrie verabschieden und wieder annehmen, sterblich und vergänglich zu sein, im Winter weiß zu sein, älter zu werden und dann eben auch so auszusehen. Wer seine Cellulitis dagegen wirklich loswerden und seinen Körper jung halten möchte, der fährt mit einer gesunden Lebensweise am besten, nicht mit der richtigen Creme. Weniger Stress, gesündere Ernährung, mehr Sport, mehr Bewegung im Alltag und mehr frische Luft. Es ist immer die gleiche Leier, ich weiß, aber sie ist es aus gutem Grund, denn sie stimmt.

Während für den Normalgebrauch eine Lotion nicht notwendig ist, kann es in Härtefällen durchaus sinnvoll sein, der Haut, zum Beispiel den Händen, extra Feuchtigkeit zu gönnen. Dafür kannst du eine reichhaltige Hautcreme mit den einfachsten Mitteln leicht selbst machen.

Zutaten
50 g Bienenwachs
100–200 g hochwertiges Öl
(zum Beispiel kalt gepresstes natives Olivenöl,
der Geruch ist zu vernachlässigen,
da er vom Bienenwachs überdeckt wird)

Zubehör
Topf
Aufbewahrungsgefäß

Zubereitung
Das Bienenwachs in einen Topf geben und im Wasserbad langsam erhitzen, bis es vollständig geschmolzen ist. Nun das Öl hinzugeben und um-

rühren. In einen Cremetiegel oder ein anderes Gefäß füllen und abkühlen lassen. Je mehr Öl verwendet wird, desto cremiger wird die Masse. Eine Mischung mit weniger Öl kann auch in eine Form gegeben werden, die im Anschluss entfernt wird. So kann die Creme zum Beispiel auch als Stick verwendet werden und man hat ebenfalls einen Massage-Bar.

◆◆◆ Um Wachsreste aus Gefäßen zu entfernen, werden diese kopfüber auf gebrauchtes Papier in den Backofen gegeben. Bei 60 °C erhitzt, tropft das Wachs auf das Papier und wird dort aufgefangen. Nun die Gefäße unter heißem Wasser endreinigen. Das funktioniert auch sehr gut bei benutzten Teelichtgläsern.

Sonnenschutz

Über die Problematik von chemischem Sonnenschutz habe ich bereits im Kapitel über die Inhaltsstoffe von Kosmetikprodukten kurz hingewiesen. Um diese Substanzen zu umgehen, ist zu empfehlen, solche Produkte komplett wegzulassen. Statt des chemischen Sonnenschutzes werden mittlerweile Titandioxyd und Zinkoxyd erfolgreich als mineralischer Sonnenschutz eingesetzt. Ob es sich um solch eine Creme handelt, ist genau an diesen Inhaltsstoffen auf der Verpackung zu erkennen. Auf gesunder Haut sind bisher keine negativen Auswirkungen dieser beiden Stoffe bekannt, ein Einatmen sollte jedoch vermieden werden. Deshalb ist es auch zu empfehlen, bei der Sonnencreme zu bleiben und das praktische Spray im Supermarkt stehen zu lassen.

Je nach Anlass ist ein Sonnenschutz eine gute Erfindung, um uns vor Sonnenbrand und damit Hautkrebs zu schützen. Wer seine Kosmetikprodukte reduzieren und Müll einsparen möchte, kann in den meisten Fällen auf den natürlichen Sonnenschutz unseres Körpers setzten. Anstatt sich zwei Wochen im Jahr an den Hotelpool in die Sonne zu legen und zu hoffen, dass der Sonnenbrand noch mal kurz braun wird, bevor die Haut abblättert, ist es besser, auf lang anhaltende Tiefenbräunung zu setzen. Das bedeutet, der Haut das ganze Jahr über viel Sonne in sinnvollen Dosen zu gönnen, schon im Frühjahr mit kurzen Sonnenaufenthalten anfangen und deren Dauer erst langsam steigern, zudem indirekte Sonne und vor allem die schwächere Vormittags- und Nachmittagssonne bevorzugen. Das führt nicht nur zu einer Gewöhnung der Haut an Sonnenlicht, sondern auch zur Auffüllung der Vitamin-D-Reserven (das spart unter Umständen Medikamente ein) und zu einer schonenderen und dauerhafteren Bräunung als eine Woche Strandurlaub.

Der beste Sonnenschutz ist immer noch, die direkte Sonnenstrahlung um die Mittagszeit zu meiden, im Schatten zu bleiben oder langärmlige Kleidung zu tragen. Gerade bei kleinen Kindern ist der Schutz durch Kleidung der beste. Auch das Meer wird es uns danken, wenn es nicht ständig Sonnencreme von unseren Körpern aufnehmen muss.

Eine handelsübliche Alternative ist die Sonnencreme als fester Stick in Pappe verpackt. Davon gibt es aber bisher nur ein Produkt auf dem Markt, das zudem hierzulande nicht erhältlich ist.

KÖRPERGERUCH

Unser Körpergeruch gehört nicht nur zu den natürlichsten Dingen der Welt, sondern auch zu denen, die wir am liebsten verstecken. Wir sprühen uns von Kopf bis Fuß mit Duftsprays und Parfum ein, damit ja nichts von uns selbst durchkommt. Die Duftpalette reicht von blumig bis betörend und soll ganz wesentlich zu dem Bild, das wir von uns erschaffen möchten, dazugehören. Gerade für geruchssensible Menschen, wie ich einer bin, ist es oft einfach nur störend. Parfumfahnen werden zehn Meter hinter sich hergezogen und Deo wird in geschlossenen Umkleideräumen versprüht, bis die Luft zum Atmen fehlt. Dabei wird vollkommen übersehen, welche Wirkung unser natürlicher Körpergeruch gerade auf das andere Geschlecht haben kann. So dient der Körpergeruch als wesentlicher Bestandteil der Partnerwahl. Ich spreche hier nicht von altem Schweiß, sondern von natürlichem Körpergeruch. Frauen finden den natürlichen Körpergeruch ihres Liebsten äußerst anziehend, Männer werden besonders von den Duftstoffen der Frau angelockt, wenn diese gerade ihren Eisprung hat und damit besonders fruchtbar ist. Teure Parfums könnten wir uns deshalb ganz sparen, da der natürliche Körpergeruch das wahre Aphrodisiakum ist. Und auch das Deo ist geruchsneutral die beste Wahl. Nicht nur wird der natürliche, positive Körpergeruch mit Hilfe von Duftstoffen überdeckt, die Geruchssubstanzen sind auch häufig sehr fragwürdig, da sie Allergien und Schlimmeres auslösen können.

Wenn es alter Schweiß ist, der seinen Duft intensiv verbreitet, hat die Attraktivität sicherlich schnell ihr Ende. Unangenehmer Geruch entsteht, wenn Bakterien den entstandenen Schweiß zersetzen; er wird mit der Zeit immer intensiver und signalisiert mangelnde Reinheit. Je länger und dichter die Achselbehaarung, desto größer die Fläche, an der sich Bakterien ansiedeln können. Eine glatt rasierte Achsel ist also leichter gestankfrei zu halten. Da aber gerade Männer oft nicht auf ihre Achselbehaarung verzichten möchten, ist die beste Methode gegen Schweißgeruch regelmäßiges Waschen. Das ist in unserer Welt aber nicht in jeder Situation machbar, und so ist ein funktionierendes Deo für viele Menschen unabkömmlich. Die Verpackungsweisen handelsüblicher Deos sind für einen Müllvermeider aber weniger attraktiv, und bedenklich ist auch eine Vielzahl ihrer Inhaltsstoffen.

In der Anfangsphase meiner Suche nach Alternativen war ich sehr glücklich über meinen Alaunstein, der als fester Kristall keine Verpackung benötigt, ewig hält und tadellos funktioniert. Nach langen Recherchen und widersprüchlichen Aussagen über den Gehalt von Aluminium im Alaunstein hat unser Haus-und-Hof-Chemiker schließlich bestätigt, dass es sich dabei immer um Aluminium handelt, selbst wenn die Hersteller beteuern, dass das nicht der Fall ist.

Mit dieser Aussage gab ich mich letztlich zufrieden, was dazu führte, dass wir weitersuchen mussten. Aus Mangel an Alternativen verzichteten wir zunächst ganz auf Deo. Gregor stellte fest, dass er in synthetischen T-Shirts mehr Körpergeruch entwickelte als in natürlichen. Ich stellte fest, dass ich fast gar keinen unangenehmen Geruch mehr entwickelte und eigentlich kaum Deo benötige, und auch Gregor wurde das Gefühl nicht los, dass sich sein Körpergeruch abgemildert hatte. Was war passiert? Der geringere Deokonsum hatte diesmal wohl nichts damit zu tun. Hing es vielleicht mit der drastischen Reduzierung unseres Fleischkonsums zusammen? Die Karls-Universität in Prag führte 2006 eine Studie durch, die genau diesen Zusammenhang bestätigt.[27] Bei einer veganen Lebensweise wird die positive Geruchsveränderung oft als noch stärker empfunden. Wissenschaftliche Ergebnisse dazu kenne ich nicht, aber der Zusammenhang ist allemal interessant.

Um nun aber doch eine gute Deo-Alternative anbieten zu können, kommt hier ein sehr einfaches Rezept.

Deo selber machen

Die simpelste Methode, Deo selbst herzustellen, ist der Einsatz von Natron, da Natron die Eigenschaft besitzt, Gerüche zu neutralisieren. Um ein Natrondeo selber zu machen, gibt es verschiedenste Möglichkeiten, sei es in Form von Puder, Spray, Roller oder Creme. Wenn du dich mit dem Thema intensiver beschäftigen möchtest, findest du zahlreiche weitere Rezepte im Netz. Aber je komplizierter die Zubereitung, desto mehr verpackte Inhaltsstoffe müssen dafür angeschafft werden. Deshalb stelle ich hier nur die einfachste Methode mit möglichst wenig Zubehör vor.

Rezept Deospray oder Deoroller

Zutaten
und Zubehör
Ca. 1–2 TL Natron
100 ml Wasser
optional 2 Tropfen ätherisches Teebaumöl und/oder
10 Tropfen ätherisches Salbeiöl
(Letzteres wirkt zusätzlich schweißhemmend)
Leere Sprayflasche oder Deoroller

Zubereitung
Das Wasser aufkochen und abkühlen lassen. In vielen Internetforen wird davor gewarnt, dass bei der Verwendung von heißerem Wasser Natronlauge entstehe. Das ist nicht der Fall! Die Temperatur sollte aber trotzdem nicht zu hoch sein, da das Natron sonst reizender für die Haut wird. Nun wird Stück für Stück so lange Natron in das Wasser eingerührt, bis es sich nicht mehr im Wasser auflöst. Nun ist die Lösung gesättigt. Wird warmes Wasser verwendet, so kann es nach dem Erkalten zum Ausfallen eines Teils des Natrons kommen. Deshalb bietet es sich an, das Natron erst in das erkaltete Wasser zu rühren. Schließlich das Teebaumöl einträufeln und alles in eine Sprühflasche oder den Deoroller geben.

♦◆♦   Da sich Öl und Flüssigkeit voneinander trennen, sollte das Flüssigdeo vor jeder Anwendung geschüttelt werden. Dadurch vermischen sich die Bestandteile wieder miteinander.

Durch ungelöste Natronbestandteile kann es zum Verstopfen der Sprüh-
düse kommen. In dem Fall kann mit einer Nadel in die Sprühöffnung
hineingestochen werden.

DEKORATIVE KOSMETIK

Unsere Medien erwecken manchmal den Eindruck, dass alle Menschen außer uns selbst perfekt wären. Wer sich ab und an noch in
der Realität umschaut, weiß, dass das nicht stimmt. So halten wir heutzutage eine
absolut maskenhaft glatte Haut für akzeptabel und sehen Schminke als wichtig
für unser Auftreten an. Auch ich habe mich früher viel geschminkt. Mittlerweile
tue ich das nicht mehr und habe mich mit meiner natürlichen Schönheit wieder
angefreundet. Ich finde mich schön, so wie ich aufstehe, und nicht erst nach einem Besuch im Badezimmer. Rückblickend ist es ein sehr befreiendes Gefühl im
Gegensatz zu der Zeit, als ich ohne Schminke nicht aus dem Haus ging. Meine
Haut ist zwar nicht perfekt (wenn auch deutlich besser, seit sie die Möglichkeit
hat, frei zu atmen), aber das muss sie auch gar nicht sein. Stattdessen genieße ich
es sehr, mir keine Gedanken um den Sitz und das Auftragen meiner Tagesmaske
zu machen. Ich wasche mich, ziehe mich an, kämme mir die Haare und bin
fertig für den Tag. Damit spare ich viel Zeit, die ich lieber damit verbringe, Bücher zu schreiben oder den Kindern bei ihrem Quatsch zuzuschauen. Ich habe
aber auch den Vorteil, mir einen Mann ausgesucht zu haben, der Schminke an
Frauen ganz und gar nicht attraktiv findet. Er ist zudem der festen Überzeugung,
dass es den meisten Männern ähnlich geht und sich viele fragen, warum frau das
eigentlich tut. Ich fürchte, das kann ich nicht abschließend bewerten. Würden
wir uns aber alle weniger anmalen und unserer Natürlichkeit mehr Raum geben,
so würde, wie ich vermute, auch der Druck verschwinden, sich gegenseitig mit
glatter Haut und meterlangen Wimpern zu übertrumpfen.

Wer sich nun aber doch schminken möchte, der hat es schwer, wenn er Müll
vermeiden will. Auch hier gilt die Devise, dass mit etwas Kreativität viel selbst
gemacht werden kann. Das Internet bietet wie zu allem eine Vielzahl von Rezepten und Anleitungen, die allerdings mit Vorsicht zu genießen sind. Manche
dieser Rezepturen haben solch komplizierte Inhaltsstoffe, dass deren Beschaf-
fung kaum weniger Müll hinterlassen würde als handelsübliches Make-up und
der Herstellungsaufwand in keinem Verhältnis zum Nutzen steht. Lediglich die

Inhaltsstoffe sind vermutlich etwas gesünder für den Körper. Es gilt, je einfacher, desto besser, und so können mit den einfachsten Zutaten ganz passable Ergebnisse geschaffen werden: Haarspray aus Zitronen und Wodka, Kakaopulver als Rouge, Kohle als Lidschatten und Eyeliner …

Abschminken

Wer sich schminkt, der sollte sich seiner Haut zuliebe auch abschminken. Das Angebot des Einzelhandels für diese Aufgabe besteht aus Einweg-Wattepads und speziellen Lotions oder Gesichtswasser, in denen das Pad getränkt wird. Meine Alternative sind waschbare Pads und Kokosfett oder anderes Pflanzenöl. Das Fett löst nicht nur die Überreste des Make-ups, es pflegt gleichzeitig auch die Gesichtshaut. Die waschbaren Pads kann man aus alten Stoffresten wie Handtüchern, Molton oder anderen weichen Stoffen leicht selbst nähen, es gibt sie aber mittlerweile auch im Handel, zum Beispiel unter dem Stichwort »reusable make-up pads«. Nach der Benutzung werden sie in die Wäsche gegeben. Es empfiehlt sich, nicht gerade weiße Stoffe zu verwenden, da Schminke für eine hartnäckige Farbkraft entwickelt wurde und diese eventuell nicht vollständig aus dem Pad ausgewaschen wird – dieses ist zwar trotzdem sauber, sieht dann aber vielleicht nicht mehr ganz so schön aus. Wer direkt auf dunkle Farbtöne setzt, kann dem Problem vorbeugen.

NÄGEL

Für unsere Kinder scheint Nagellack zur wichtigsten kosmetischen Ausstattung überhaupt zu gehören. Nach meinem subjektiven Eindruck kommen sie mehrmals täglich mit neuer Nagelfarbe um die Ecke. Leider ist das weder für sie noch für die Umwelt gesund. In einem großen Teil der Nagellacke befindet sich der Weichmacher TPHP, Triphenylphosphat. Nach einer Studie aus dem Jahr 2015 gelangt der Stoff auch über die Nägel in unseren Körper und bringt dort unseren Stoffwechsel und Hormonhaushalt durcheinander. Übergewicht und verminderte Fruchtbarkeit können die Folge sein.[28] Abgeblätterter Nagellack sieht auch nicht mehr schön aus, und der Nagellackentferner, der dann zum Einsatz kommt, macht die Nägel brüchig. Nagellack aufzutragen ist zudem Arbeit, kostet Geld, und wem Müllvermeidung zu viel Arbeit oder zu teuer ist, der kann hier beides exzellent einsparen.

Auch ich habe während meiner Schulzeit die Nägel in den buntesten Farben getragen. Ich glaubte, ich würde so meiner Persönlichkeit Ausdruck verleihen und mich von der Masse abheben. Im Nachhinein bezweifle ich, dass es dieses Produkt ist, das unsere Hände hübsch, individuell, interessant oder spannend macht, und nicht vielleicht eher das, was wir mit unseren Händen können. Seit ich das Klettern für mich entdeckt habe, bevorzuge ich meine Nägel natürlich.

Ich kenne jedenfalls keinen Mann, der einer Frau nach dem Besuch im Nagelstudio je ein Kompliment gemacht hätte. Eher solche, die sich fragen, warum man dafür so viel Geld zum Fenster rausschmeißt. Aus all diesen Gründen kenne ich für Nagellack keine Alternative und bin auch nicht motiviert, eine zu finden.

ZERO WASTE IM ALTER

Nach der Pubertät kommt vor allem bei uns Frauen eine zweite Phase im Leben, in der wir erneut verstärkt das Bedürfnis zeigen, uns die Haare zu färben – nämlich dann, wenn sie ihre bisherige Farbe so langsam verlieren und grau werden. Dieser ganz natürliche Alterungsprozess steht dem Forever-young-Streben entgegen, das uns die Medien vorleben. In Würde zu altern und dabei die körperlichen Veränderungen, die damit einhergehen, zu akzeptieren, scheint immer schwieriger für uns zu werden, wenn wir im Fernsehen ständig mit Frauen konfrontiert werden, die mit 50 Jahren immer noch genauso aussehen wie mit 20. Mit Natürlichkeit hat das wenig zu tun, denn keine noch so gesunde Lebensweise kann den Alterungsprozess anhalten. Und dennoch stehen wir unter dem Druck, das Unmögliche möglich zu machen. Je nachdem, in welchen gesellschaftlichen Kreisen wir verkehren, ist dieser Druck stärker oder schwächer. In die High Society passen graue Haare einfach nicht hinein, denn wir vergleichen uns immer mit unserem direkten Umfeld – und längst zählen wir das Fernsehen ebenfalls dazu. Realität und Illusion verschwimmen, und wir bauen eine Beziehung zu den abgelichteten Personen auf, als würden wir ihnen im Freundeskreis begegnen. Es ist uns kaum zu verübeln, dass wir so sein wollen wie alle um uns herum, denn das ist ein zutiefst soziales Verhalten. Es erfordert schon eine Menge Selbstbewusstsein, von all dem Abstand zu nehmen, sich selbst unabhängig zu bewerten und Haut und Haaren ihren Lauf zu lassen.

Auch ich werde beizeiten an diesen Punkt kommen, und seit ich mir die Haare nicht mehr färbe, wird mir das Der-Natur-ausgeliefert-Sein, immer mehr bewusst. Gleichzeitig fällt mein Blick immer häufiger auf solche Frauenköpfe, die sich bewusst gegen eine Verdrängung ihres Alters entschieden haben. Und entgegen meiner Befürchtung muss ich feststellen, dass ich genau diese Köpfe als sehr schön empfinde. Sie sehen einfach viel stimmiger aus. Wenn ich im Gegensatz dazu eine faltige Frau mit strahlend blonden Haaren sehe, habe ich das Gefühl, dass etwas nicht stimmt. Auch starke Schminke im Alter wirkt auf mich eher abschreckend.

Die intensiven Bemühungen, die wir betreiben, um unser wahres Aussehen und Alter zu verstecken, können als eine Form von Verschwendung angesehen werden. Wir machen einen riesigen Aufwand, lassen uns vielleicht sogar operieren, wir cremen und wir pinseln, was das Zeug hält. Das Material, das Geld, die Zeit und die zweifelhaften Inhaltsstoffe könnten wir uns sparen, wenn wir wieder lernen, in unserem Leben zu akzeptieren, wer wir sind und wie alt wir sind. Wer sein Alter mit Würde trägt, wird auch immer Schönheit ausstrahlen. Wenn ich meine total verschrumpelte, ergraute Großmutter beobachte, sehe ich eine Frau, die ich bezaubernd schön finde.

Aufhalten können wir den Lauf der Zeit nicht, aber verlangsamen allemal. Wer wirklich in seinen Alterungsprozess eingreifen möchte, hat auf einer ganz anderen Ebene einige Möglichkeiten. Das kann aber niemals von außen, sondern immer nur von innen erfolgen. Damit meine ich nicht die innere Schönheit, die stark an den Charakter geknüpft ist, sondern unsere Lebensweise. Und auch hier heißt es wieder: Je gesünder wir unser Leben gestalten, desto jünger und gesünder wird auch unser Körper aussehen. Ein Leben nach dem Zero-Waste-Prinzip hat den wunderschönen Nebeneffekt, dass wir zwangsläufig viel gesünder leben. Weniger Fertiggerichte, weniger Süßigkeiten, weniger Fleisch und wahrscheinlich auch keine Zigaretten sind die automatische Folge eines solchen Lebensstils. Wir kochen stets mit frischen Zutaten und können so die Inhaltsstoffe unserer Nahrungsmittel selbst bestimmen. Statt Schokolade ist es bei uns eher das Obst, das zwischendurch geknabbert wird. Und auch körperliche Bewegung bauen wir wie selbstverständlich in unseren Alltag ein, wenn wir mit dem Fahrrad einkaufen gehen, Butter selber machen, Kaffee mahlen und Flocken quetschen. Nur die Packung aufreißen und losessen gibt es bei uns nicht mehr, was zwar zum Leidwesen der pubertierenden Jugendlichen in unserem Haushalt ist, unserer

Gesundheit aber nur zugutekommt. Wunder können wir nicht vollbringen, aber viel Sport, eine gesunde Ernährung und wenig emotionaler Stress sind eine sehr empfehlenswerte Altersvorsorge. Ewig leben werden wir damit auch nicht, aber auf der Haut zeichnet sich sehr genau ab, was alles durch unsere Adern geflossen ist, und unsere Beweglichkeit erhalten wir nur, wenn wir sie kontinuierlich fordern.

Was ist überhaupt Müll?

617 kg Müll pro Person und Jahr ist ein schwer vorstellbarer Wert. Wie kann es sein, dass ein bisschen Verpackung und ein paar Papierservietten diesen Durchschnittswert ergeben? Es muss doch noch mehr sein, was in diese Berechnung mit einfließt, und das ist in der Tat auch so. Denn alle Dinge, die wir produzieren, werden über kurz oder lang zu Abfall. Das kann ein Einwegprodukt sein wie die Papierserviette, die nach dem ersten Gebrauch entsorgt wird, Verpackungsmaterial oder eben das verpackte Gut selbst. Ob dieses noch funktionsfähig oder gar ungenutzt ist, ist dabei egal. Alles wird irgendwann zu Müll, nämlich genau dann, wenn sich der Besitzer dazu entscheidet, einen Gegenstand zu entsorgen. *Was* hier weggeschmissen wird, *wann* und *warum* macht allerdings einen großen Unterschied für die Sinnhaftigkeit seiner Existenz.

Was

Das Verhältnis zwischen Lebensdauer und Nutzen eines Gegenstandes entscheidet ganz wesentlich darüber, wie sinnvoll seine Existenz ist. Ein Möbelstück von hoher Qualität hat eine lange Lebensdauer und einen hohen praktischen Wert. Ein Möbelstück von geringer Qualität ist dementsprechend weniger sinnvoll, da es nach einer kürzeren Zeitspanne entsorgt und ersetzt werden muss.

Einwegprodukte wie Papierservietten haben zwar einen praktischen Nutzen, ihre Lebensdauer ist aber vergleichsweise gering. Außerdem ist ihr Ersatz durch dauerhafte Produkte sehr leicht, somit ist ihre Sinnhaftigkeit entsprechend gering.

Verpackungsmaterialien haben eine so geringe Lebensdauer, dass sie gar nicht als selbstständiger Gegenstand wahrgenommen werden. Ist der eigentliche Gegenstand, um den es geht, ausgepackt, wie das Brot aus dem Supermarkt, oder aufgebraucht, wie das Shampoo, ist die Nutzungsdauer verlebt und das Produkt Verpackung wird entsorgt. Der Nutzen von Verpackungen ist zweifelsohne gegeben, aber wenn wir sie als Einwegprodukt verstehen, können wir sie auch genauso durch eine dauerhafte Alternative ersetzen. So gehen auch wir nicht wirklich »unverpackt« einkaufen, wir bringen unsere Verpackung nur immer selbst mit und verwenden sie immer wieder.

Wann

Noch wenige Generationen vor uns wurde eine Schultasche so lange repariert und geflickt, bis sie wirklich nicht mehr zu verwenden war. Es wurde nicht gefragt, ob die Tasche denn immer noch gefällt oder was der Sitznachbar über die Tasche denkt. Es wurden keine Mühen gescheut, sie so lange zu erhalten wie möglich. Das lag nicht zuletzt auch daran, dass sich dieses Verfahren finanziell lohnte. Neu kaufen war teuer und reparieren vergleichsweise günstig. Ständig neue Taschen zu kaufen konnte man sich schlichtweg nicht leisten. Wurde die Schultasche nicht mehr gebraucht, wurde sie verschenkt oder für die Enkel aufbewahrt. Nichts wurde entsorgt, was noch funktionierte. Weder mit noch ohne Flicken. Das hat sich mittlerweile drastisch geändert, und wir entledigen uns von unseren Dingen nach kürzester Zeit, denn bald ist schon wieder etwas Neues, Besseres da.

Warum

Unsere Gesellschaft wird immer wieder als Wegwerfgesellschaft beschrieben. Kein Wunder, denn die Abstände, nach denen wir unsere Gegenstände austauschen, werden immer kürzer. Während früher der Zustand einer Hose über deren Entsorgung entschied, sind es heute ganz andere Gründe. Es gibt eine neue Kollektion, die Farbe ist überholt, der Geschmack hat sich geändert, sie sieht nicht mehr so gut aus, mein Klassenkamerad hat eine schönere oder die schlechte Qualität hat sie einfach so schnell dahingerafft. Es sind also keine funktionalen Gründe mehr, sondern eher optische. Das Überangebot in den Schaufenstern und der stetige Druck von Werbung und Umfeld wecken Bedürfnisse, von denen wir vorher nicht wussten, dass wir sie haben. Es suggeriert uns, wir wären glücklicher, wenn wir etwas bestimmtes Neues haben. Das Glück hält aber maximal bis zur nächsten Saison an, bis es wieder etwas Neues gibt, das wir haben müssen, damit wir wieder glücklich sein können. Ständig muss etwas Neues her. Der übliche Gruppenzwang – nicht nur bei Heranwachsenden – tut sein Übriges. Wo stetig etwas Neues gekauft wird, wird auch stetig etwas weggeschmissen. Unsere Wohnung platzt aus allen Nähten, weil wir alles doppelt und dreifach haben, da tut es schon richtig gut, wegzuschmeißen.

DER NUTZUNGSKREISLAUF

Dass wir Dinge aus unserem Bestand aussortieren, die voll funktionsfähig sind, werden wir uns in unmittelbarer Zukunft wohl kaum abgewöhnen, solange alles für uns so zahlreich und günstig zur Verfügung steht. Ohne unser Bedürfnis nach Neuem einschränken zu müssen, können wir aber Einfluss darauf nehmen, ob das Aussortierte gleich zu Müll wird oder eben nicht.

Das Prinzip ist einfach: Was für uns alt ist, kann für jemand anderen neu sein. Nur weil wir ein Kleid nicht mehr haben wollen, kann es trotzdem noch Menschen geben, die dieses Kleid schön finden und sich sehr darüber freuen würden. Wieso also nicht das Kleid jemandem zur Verfügung stellen, der es noch gebrauchen kann? Das ist nicht nur nett; betrachtet man unsere Ressourcen im Gesamtzusammenhang, ist es das einzig Sinnvolle. Denn all die Dinge, die wir nicht wegschmeißen und die stattdessen jemand anders nutzt, muss dieser nicht kaufen – wir halten es im Nutzungskreislauf. Es muss also ein Kleid weniger produziert werden und es müssen entsprechend weniger Ressourcen eingesetzt werden.

Bei einem so mehrfach genutzten Kleidungsstück sind wirkliche Auswirkungen natürlich nicht messbar. Aber warum spielen wir den Gedanken nicht weiter durch und stellen uns vor, wir würden alle anfangen, unsere Möbel zu verschenken, statt sie auf den Sperrmüll zu stellen? IKEA könnte einen ganzen Wald stehen lassen.

Ob du deine Sachen verkaufst oder sie verschenkst, spielt dabei keine Rolle, solange du einen neuen Nutzer findest. Die Möglichkeiten, die dir dafür zur Verfügung stehen, sind beinahe grenzenlos.

Verschenken und vererben

Die erste Adresse, wenn du etwas loswerden möchtest, ist sicherlich der direkte Freundes- und Familienkreis. Ältere Geschwister geben ihre Kleidung an die jüngeren weiter, diese an die Cousinen und diese wiederum an die Kinder der befreundeten Eltern. Bei Kinderzubehör funktioniert dieser Kreislauf immer noch sehr gut. Warum also nicht auch bei allem anderen? So weißt du genau, wer deine Sachen bekommt, und kannst die Freude darüber direkt spüren.

Verkaufsplattformen im Internet

Bei Plattformen wie eBay und eBay Kleinanzeigen wirst du wirklich alles los. Es kommt nur auf den Preis und deinen Einsatz an. Wer mit eBay arbeitet, kommt um das Packen und Verschicken von Päckchen nur selten herum. Und wer einen guten Preis erzielen will, muss schon etwas Arbeit in gute Fotos und eine ansprechende Präsentation investieren. Dafür winkt als Entschädigung die entsprechende Bezahlung. Die Kleinanzeigen von eBay haben den Vorteil, dass vor allem lokale Interessenten angesprochen werden, die sich die Sachen oft selbst abholen. Dadurch werden Versandkosten und Verpackungsmaterial eingespart und du kannst auch große Gegenstände abgeben.

Secondhandläden

Secondhandläden haben sich meist auf Kleidung spezialisiert. Welche Kleidung hier abgegeben werden kann, ist sehr unterschiedlich. Am besten fragt man vorher nach. Oft nehmen sie allerdings nur gute Markenkleidung an und verschmähen den Rest.

Kleiderkreisel & Co.

Eine Alternative, die sich ebenfalls auf Kleidung spezialisiert hat, sind entsprechende Internetplattformen wie *Kleiderkreisel* und *Mädchenflohmarkt*. Hier kannst du Kleidung direkt selbst verkaufen, musst dir aber auch die Mühe einer ansprechenden Präsentation machen. Leider führt unser inflationärer Kleiderkonsum zu nicht gerade lukrativen Preisen auf dem Wiederverkaufsmarkt. Außerdem ist ein wenig Geduld gefragt.

Flohmarkt und Hofflohmarkt

Den klassischen alten Flohmarkt gibt es immer noch, und er erfreut sich weiterhin größter Beliebtheit. Nur hier werdet ihr an einem Tag eine Menge alten Krempel los, für den ihr euch wahrscheinlich nicht einmal die Mühe gemacht hättet, ein Foto ins Internet einzustellen. Zudem ist ein Flohmarkt immer ein besonderes Ereignis und auch für Kinder spannend, und der Erlös übersteigt meist bei Weitem die Standgebühren. Der Nachteil ist, dass man seinen ganzen

Krempel zu Hause einpacken und auf dem Flohmarkt wieder auspacken muss. Man braucht ein Fahrzeug und kann nicht unbedingt davon ausgehen, dass alles verkauft wird. Ganz im Gegenteil, wahrscheinlich nimmt man einen Teil wieder mit nach Hause. Das kann anstrengend sein.

Eine gute Weiterentwicklung des klassischen Flohmarkts sind die Hofflohmärkte[29]. Eine in München mittlerweile schon ältere Tradition schwappt immer weiter in die restlichen Teile Deutschlands über. Beim Hofflohmarkt muss niemand seinen Trödel durch die halbe Stadt fahren, sondern lediglich ein paar Treppen runtertragen, denn der Flohmarktstand wird im Innenhof des Mehrfamilienhauses aufgebaut. Das geschieht aber nicht auf gut Glück und eigene Faust. Hofflohmärkte sind ein organisiertes Spektakel in einem ganzen Stadtteil. Die teilnehmenden Höfe melden sich an und werden auf einer Karte vermerkt. Außerdem können sie ihren Eingang mit Schildern oder Schmuck markieren, die den Passanten ins Auge fallen und deren Aufmerksamkeit auf die Höfe richten. Diese Flohmarktart ist für den Verkäufer deutlich günstiger und weniger anstrengend; wahrscheinlich haben wir hier das Zukunftsmodell des privaten Trödelmarkts. Für die Besucher ist es zudem eine tolle Gelegenheit, einen Einblick zu bekommen, was sich hinter den Häuserfassaden alles Spannendes verbirgt, selbst wenn man gar nichts kaufen möchte.

Auf die Straße stellen

Dann gibt es noch die Kategorie Dinge, die zwar noch irgendwie nützlich sind oder bestimmt noch irgendwem gefallen, deren Wert aber so geringfügig ist, dass jegliche Mühe, sie zu verkaufen, als ein zu großer Aufwand erscheint: Modeschmuck, Aufkleber, Würfel, Wollreste …, Krimskrams eben, vielleicht auch Einwegprodukte, die ihr nicht mehr nutzen möchtet. Solche Kleinteile möchte man noch nicht mal jemandem schenken, und trotzdem ist es ein Leichtes, Abnehmer dafür zu finden. Man nehme einen Karton, lege alle Teile hinein, hänge einen Zettel mit der Aufschrift »Zu verschenken« dran und platziere das Ganze in einer Straße mit viel Fußgängerverkehr. Es gibt Stadtteile, in denen das besser funktioniert als in anderen. Versnobte Stadtteile mit großen Vorgärten sind weniger geeignet. Je geringer das Durchschnittseinkommen und je größer die multikulturelle Prägung, desto höher die Wahrscheinlichkeit, dass die Vorbeispazierenden tatsächlich noch etwas damit anfangen können. Besonders schön ist es, wenn man vom Fenster aus zusehen kann, wie sich Menschen daran bedienen.

Emmaus und Oxfam

Wer kein Geld, aber gerne einen guten Zweck unterstützen möchte, kann sein ungenutztes Tafelgeschirr auch Vereinen wie Oxfam[30] oder Emmaus[31] überlassen. Meist ehrenamtlich geführte Läden verkaufen die Sachen weiter und spenden die Erlöse für wohltätige Zwecke. Welche Dinge hier genau angenommen werden, erfahrt ihr meist auf der Homepage oder am Telefon.

Nett-Werk

Wer einfach nur sein Kinderbett loswerden will, und dies möglichst schnell und unkompliziert, dem kann ich zwei Kanäle empfehlen: eBay Kleinanzeigen in der Kategorie *Verschenken* oder soziale Netzwerke wie Facebook. Bei Letzterem gibt es in jeder Stadt offene Gruppen, die zum Beispiel »Stadt XY verschenkt« heißen. Hier muss man zwar noch eine Beschreibung seines Kinderbettes einstellen, aber ein Foto ist oft nicht mehr nötig. Nach kürzester Zeit meldet sich die Mailbox und Interessenten stehen Schlange.

Bedürftige

Jede Stadt hat ihre Bedürftigen und entsprechende Einrichtungen und Organisationen, die sich um solche Menschen kümmern. Das sind oft Kirchen, die Caritas oder bestimmte Vereine. Herauszufinden, welche es wo gibt und was sie annehmen, ist nicht immer ganz einfach. Solche Einrichtungen haben nicht immer einen Internetauftritt, und oft weiß man nur über Mundpropaganda von ihnen.

Es gibt also viele Möglichkeiten. Wenn du das nächste Mal etwas loswerden möchtest, investiere ein bisschen Zeit, um es vor dem sicheren Endlager zu retten. Denn das ist mindestens genauso wichtig wie ethisch korrektes Einkaufen.

REDUKTION

Das oben beschriebene Dilemma lässt sich nur in eine Richtung wirklich auflösen. Der Handlungsgrundsatz »Reduce, Reuse, Recycle« formuliert klar, worum es eigentlich geht. Die Reduktion ist im Grunde die einzige Möglichkeit, weniger über unsere Verhältnisse und im Einklang mit den

Fähigkeiten der Natur zur Regeneration zu leben. Wir müssen einen Weg finden, unser Leben wieder enger an ihren Kreislauf anzubinden. Eine Reduktion ist in allen Lebensbereichen angebracht. Denn solange wir so viel konsumieren, werden wir auch immer so viel Müll produzieren. Die Weitergabe unseres Krempels an weniger wohlhabende Menschen ist nicht ausreichend. Wir müssen uns also dringend fragen: Was brauche ich eigentlich wirklich? Was macht mich wirklich glücklich? Muss es schon wieder etwas Neues sein oder ist das Alte noch gut genug? Das ist das, worum es wirklich geht, ganz nach dem Motto: »Willst du glücklich sein, sei es!«

Alt vor Neu
Unabhängig davon, ob es um Kleidung, Autos, Küchengeräte oder Spielzeug geht, der Gebrauchtkauf ist immer die beste Alternative. Secondhand ist eine Form der Reduzierung, da dabei nichts extra hergestellt werden muss. Dafür wird die Lebenszeit eines Gegenstandes verlängert und somit der Ressourcenaufwand für seine Herstellung ein Stück weit mehr gerechtfertigt. Es ist gut, bei einem Neukauf auf ökologische und faire Herstellungsbedingungen zu achten. Wer seinen Ressourcenverbrauch jedoch senken möchte, sollte sich bei jeder neuen Anschaffung zunächst fragen, ob das Entsprechende auch gebraucht erhältlich ist. Faire und ökologische Produktion ist immer erst der zweite Schritt.

Mit Secondhandläden, Gebrauchtwarenläden, Sozialkaufhäusern, EBay und Co. gibt es genügend Möglichkeiten, an gebrauchte Waren heranzukommen. Die bereits beschriebenen Varianten, nicht mehr genutzte Gegenstände wieder in die Umlaufbahn ihres Gebrauchs zu geben, können natürlich auch dazu dienen, solche Gegenstände zu finden. Die Internetseite *wieneu.net* gibt einen Überblick über die meisten deutschen Städte mit all ihren Möglichkeiten, Gebrauchtwaren einzukaufen.

Wenn es um gebrauchte Kleidung geht, ist die Sache allerdings nicht immer ganz so einfach, wie sie klingt. Die Secondhandläden machen zwar zurzeit einen Imagewandel durch, aber viele der Läden sind immer noch sehr speziell. Wirklich angesagte Klamotten zu finden ist nicht immer leicht. Am besten verabschiedet man sich von der laufenden Modewelle und findet gleich seinen eigenen Stil, das macht vieles leichter. Es sollte aber auf keinen Fall von einem Laden auf den nächsten geschlossen werden. Nur weil euer erster Secondhandladen außer biederen Hemdchen nichts im Sortiment hat, muss das im nächsten Laden nicht auch der Fall sein. Es sind eben alles Unikate. Eine peinliche Situation wie die, dass du das gleiche Kleidungsstück trägst wie deine Kollegin, Kommilitonin oder Klassenkameradin, ist praktisch ausgeschlossen. Das können dir H&M oder Zara nicht bieten. Für Männer ist das Thema Gebrauchtkleidung mit einer besonderen Hürde belegt. Da sie sich in der Vergangenheit nur sehr selten in Secondhandläden trauten, ist das Angebot entsprechend klein. Die meisten Geschäfte sind auf Frauen oder Kinder ausgelegt, und so müssen sich Männer oft etwas länger auf die Suche begeben. Wenn die Nachfrage steigt, wird aber auch das Angebot steigen – das heißt: dranbleiben.

Was einen angesagten Kleidungsstil angeht, sind sicherlich die privaten Onlineplattformen wie eBay, Kleiderkreisel oder Mädchenflohmarkt oft zielführender. Der Haken hier ist freilich, dass die Kleidung nicht anprobiert werden kann und auf gut Glück gekauft werden muss. Manche Menschen kommen wunderbar damit zurecht, andere tun sich hier eher schwer. Auch ich gehöre zu den Leuten, denen einfach nichts so recht passen will, weshalb ich mich lieber durch die Einzelstücke der Offlineangebote wühle. Wirklich häufig kommt das aber nicht vor, wenn ich nicht gerade heirate. Immer häufiger fällt mir gebrauchte Kleidung auf wundersame Weise zu. Sei es von Gregors Tochter, die etwas nicht mehr haben will oder der es nicht mehr passt, aus Wühlkisten vergessener Gegenstände oder von Kleidertauschbörsen, bei denen ich plötzlich doch diejenige bin, der am meisten Kleidungsstücke passen. Es gibt aber auch Dinge, die wir gebraucht nicht bekommen werden. So hat es bei Socken und Unterwäsche schon seine Berechtigung, sie neu zu kaufen.

Eine Zero-Waste-Freundin verriet mir ihre nach ihren Aussagen sehr erfolgreiche Strategie: Wenn sie etwas Neues benötigt, dann erzählt sie erst einmal ihren Freunden und Verwandten davon. Nicht nur bekommt sie dabei wertvolle Tipps, wo etwas zu finden ist. Häufig hat einer der Adressaten genau so ein Teil übrig und braucht es nicht mehr. So werden zwei Fliegen mit einer Klappe geschlagen: Der eine wird etwas los, was er nicht mehr braucht, und der andere bekommt das, was er gesucht hat.

Tauschen

Da das Kaufen und Verkaufen mit Aufwand und oft auch mit einem hohen Wertverlust verbunden ist, etabliert sich immer mehr eine andere interessante Möglichkeit, seinen Kleiderschrank auf Vordermann zu bringen – die Kleidertauschparty. Unter diesem Begriff gibt es sowohl kommerziell organisierte riesige Partysäle als auch kleine private Wohnzimmertreffen. Das Konzept ist einfach.

Jeder bringt Kleidungsstücke mit und tauscht sie gegen andere Kleidungsstücke ein. Auf einer kommerziellen Kleidertauschparty war ich bisher nicht. Sie richtet sich auch eher an kampfkräftige Frauen, denn sobald die Tore geöffnet werden, heißt es nur noch: Wer zuerst kommt, mahlt zu erst. Da muss man schon Ehrgeiz an den Tag legen. Außerdem sind sie natürlich kostenpflichtig, denn sie benötigen eine gute Organisation.

Ganz anders läuft die private Party zu Hause, im Vereinshaus, im Büro, im Café, auf dem Straßenfest oder im Seminarraum ab. Hier herrschen gesittetere Zustände, man gibt auch schon mal jemand anderem den Vortritt, und am Ende bleibt immer etwas übrig. Alles in allem ist es eine witzige Idee, um den Kleiderschrank ein wenig aufzupeppen.

Allgemeingut

Auch der öffentliche Bücherschrank ist eine solche Tauschbörse. Hier können nicht mehr benötigte Bücher abgegeben und neue Exemplare kostenfrei mitgenommen werden. Anstatt dass also jeder Einzelne von uns regaleweise Bücher zu Hause verstauben lässt, ermöglicht diese Austauchstation, dass die Bücher in Gebrauch bleiben. Gerade für dieses Gut macht eine solche Tauschbörse Sinn, da die meisten Bücher nach dem einmaligen Lesen nicht mehr angerührt werden und sich nur aus sentimentalen Beweggründen im Wohnzimmer ansammeln. Solche Bücherschränke gibt es mittlerweile an jeder Ecke. Wenn du also deinen Haushalt erleichtern möchtest, dann weißt du nun wohin damit. Mir kam zu diesem Konzept noch eine ganz andere sentimentale Idee. Wie wäre es, wenn wir alle unsere Namen in die Bücher schreiben, die wir abgeben. So entsteht in jedem Buch eine individuelle Leserhistorie. Und vielleicht fällt uns irgendwann genau das eine Buch wieder in die Hände.

Leihen statt Haben

Eine weitere Eigenart unserer Wohlstandsgesellschaft ist, dass wir uns alles kaufen können und dies auch tun. So hat ein Achtparteienhaus in der Regel auch acht Bohrmaschinen – ein Gerät, das man, wenn es hochkommt, einmal im Jahr benutzt. Wären wir alle weniger flüssig, würden wir uns wahrscheinlich eine Maschine pro Haus teilen. Aber wieso müssen wir arm sein, um teilen zu können? Denn das Konzept macht Sinn, so oder so. Wenn die Bohrmaschine statt achtmal nur einmal produziert wird, sind sieben Maschinen eingespart und sieben Abstellräume weniger zugestellt.

Das klingt gut, ist aber für uns alles andere als leicht. Wir haben zwar in der Regel überhaupt gar kein Problem damit, unseren Kram zu verleihen. Sehr wohl ein Problem haben wir aber damit, vor einer fremden Haustür zu stehen und nach fremden Sachen zu fragen. Wir fühlen uns dabei nicht ganz wohl. Gerade wenn wir häufiger vor dieser Tür stehen, beschleicht uns irgendwie das dumpfe Gefühl, wir wären Schnorrer. Um dieses tiefsitzende Gefühl loszuwerden, bedarf es wohl einer langwierigen, gesamtgesellschaftlichen Änderung. Fangen wir doch damit an, wenn wir vor einer fremden Tür stehen, uns in unser Gegenüber hineinzuversetzen, also nach dem Gefühl zu fragen, das wir hätten, wenn es andersherum wäre. Und wir würden uns wahrscheinlich darüber freuen, unseren Nachbarn mal wieder zu sehen.

Die gesellschaftliche Änderung ist bereits in vollem Gange. Das Carsharing ist das beste Beispiel. Gerade in der Stadt ist es für die meisten Menschen nicht notwendig, ein Auto zu besitzen. Die Sharing-Angebote sind mittlerweile so zahlreich, dass selbst Familien mit Kindern darauf umsteigen können. Neben den kommerziellen Anbietern gibt es auch private Plattformen, auf denen der eigene Pkw an Nachbarn verliehen wird. Eigentlich sollte jeder Autobesitzer dort angemeldet sein, denn nur so wird sich in naher Zukunft etwas an den immer flächendeckender werdenden Blechlawinen auf unseren Straßen ändern. Wenn es gang und gäbe wird, sich das Auto des Nachbarn zu leihen, hat auch keiner mehr ein Problem damit. Aber auch für Werkzeug und andere nicht ganz alltägliche Gegenstände gibt es Leihplattformen. Eine Initiative aus der Schweiz hat es sich auf die Fahne geschrieben, vor allem das Offline-Teilen in der direkten Nachbarschaft zu stärken. So verschenken sie unter dem Namen *Pumpipumpe* Sticker mit abgebildeten Gegenständen. Jeder kann die Sticker mit den Gegenständen, die er zu verleihen hat, auf seinen Briefkasten kleben und damit signalisieren, dass er gerne verleiht. So muss der Leihende sich auch nicht schlecht fühlen, wenn er dann tatsächlich mal vor der Tür steht und etwas haben möchte.

Qualität statt Quantität

Denk doch mal darüber nach, wie die Dinge hielten, die du früher hattest, oder welche Dinge du noch von der Großmutter geerbt hast, die sie auch schon Jahrzehnte mit sich getragen hatte. Auf Antik- und Trödelmärkten werden die gleichen historischen Gegenstände immer und immer wieder von Besitzer zu Besitzer gegeben. Aber in 30 Jahren wird wohl niemand Dinge nutzen können, die wir heute kaufen, denn ihre Lebensdauer wird immer geringer. Eine Schultasche, die früher Jahrzehnte hielt, macht heute nicht mehr länger als eine Grundschulzeit mit. Es ist ein wechselseitiges Spiel, von dem keiner mehr weiß, wer Henne und wer Ei ist. Die Verbraucher sagen: »Wir müssen ja neu kaufen, wenn das Alte kaputt ist. Der Hersteller ist schuld, weil die Qualität immer mehr abnimmt.« Und die Hersteller sagen: »Wir passen uns nur dem Wunsch des Kunden an, ständig etwas Neues zu haben. Wozu sollten wir Produkte haltbarer machen, wenn sie doch niemand für die Ewigkeit haben will? Außerdem können wir am Markt nur mithalten, wenn unsere Produkte billig sind. Das geht nur auf Kosten der Qualität.« Beide Seiten haben recht und unrecht zugleich.

Eigentlich können wir uns nicht beschweren, da wir dazu neigen, immer das Billigste und selten das Beste zu kaufen. Obwohl wir es uns leisten könnten. In Anbetracht der Lebensdauer käme es uns noch nicht mal teurer, da eine notwendige Neuanschaffung in ferne Zukunft rückt. Oft kaufen wir sogar das Teuerste, aber deshalb noch lange nicht das Beste. Gerade bei Kleidung ist die Qualität überhaupt nicht an den Preis gekoppelt, und so kaufen wir teure Markenkleidung, die nach kurzer Zeit verlebt ist. Wurde die Jeans einst als lang haltende Arbeitshose erfunden, hält sie heute nicht mal mehr aus, wenn die Kinder eine Saison lang Pferd und Reiter spielen.

Zudem wollen wir oft gar nicht, dass die Dinge wirklich lange halten. Wo bleiben die Veränderung und der Tapetenwechsel? Wir möchten gerne regelmäßig Neues haben und schmeißen sogar Dinge weg, die noch nicht mal kaputt sind. So kommt uns IKEA sehr entgegen mit billigen Furniermöbeln, die spätestens nach dem ersten Umzug heruntergekommen aussehen, weil überall die Beschichtung abplatzt. Es ist also zu kurz gedacht, der Industrie die alleinige Schuld zuzuschieben, denn wir sind ihre besten Kunden. Auch darauf zu warten, dass sich das Angebot von alleine ändert, und bis dahin weiterzumachen wie bisher, ist nicht zielführend. Wenn wir aus dieser qualitativen Abwärtsspirale ausbrechen möchten, müssen wir selbst aktiv werden und an dem Punkt ansetzen, den wir beeinflussen können – uns selbst. Dazu können wir uns wieder mehr auf Qualität besinnen. Qualitativ hochwertige Produkte gibt es auch heute noch, und es wird sie immer geben, wenn auch leider nicht in jedem Bereich.

Qualität hat seinen Preis, und so gibt es gigantische Preisspannen zwischen ein und demselben Produkt. Der Preis sollte es euch aber wert sein, denn im besten Fall kauft ihr die Dinge für ein ganzes Leben. Wenn wir mit diesem Gedanken einkaufen gehen, dann relativiert sich jeder Preis. Wenn wir für das neue Telefon, das wir nach wenigen Jahren wieder ablegen, 500 Euro ausgeben, wieso darf unser Mixer, der möglichst lange halten soll, nicht mal einen Bruchteil davon kosten?

Meistens haben wir die Wahl, aber eben nicht immer. Die Argumentation der Industrie ist zwar schlüssig, aber nur bis zu dem Punkt, an dem die geplante Obsoleszens ins Spiel kommt. Der Begriff ist inzwischen nicht mehr unbekannt, denn unsere Industrie greift immer hemmungsloser darauf zurück. Obsoleszens ist die Lebensdauer eines Gegenstandes. Geplante Obsoleszens bedeutet demnach das gezielte künstliche Verringern der natürlichen Lebensdauer. Es geht nicht etwa um das Verwenden von günstigeren Materialien, um Produkte auf dem Markt günstiger verkaufen zu können, denn hier hat der Verbraucher die Wahl, ob er sich für Plastik oder für Metall entscheidet. Gezielte Schwachstellen, quasi Sollbruchstellen, werden in unsere Produkte mit eingeplant, um die Haltbarkeit zu verkürzen, die sonst mit dem gleichen Kostenaufwand länger gewesen wäre. Das Ziel dabei ist der beschleunigte Neukauf und damit die Erhöhung des Umsatzes. Klingt irgendwie kriminell, oder? Und dennoch ist eine Vielzahl unserer Produkte davon betroffen.

Besonders beliebt sind solche Tricks bei Druckern und anderen elektronischen Geräten. Bei Druckern geht das so weit, dass ein interner Zähler nach einer vorgegebenen Anzahl an Ausdrucken einen vorinstallierten Mechanismus auslöst, der das Gerät für defekt erklärt – unabhängig davon, ob es das ist oder nicht. Das ist kein Einzelfall, sondern die Regel. Laptops haben wichtige Kabel in der Nähe der Wärmequelle verbaut, sodass deren Durchschmelzen nur eine Frage der Zeit ist. Die Liste solcher Tricks ist lang. Eine Initiative macht unter dem Namen *Murks – Nein danke* seit einigen Jahren auf diesen Missstand aufmerksam. Ihre ersten Berechnungen gehen von einem jährlichen volkswirtschaftlichen Schaden in Deutschland von 100 Milliarden Euro[32] aus.

Viel interessanter ist es, wie wir aus diesem Dilemma wieder herauskommen, denn für viele Produkte gibt es tatsächlich keine Alternativen. Auch dies ist der Preisschlacht geschuldet. Zu dem Preis, zu dem wir uns einen Drucker kaufen, kann keine Firma dieser Erde langlebige Produkte produzieren. Die niedrigpreisigen Drucker rentieren sich für die Hersteller nur, wenn ständig neu gekauft wird. Und wo ständig neu gekauft wird, wird auch ständig weggeschmissen. Bei Zero Waste geht es nicht darum, auf alles zu verzichten, was einem lieb und teuer ist. Es geht vor allem darum, Verschwendung dort zu reduzieren, wo sie vermeidbar ist. Und zu was für einer gigantischen und vermeidbaren Material-schlacht führt die geplante Obsoleszenz!

Die einzige Chance, die wir haben, wenn wir uns mehr Qualität und Langle-bigkeit in unseren Produkten wünschen, ist es, nur noch solche Produkte zu kaufen und einen entsprechenden Preis dafür zu bezahlen. Wir müssen lediglich etwas seltener kaufen, dann können wir uns alles auch in besserer Qualität leis-ten. Nur so können wir der Industrie langsam, aber sicher zeigen, dass wir diese Entwicklung nicht wollen. Wer langlebiger einkaufen möchte, kann sich an den folgenden Tipps entlanghangeln:

- Ein hoher Preis und ein schickes Markenlogo ist leider kein Garant für gute Qualität. Gerade die hochpreisigen Marken sind für ihre immensen Gewinnspannen bekannt. Könnten sie sich anders die gigantischen Wer-bekampagnen leisten? Die teuersten Klamotten und Handys sind nicht gerade dafür berühmt, dass sie lange halten. Bei Ökolabels und kleinen, handwerklichen Manufakturen ist das anders. Ihre Firmenpolitik ist meist so ganzheitlich aufgestellt, dass ihnen auch die Langlebigkeit der Produkte wichtig ist. Hier ist der Preis tatsächlich gerechtfertigt, ganz im Gegensatz zu den beliebtesten Markenprodukten.
- Auf dem Gebrauchtwarenmarkt wird man Laptops vor allem von einer Marke finden. Warum? Weil sie sehr robust ist und lange hält, im Gegen-satz zu den meisten anderen Modellen. So kann der Gebrauchthändler mit gutem Gewissen ein zweites Mal eine Garantie vergeben. Wer seinen nächsten Laptop gebraucht erstehen möchte, schaut mal auf *greenpanda. de* vorbei.
- Bei elektronischen Geräten sollte beim Kauf darauf geachtet werden, dass ihre Teile nicht verklebt sind, sondern sich öffnen und somit reparieren lassen. Gerade eine sehr hochpreisige Apfelmarke ist für eine totale Repa-ratur*un*fähigkeit ihrer Handys und Laptops bekannt. Bei Handys gibt es mittlerweile Modelle zweier Marken, die auf eine faire, nachhaltige Pro-duktion setzen und ein Höchstmaß an Reparaturmöglichkeiten bieten.
- Informiere dich vor dem Kauf bei *murks-nein-danke.de*, ob deine Pro-duktwahl bereits auf der roten Liste steht und du dich lieber nach einer Alternative umschauen solltest.

- Auf der gleichen Seite gibt es auch Reparaturanleitungen, wie der Schwindel doch umgangen werden kann und wie man seinen ausgezählten Drucker wieder zum Laufen bekommt.
- Kunststoff ist zwar ein genialer Werkstoff, oft wird er aber nur eingesetzt, um ein Produkt billiger zu machen. Obwohl er in unserer Umwelt so hartnäckig ist, ist er für langlebige Dinge nicht geeignet. Je weniger Kunststoff verbaut wurde, desto länger ist also die zu erwartende Haltbarkeit. Vor allem bei Verschleißteilen wie Gewinden und Antrieben sollte darauf geachtet werden. Außerdem verliert Kunststoff sehr schnell seine Ästhetik, wird stumpf und verkratzt. Das erhöht zudem die Wahrscheinlichkeit, dass du das Teil allein aus ästhetischen Gründen bald nicht mehr haben willst.

Reparieren statt wegwerfen

Nicht nur das Austauschen eines noch funktionierenden Produkts aus dem Wunsch, mal wieder etwas Neues zu haben, ist unnötig. Auch muss etwas nicht zwangsläufig gleich weggeschmissen werden, wenn es nicht mehr funktioniert. Selbst wenn du nicht handwerklich geschickt bist, kannst du eine Reparatur in Erwägung ziehen. Änderungsschneidereien warten an jeder Ecke darauf, Reisverschlüsse neu einzunähen, Hosen auf den gestiegenen Körperumfang zu vergrößern oder gebrauchte Hochzeitskleider anzupassen. Reparaturservices für Computer, Möbelrestaurateure, neue Handydisplays – wenn wir uns umschauen, finden wir eine ganze Menge Fachleute, die uns gerne weiterhelfen. Leider ist das Reparieren nur noch selten auch die günstigere Variante. Aber gerade wenn wir die Abwärtsspirale unserer Produktlebensdauer durchbrechen und weniger Müll hinterlassen wollen, kann es nicht nur um den günstigsten Preis gehen.

Eine gute Alternative für einen teuren Reparaturservice ist es, selbst Hand anzulegen. Anleitungen zu allen möglichen Produkten gibt es mittlerweile im Netz. Dass das vielen Menschen zu heikel ist, hat eine niederländische Initiative schon vor einigen Jahren erkannt und das *Repair Café* gegründet. Dies ist eine Anlaufstelle für alle, die unter ehrenamtlicher Mithilfe ihre Geräte reparieren möchten. Mittlerweile gibt es solche Repair Cafés überall auf der Welt von unterschiedlichen Betreibern. Wenn es um handwerkliche Arbeit geht, jedoch passende Werkzeuge und Maschinen fehlen, ist der Besuch von Fab-Labs eine gute Anlaufstelle. Das sind Werkstätten, die mit allen denkbaren Werkzeugen bis hin zum 3D-Drucker ausgestattet sind. Normalerweise ist hier eine Mitgliedschaft erforderlich, aber es gibt auch immer wieder Besuchertage, an denen jeder für ein paar Euro die Geräte nutzen kann. Neben festen Einrichtungen gibt es auch temporäre Reparaturhilfen, zum Beispiel für Fahrräder. Schau dich einfach mal um in deiner Stadt, was es bei dir Interessantes gibt.

KLEIDUNG

Ich habe nichts anzuziehen

Früher ging es mir wie den meisten Frauen, die im Kleiderschrank wühlen und sich dabei immer wieder fragen: »Dieses Oberteil? Nein! Das Oberteil? Auf keinen Fall! Ich habe NICHTS zum Anziehen!!!« Ich bin extra früh aufgestanden, um den täglichen Kampf im Kleiderschrank zu gewinnen, bevor der Bus kam, und dachte, der einzige Ausweg aus diesem Dilemma sei mehr Kleidung, mehr Kleidung, mehr Kleidung!

Ein westlicher Kleiderschrank ist wahrscheinlich das beste Beispiel für unser aus den Fugen geratenes Verhältnis zum Konsum, denn shoppen gehen ist mittlerweile zum Selbstzweck verkommen. Nicht mehr der Bedarf neuer Kleidung steht im Vordergrund, *Shopping* ist eine beliebte Freizeitaktivität, um sich mit Freundinnen seine Samstage zu vertreiben. Die Preise der Kleidungsstücke sind auf ein Niveau gefallen, die es nicht erlauben, Näherinnen angemessene Arbeitsbedingungen zu bieten und die Produktion umweltverträglich zu gestalten. Dafür können wir uns mehrmals im Jahr eine neue Garderobe leisten und regelmäßig unserem Hobby frönen. Und der Trend gibt uns das auch vor. Die Models im Fernsehen, in der Werbung und im Kinofilm sind immer trendgerecht nach der neusten Mode gekleidet und suggerieren uns, dass genau dieses Up-to-date-Sein zum Leben dazugehört. Wer kann es einem 14-jährigen Mädchen schon übel nehmen, dass es immer im Trend liegen möchte, denn der gesellschaftliche Druck ist gnadenlos. Wir sollten aber nicht glauben, dass nur Kinder und Jugendliche davon betroffen sind. Ganz im Gegenteil trifft das auch auf einen Großteil der ausgewachsenen Bevölkerung zu – Erwachsenen geht es genauso. In regelmäßigen Abständen muss etwas Neues her. Egal ob ähnliche Stücke zu Hause schon ganze Kleiderschränke füllen. Regale voller Schuhe, Kisten voller Handtaschen, haufenweise Schals, und im Schrank stapeln sich so viele Stücke, dass man gar nicht mehr weiß, was eigentlich in der zweiten Reihe so rumliegt.

Tatsächlich löst der Konsum neuer Kleidung und Accessoires ein ähnlich intensives Gefühl der Befriedigung aus wie andere Suchtmittel. So gibt es Menschen, die gezielt shoppen gehen, wenn es ihnen schlecht geht, wenn eine harte Woche hinter ihnen liegt und *sie es sich verdient haben*. Das neue Stück löst ein Glücksgefühl aus. Die Tage danach fühlen wir uns wie neu geboren und finden uns besonders attraktiv. Doch wie es bei Drogen so der Fall ist, lässt die Wirkung immer schneller nach, und es muss immer schneller und immer mehr nachgeliefert werden. Deshalb kann man das Glücksgefühl eines Shoppingrausches nicht als wirklich empfundenes Glück beschreiben. Es ist lediglich eine Ablenkung, weil wir an anderer Stelle nicht zufrieden oder glücklich sind und uns unattraktiv, ungeliebt, ungesehen fühlen – ganz wie bei der Droge.

Als ich mich entschied, all mein Hab und Gut zu reduzieren, tat ich das auch mit dem Kleiderschrank. Obwohl ich nie so drastisch vorging wie manch andere meiner Sorte, so stöbere ich doch regelmäßig durch meine Regale und trenne mich von Teilen, die ich nicht so gerne mag und deshalb eigentlich auch nicht anziehe. Und seitdem stelle ich immer wieder fest: Wenn ich nichts zum Anziehen finde, liegt es nicht daran, dass ich zu wenig Kleidung habe, sondern daran, dass ich zu viel davon besitze. Die neu geschaffene Übersicht in meinem Kleiderschrank erlaubt es mir, dessen Inhalt schnell zu überblicken und zueinander passende Teile zu finden. Ich verbringe viel weniger Zeit mit der Auswahl meiner Garderobe, was auf Dauer ganz angenehm ist.

Wiederholung erlaubt

Ein weiterer Glaubenssatz, der sich umso stärker durchsetzt, je besser es einem wirtschaftlich geht, ist der Glaube, dass man jedes Outfit nur einmal tragen könne und jeden Tag ein neues finden müsse. *Was sollen denn die Leute sagen?!* Gregor erzählt immer wieder von den ersten Wochen seiner Banklehre. Sein Vorgesetzter erklärte ihm, dass er nicht jeden Tag den gleichen Anzug tragen könne, er müsse jeden Tag die Kleidung wechseln. Es dauerte nicht lange, bis Gregor die Bank verließ, zu absurd erschien ihm diese Forderung.

Stars und Sternchen gehen so weit, sich Kleider zu kaufen, die sie nur einmal tragen. Auf dem roten Teppich zweimal das Gleiche anhaben? Da ist die Karriere schnell ruiniert! Anstatt sich immer wildere Kostüme einfallen zu lassen, sollte die Dame von Welt, wenn sie wirklich auffallen möchte, einfach immer das eine Kleid tragen, das sie am schönsten findet. Das wäre ein wirkliches Zeichen von

Selbstbewusstsein. Die Titelseite jedes Klatschmagazins wäre ihr sicher. Stattdessen werden reihenweise Kleider gekauft, die nach einmaligem Gebrauch ausgedient haben. Das Kleidungsstück wird zum Wegwerfartikel. Und das selbst bei solchen Berühmtheiten, die sich immer wieder mit Not leidenden Menschen fotografieren und für ihre spektakulären Hilfsaktionen bewundern lassen. Ich frage mich, wie viel Verständnis für die Umwelt ein Mensch haben kann, der Einwegkleidung trägt.

Aber nicht nur im Blitzlichtgewitter ist der Glaubenssatz weitverbreitet. Wir haben ein schlechtes Gefühl dabei, zweimal hintereinander mit dem gleichen Outfit ins Büro zu gehen, selbst wenn es nicht von oben vorgeschrieben ist. Tatsächlich glaube ich, dass es eine Sache des Selbstbewusstseins ist, das zu tragen, was man selbst für richtig hält. So kommt es vor, dass ich eine Woche lang exakt die gleiche Kleidung trage und erst wenn ich merke, dass sie anfängt zu riechen oder Flecken hat, wieder wechsele. Das muss man nicht so handhaben. Ich möchte dir lediglich den Druck nehmen, den du vielleicht vor deinem Kleiderschrank verspürst, schon wieder etwas Neues finden zu müssen. Wenn das von gestern gut war, zieh es einfach nochmal an. Oder suche dir zwei Outfits, die du immer abwechselnd trägst. So hast du auch jeden Tag etwas anderes an.

Kleidung gleich Kleidung?

Das gezielte Ausmisten ist nur der erste Schritt. Denn wenn ständig neue Kleidung hinzukommt, bist du schnell wieder da, wo du vorher warst. Finde nicht den momentanen Trend, sondern finde *deinen* Stil. Den musst du nicht jede Saison ändern, den kannst du beibehalten. Und er gehört nur dir, mit ihm bist du absolut einzigartig. Mit deinem eigenen Stil musst du dir neue Kleidung auch nur dann kaufen, wenn du neue Kleidung wirklich brauchst. Außerdem fällt es viel leichter, passende Outfits im Kleiderschrank zu finden. Die hohe Kunst ist es, die Einzelstücke so auszuwählen, dass sie alle irgendwie zusammenpassen und so auf jede Art und Weise kombiniert werden können. So brauchst du nicht zwei komplett verschiedene Outfits, sondern nur zwei verschiedene Teile, die du austauschen kannst. Und schon merkt niemand mehr, dass du gestern dieselbe Hose anhattest.

Diese Strategie spart einem so viel Zeit und Geld, dass, wenn wirklich mal etwas Neues her muss, von beidem genug da ist, um in Kleidung von guter Qualität, fairer Produktion und umweltschonender Herstellung zu investieren. Damit ist das Gewissen im gesamten Kreislauf verankert. Für dich wird nur wenig produziert, und alles, was für dich produziert wird, führt nicht dazu, dass darunter jemand leidet.

Eine ganz andere, aber nicht minder sinnvolle Alternative ist es, gebrauchter Kleidung ein längeres Leben zu verleihen. Denn für ein neues Secondhandstück muss überhaupt nichts neu produziert werden. Ein ungutes Gefühl bei Kleidung, die von anderen Menschen getragen wurde, ist nicht wirklich logisch begründbar. Die Kleidung kann vor dem Tragen gewaschen werden. Ganz im Gegenteil sollte das Gefühl sogar ein besseres sein. Denn die Produktion von konventioneller Kleidung erfolgt immer unter Einsatz von Chemikalien, die nach der Produktion in der Faser verbleiben und vom Körper aufgenommen werden. Mit der Zeit werden sie herausgewaschen (in unser Abwasser wohlgemerkt), was ältere Kleidung schadstoffärmer macht als neue.

Ich habe sogar mein Hochzeitskleid im Secondhandladen gekauft. Und das ist eigentlich das Einzige, was für so ein Stück Sinn ergibt. Denn mal ehrlich, ein zweites Mal trägt man es sowieso nicht. Selbst wenn man mehrmals heiratet. Wieso also nicht danach abgeben, sodass jemand anderes es auch ein einziges Mal tragen kann? Diese Starallüren brauchen wir nicht für eine glückliche Ehe. Sie hält oder hält nicht, unabhängig davon, wie lange das Kleid noch im Schrank hängt. Wer sich zudem ein Secondhandkleid kauft, tut der Umwelt einen großen Gefallen. Denn eine nachhaltige Hochzeitskleidproduktion ist mir noch nicht bekannt.

Und so wollte ich weder ein neues Hochzeitskleid noch ein Standardkleid in Weiß. Farbenfroh und sommerlich sollte es sein, also fiel meine Wahl auf Gelb. Gar nicht so eine leichte Wahl, denn auch die Secondhandläden scheinen sich an Modefarben zu orientieren. In diesem Sommer war Gelb nicht die angesagteste Farbe. Eines spontanen Nachmittags wurde ich aber fündig und kam mit einer Handvoll gelber Kleidungsstücke aus dem Geschäft raus. Nichts davon passte wirklich, aber alles hatte Potenzial. Zu Hause wurde die Nähmaschine ausgepackt und das Potenzial in ein zuckersüßes Brautkleid genau nach meinem Geschmack verwandelt. So geht es auch!

Selbst Fashion Victims, die regelmäßig etwas Neues wollen und denen Mode einfach Spaß macht, sind nicht verloren. Auch Bea Johnson gehört wahrscheinlich in genau diese Kategorie. Aber sie hat einen Weg gefunden, dieses Bedürfnis in Einklang mit ihrem nachhaltigen Lebensstil zu bringen. Sie führt eine genaue

Liste mit ihren wenigen Kleidungsstücken und tauscht zweimal im Jahr ihre Garderobe aus. Das heißt, nicht einfach nur neue Klamotten zu kaufen. Sie gibt für jedes neue Kleidungsstück eines ihrer alten ab und bleibt so immer bei der gleichen Anzahl. Auch kauft sie keine *neue* Kleidung, sondern hält sich an Secondhandläden, in denen sie alles bekommt, was sie braucht. Damit hat sie regelmäßig frischen Wind in ihrem Kleiderschrank, weiß immer, was drin ist, und nichts verwest in irgendwelchen Ecken. Aus meiner Perspektive klingt das nach einer Menge Arbeit, aber das Gleiche denke ich auch übers Shoppen. Wem genau das Spaß macht, weil er sich einfach gerne mit Mode beschäftigt, für den kann diese Methode eine tolle Alternative sein. Noch komfortabler ist das Konzept von *kleider.com*, das die Kleidungsbeschaffung nicht als Einkauf, sondern als Leihgabe versteht. Statt eines einmaligen Einkaufs zahlt man einen monatlichen Betrag. Dafür kann man regelmäßig eine bestimmte Anzahl an Kleidungsstücken gegen andere aus dem Bestand austauschen.

SHOPPING IS VOTING

Jede Kaufentscheidung ist wie ein Gang zur Wahlurne. Es klingt plakativ, aber mit der Zeit wirst du die Wahrheit dahinter erkennen. Manchmal haben wir das Gefühl, wir hätten keine Wahl, aber das ist ein Trugschluss. Wir haben sehr wohl die Wahl. Unsere Wahl zu zeigen ist nicht immer so leicht, wie gedankenlos in den Tag hineinzuleben, aber ja – wir haben die Wahl!

Macht es dich wahnsinnig, dass im Supermarkt einzelne Gurken in Plastikfolie eingeschweißt sind? – Gehe nicht mehr in diesen Supermarkt.

Stört dich der extreme Preisdruck auf Lebensmittelhersteller, die zu geringer Qualität, schlechten Löhnen und Umweltverschmutzung führen? – Meide Discounter wie Aldi und Lidl, denn diese üben extremen Druck auf die Produzenten aus, die kaum anders können, als dem nachzugeben.

Regt es dich auf, dass so viele Pestizide auf den Feldern versprüht werden, die Grundwasser und Flüsse belasten und Tiere gefährden? Dass du über deine Steuern so viel dafür zahlen musst, das Wasser wieder trinkbar zu machen und Umweltschäden zu beseitigen? Dass du diese Schadstoffe in deinem Körper einlagerst? Dass Tiere in unserer Tierhaltung so schrecklich gequält werden? Oder dass der hohe Antibiotikaeinsatz dazu führt, dass Menschen in Krankenhäusern an multiresistenten Keimen sterben? – Dann kauf doch einfach keine konventionellen Lebensmittel mehr, sondern geh in den Bioladen! Macht es dich traurig, dass Kleidung heute schon als lange haltbar bezeichnet wird, wenn sie ein Jahr gehalten hat, bevor sie auseinanderfällt? Dass sie voller gesundheitsgefährdender Stoffe ist, die du über die Haut aufnimmst? Dass die Produktion Umwelt und Gesundheit der produzierenden Länder zerstört? – Dann kaufe diesen *billigen* Kram nicht mehr, sondern setze auf hochwertige Kleidung. Lass dich dabei nicht nur vom Preis leiten, denn teuer heißt hier leider nicht auch gleichzeitig gut. Ganz im Gegenteil. Wenn du sichergehen willst, halte dich an Siegel wie Bio, Fair Trade und GOTS. Kaufe dir nicht ständig etwas Neues, sondern setze auf Werthaltigkeit.

Raubt es dir den Schlaf, dass die Autoindustrie Deutschland zu regieren scheint? Weil für die großen Konzerne immer eine Ausnahme geschaffen wird? Weil es immer noch keine Elektroautos gibt, obwohl die Technologie schon so viel weiter sein könnte? Dass die Autos nicht spritsparender werden, sondern nur größer und schneller? – Mach da doch einfach nicht mit. Kaufe diese dicken Schleudern nicht, oder noch besser, fahre mit ÖPNV und Carsharing.

Erstmal sind das alles einzelne Kaufentscheidungen, die einem Großkonzern nicht wehtun. Genauso wie deine einzelne Stimme bei der Bundestagswahl zunächst nichtig erscheint. Dennoch wird dich jeder Politiker dazu anhalten, wählen zu gehen. Warum? Du bist nicht der Einzige, der wählt, nicht beim Bundestag und nicht beim Einkauf. Immer mehr Menschen treffen sehr bewusste Kaufentscheidungen, und deren Zahl wächst stetig. Die Nachfrage nach biologisch erzeugten Lebensmitteln übersteigt in Deutschland schon jetzt die Menge, die im Land selbst produziert wird. Politik, Märkte und Industrie sind in der Regel etwas träge, solche Strömungen wahrzunehmen. Und so sind wir zum Beispiel in der Biobranche stark von Importen abhängig, um die Nachfrage zu decken. Aber je stärker der Druck wird, desto schneller wird sich ganz oben etwas tun. Auch wenn es oft scheint, als wäre es anders, sind doch alle Politiker, Geschäftsführer und Entscheider, die an den Schalthebeln sitzen, letztendlich davon abhängig, dass wir sie wählen oder ihr Zeug kaufen. Würden alle Bundesbürger schlagartig aufhören, Autos zu kaufen, wäre die Macht der Automobilindustrie auf unsere Politik sehr schnell in die Schranken verwiesen.

Das Gleiche gilt dafür, wie du Lebensmittel einkaufst. Bringe deine eigenen Taschen, Stoffbeutel, Dosen und Gläser mit zum Einkauf. Auch der Lebensmittelhandel wird über kurz oder lang verstehen, dass wir diese ganzen Verpackungen nicht mehr wollen.

SONDERFALL KOMPOST

Um unsere Müllbilanz weiter zu senken, bedienen wir uns eines einfachen, aber *legalen* Tricks. Kompost ist für uns ebenfalls Müll, getrennt entsorgt oder gar im eigenen Garten aufbereitet ist er aber ein sehr wertvoller Rohstoff. Allein das Trennen von Kompost kann die Müllbilanz deutlich reduzieren. Den organischen Müll durch einen eigenen Kompost oder eine Wurmkiste selbst zu kompostieren ist die beste Möglichkeit, denn die kommunale Abfallentsorgung hat wie immer mehrere Haken. Erstmal müssen die Tonnen zur Verfügung stehen, und nicht jeder Vermieter ist dazu bereit. Dann müssen die vollen Tonnen geleert werden und der Müll muss abtransportiert werden, was mit einem Aufwand an Ressourcen und Kosten verbunden ist. Die Eigenkompostierung spart diesen Aufwand und liefert zudem wertvollen Humus für den eigenen Garten – ein Rohstoff, den sich kein Gartenbesitzer entgehen lassen möchte.

Trotz alledem ist die Biotonne immer noch besser und auch günstiger, als die wertvollen Rohstoffe in den Restmüll zu werfen. Eine Trennung von Restmüll und Biomüll hat weiter den positiven Nebeneffekt, dass der Müll nicht mehr stinkt.

Um die Möglichkeit des Müllabschreibens, soweit es geht, ausnutzen zu können, wollen wir einmal schauen, was alles in den Biomüll wandern kann. Neben allen gekochten und ungekochten Essensresten gehören auch unsere Körperabfälle dort hinein. Haare und Nägel müssen keinen Platz im Restmüll einnehmen, sondern liefern wertvolles Kalzium für den zukünftigen Humus. Ganz vor Rückständen sind wir aufgrund unserer Lebensweise aber nicht geschützt. Die Stoffe, die wir auf Haar und Nägel auftragen, bleiben darin, genauso wie die Pestizide in unseren Nahrungsmitteln. Sie gehen auch wieder in den Kompost über. Das ist keine befriedigende Situation, aber dennoch besser, als auf die wertvolle Komposterde zu verzichten. Teebeutel dagegen sollten lieber im Restmüll entsorgt werden, außer man ist bereit, sie in ihre verschiedenen Bestandteile zu trennen. Im Zuge des unverpackten Einkaufens ist der lose Tee im Teesieb aber sowieso die bessere Wahl. Der kann dann auch einfach in den Kompost wandern.

Papier und Pappe sind zwar auch kompostierbar, da sie aber durch die Druckfarben in der Regel stark mit Chemikalien auf Erdölbasis verunreinigt sind, sollten sie lieber getrennt entsorgt werden. Theoretisch könnten ebenfalls der Inhalt
des Staubsauger bzw. das Kehrblech in der Biotonne entsorgt werden, da man
hier augenscheinlich auch nur Straßendreck, Körperabfälle und Kleidungsabrieb
findet, solange man nicht gerade das Kinderzimmer saugt. Der Augenschein
trügt hier aber. Unsere moderne Kleidung besteht heute nicht mehr nur aus
natürlichen Materialen, sondern zu einem großen Teil aus künstlichen Fasern,
die aus Erdöl hergestellt werden. Der Abrieb dieser Fasern ist also keineswegs
biologisch abbaubar und sollte deshalb auch nicht in den Kompost.

Wie bekommen wir den Kompostmüll nun aber von der Küche in die Tonne? Er ist schließlich matschig und irgendwie lebendig. Im Handel werden dafür
extra Papier oder sogar Tüten aus Bio-Kunststoff angeboten. In vielen brauen
Tonnen findet man auch immer wieder allerhand Plastiktüten, die samt Inhalt
entsorgt wurden. Gerade die Plastiktüten, welcher Art auch immer, haben aus
bereits genannten Gründen keine Berechtigung in der Biotonne. Am besten
sammelt man die Abfälle in einer Schale auf der Arbeitsplatte, die man regelmäßig im großen Biomüll entsorgt. Danach wird sie kurz ausgespült und wieder
befüllt. So spart man sich jegliche Tüten.

Lebensmittel-verschwendung

Lebensmittel gehören zwar nicht direkt in die Kategorie des besonders umwelt-schädlichen Mülls, ihre Verpackung aber schon. Hinzu kommt der immense Eintrag in unsere Böden und unser Klima, um diese Lebensmittel herzustellen. Wir überdüngen unsere Felder so stark, dass Nitrat mittlerweile das Grundwasser bedroht. Wir setzen Schädlingsbekämpfungsmittel ein, die nicht nur in der Nahrung verbleiben, sondern auch Bienen, Feldtiere sowie Flüsse und Pflanzen schädigen. Wir produzieren in gigantischen Monokulturen, die jegliche Humusschicht des Bodens endgültig vernichten. Wir geben durch unsere Fleischproduktion einen großen Anteil des klimaschädlichen Gases CO_2 in die Umwelt ab und siedeln zur Fütterung unserer Masttiere die Monokulturen sogar in weit entfernte Länder aus. Wir nehmen die Regenwaldrodung billigend in Kauf, um das Palmöl zu erzeugen, das in immer mehr verarbeiteten Lebensmitteln steckt. Dass wir all das tun, ist schon bedenklich, aber dass jeder von uns Bundesbürgern 82 Kilogramm von den so produzierten Lebensmitteln pro Jahr wegschmeißt[33], ist einfach keine gute Idee.

VERLUSTPOSTEN

Kaum jemand würde nicht unterschreiben, dass es traurig ist, so viel wegzuschmeißen. Wo aber entsteht die große Lebensmittelverschwendung, und haben wir eine Chance, etwas daran zu ändern?

Landwirtschaft

Der erste Teil der verschwendeten Lebensmittel verlässt niemals den Acker. Krumme Gurken passen nicht in die EU-Norm und werden untergepflügt. Aber auch ohne Norm wird das, was krumm ist und rissig oder irgendwie ungewohnt aussieht, nicht verkauft. Verwunderlich ist es nicht. Würdest du das hässliche Gemüse aus der Auslage nehmen, wenn daneben schönes liegt?

Einzelhandel

Bevor die Lebensmittel in den Regalen landen, werden bereits jene aussortiert, die den Transport nicht ganz heil überstanden haben. Zudem bietet der Einzelhandel heute eine kaum überschaubare Fülle an verschiedensten Produkten an. Allein das Joghurtregal ist gefüllt mit 100 Sorten Früchtejoghurt. Der Kunde ist es gewohnt, dass jede einzelne dieser 100 Joghurtsorten immer verfügbar ist. Wenn so viele Produkte vorgehalten werden müssen, kann es nicht verwundern, dass ein großer Teil nicht rechtzeitig verkauft werden kann. Je größer das Angebot eines Supermarkts, desto höher die Ausschussware. Dieses Problem wird in Bäckereien auf die Spitze getrieben. Während früher morgens gebacken und über den Tag abverkauft wurde, wird heute den ganzen Tag über gebacken, damit auch abends ein reichhaltiges Sortiment verfügbar ist. Für uns Verbraucher ist das sehr praktisch, denn wir haben uns daran gewöhnt, auch nach Feierabend noch frische Brötchen kaufen zu können. Schließt der Bäcker abends seine Türen, wandert aber alles aus der Auslage in die Tonne, denn am nächsten Morgen möchte es niemand mehr haben.

Weiter kommt das Mindesthaltbarkeitsdatum ins Spiel. Schon bevor es abgelaufen ist, müssen die entsprechenden Lebensmittel aus dem Sortiment genommen werden – natürlich zum Schutz des Kunden. Das sind die Grundbedingungen, aber der Kunde selbst verschärft die Situation weiter. Wir neigen nämlich dazu, auf genau dieses MHD zu achten und uns nicht die Milch rauszusuchen, die als Erstes weg muss, sondern die, die am längsten hält.

Zu Hause

Bei uns zu Hause ist der Verlust kaum geringer. Unsere Kühlschränke sind meist so voll, dass wir ganze Lebensmittel in der hintersten Reihe einfach vergessen. Wir kaufen oft auf Vorrat, wählen im Geschäft nicht aus, was wir wirklich verarbeiten können, sondern nehmen erstmal mit. So setzt sich die große Auswahl des Supermarkts zu Hause fort. Und wieder gilt, je größer die Auswahl, die vorgehalten wird, desto höher die Wahrscheinlichkeit, dass nicht alles davon rechtzeitig gegessen werden kann. Die Großpackungen der Discounter tun ihr Übriges dazu. So kauft ein Einpersonenhaushalt drei Paprika, obwohl eigentlich nur zwei gegessen werden und die dritte mit einiger Wahrscheinlichkeit verschimmeln wird. Das Gleiche gilt für die Backwaren – nicht nur im Geschäft nehmen sie am Ende des Tages den Weg in die Tonne, auch zu Hause werden sie schnell altbacken und dann verschmäht. Abgepacktes Schnittbrot schimmelt auch gerne in seiner Plastikhülle vor sich hin, bevor man an der letzten Scheibe angekommen ist.

Das Haltbarkeitsdatum ist immer noch ein Wert, der uns sehr nervös macht. Obwohl es in aller Munde ist und immer wieder publiziert wird, dass es sich hierbei um die Mindesthaltbarkeit aller Eigenschaften eines Lebensmittels handelt und nicht annähernd um den Tag, an dem das Lebensmittel schlagartig seine Genießbarkeit verliert, wandert immer noch vieles ungefiltert in die Tonne. Auch Überreste von gekochten Gerichten am nächsten Tag nochmal zu essen scheint fast verpönt, oder man weiß nicht, was man damit machen soll. Manchmal wird der Topf auch so lange auf dem Herd stehen gelassen, bis wirklich niemand mehr den Inhalt essen möchte.

Ein weiterer entscheidender Verlustfaktor beginnt schon beim Kochen. So wissen wir heute nicht mehr, welche Teile eines Lebensmittels gegessen werden können und welche abgeschnitten werden müssen. Wir entfernen fröhlich die äußeren Schichten des Lauchs und schneiden auch das Grüne gerne ganz ab. Anstatt den Strunk aus der Paprika herauszunehmen, landet häufig der ganze Deckel mit einem Schnitt im Eimer, und was wir beim Apfel als Kerngehäuse übrig lassen, könnte sicher noch den einen oder anderen satt machen.

Alle diese Verhaltensweisen legen wir an den Tag, weil wir es uns leisten können. Würden unsere Lebensmittel so viel kosten, dass wir Bauern auskömmlich bezahlen könnten, dass wir auf Pestizide und Monokulturen verzichten könnten, dass wir unsere Masttiere nicht mehr misshandeln müssten, würden wir sicherlich nicht so leichtfertig mit ihnen umgehen.

WAS KÖNNEN WIR TUN?

Es ist ein weitreichendes Umdenken gefordert, um unsere Haltung zu Lebensmitteln zu verändern. Wer die negativen Folgen der Landwirtschaft minimieren möchte, setzt am besten auf bio, saisonal und regional. Eine größere Wertschätzung für Lebensmittel kommt damit ganz automatisch. Denn Bio-Lebensmittel sind meistens teurer als konventionelle, sodass man es sich zweimal überlegt, was man davon wirklich wegschmeißen möchte. Kleine Bioläden und Marktstände sind eine gute Möglichkeit, ein Zeichen gegen die übermäßige Auswahl zu setzen. Auch gibt es in Bioläden immer häufiger Lebensmittel, die nicht mehr so gut aussehen oder deren Haltbarkeitsdatum bald abläuft, zu reduziertem Preis. So sorgt der Supermarkt bereits dafür, dass weniger entsorgt werden muss.

Vorratsmanagement
Mit ein bisschen vorausschauendem Denken kann ein guter Teil der Lebensmittel vor ihrem Verfall gerettet werden.

- Wir kaufen unser Obst und Gemüse immer nur lose; dadurch ist es leicht, nur so viel auszuwählen, wie wir wirklich brauchen.
- Unser Kühlschrank ist sehr übersichtlich gefüllt; so ist es leichter für uns, den Überblick darüber zu behalten, was bald weg muss, und es dementsprechend früh zu konsumieren.
- Wir beschränken uns auf wenige Sorten Aufschnitt; wenn diese weg sind, können wir variieren.
- Fertige Soßen gibt es bei uns nicht. Wenn wir etwas brauchen, bereite ich es frisch zu.
- Wenn ich feststelle, dass das Gemüse langsam welk wird, bevor wir es essen können, blanchiere ich es kurz in kochendem Wasser und friere es ein, so kann ich darauf zurückgreifen, wenn ich es brauche.
- Überhaupt lassen sich sehr viele Dinge einfrieren, denen man es nicht unbedingt ansieht. Kuchen, Käse, Suppen, ganze Mahlzeiten, Brotaufstriche, Tomatenmark, Butter und Pesto sind nur einige Beispiele.
- Essensreste von der Mahlzeit vom Vortag sollten nicht in der Tonne landen. Sie lassen sich immer zu einer neuen Kreation von Resteküche verarbeiten, die nicht selten sogar besser schmeckt als vorher. Bestes Beispiel

sind die Bratkartoffeln. Man hätte sie niemals erfunden, wenn man nicht versucht hätte, aus übrig gebliebenen Kartoffeln etwas zu kreieren. Gekochte Essensreste werden auch bei Weitem nicht so schnell schlecht, wie oft gedacht. Sie halten sich im Kühlschrank aufbewahrt auch mehrere Tage. Als ich noch alleine wohnte, kochte ich immer gleich für zwei Personen und nahm eine Portion am nächsten Tag mit zur Arbeit. Die zweite Portion kann auch eingefroren und bei Bedarf als schnelle Mahlzeit hervorgeholt werden.

- Auch die richtige Lagerung von Lebensmitteln ist entscheidend. Zwiebeln sollten nicht im Kühlschrank lagern, da sie dort zu viel Feuchtigkeit ziehen. Das meiste andere hält sich gut gekühlt allerdings besser. Obst sollte möglichst nicht gestapelt werden, da es an den Druckstellen schneller schimmelt und sich der Schimmel gleich von der befallenen Frucht auf die berührende Frucht überträgt.
- Unverpackt kaufen ist natürlich am besten. Wer dies nicht tut, sollte Obst, Gemüse und Brot zu Hause aber trotzdem aus der Plastikfolie herausnehmen und ohne diese lagern.

Müllfrei einfrieren

Kein Tiefkühlgerät zu besitzen und sich Strom und Material zu sparen ist für mich ein reizvoller Gedanke. Die meisten Haushalte, zu denen auch wir gehören, haben aber eins. Also nutzen wir es doch sinnvoll.

Wer ein Tiefkühlgerät hat, braucht quasi gar keine Lebensmittel mehr wegzuschmeißen. Wie aber kann man müllfrei einfrieren? Während ich früher jeden Gefrierbeutel bis zur Unkenntlichkeit wiederbenutzt habe, weiß ich mir heute anders zu helfen. Brot und Brötchen gebe ich in einen Stoffbeutel. Gefrierbrand war bei uns nie ein Thema. So ein Brötchen bleibt in der Regel aber auch keine Jahre drin, bis es gegessen wird. Kuchen, Früchte und Ähnliches lege ich in verschließbaren Dosen in die Truhe, und Suppen und Kräuter werden in Gläsern aufbewahrt. Bei flüssigem Gefriergut sollte allerdings darauf geachtet werden, dass das Glas nicht zu voll ist, da es sonst platzen könnte. Es hilft ebenfalls, den Deckel nur lose aufzulegen, bis die Suppe vollständig durchgefroren ist.

Gerade für zeitknappe Selbermacher ist die Gefriertruhe ein Segen, denn vieles kann gleich auf Vorrat zubereitet und portionsweise dort verstaut werden. Das funktioniert mit vielen fertigen Gerichten wie auch mit halb fertigen Bestandteilen. So können Klöße, Schupfnudeln oder Gnocchi vorbereitet werden.

Manchmal empfiehlt es sich, sie vorher vereinzelt auf einem Brettchen oder Tablett vorzufrieren und erst dann, wenn sie nicht mehr aneinanderkleben, in eine platzsparende Dose umzufüllen.

Was kann man essen?
Was wir wirklich alles essen können an Obst und Gemüse, das wissen wir gar nicht mehr. Die Trendwelle der Green Smoothies macht es uns jedoch vor. Alles, was an Grünzeug an dem Gemüse dranhängt, kann man getrost in den Mixer werfen und pürieren. Fenchel, Möhrengrün, Selleriegrün und Rote-Bete-Blätter sind nur einige Beispiele. Wer nicht gerade selbst anbaut, findet diesen gesunden Zusatz allerdings nur noch selten an dem Gemüse im Laden vor. Aus all diesen Blättern lassen sich aber nicht nur Smoothies, sondern auch Pestos oder Salatcreme machen. Ich brate sie auch gerne mit Bratöl in einer sehr heißen Pfanne kurz an. Unter ständigem Rühren, dem sogenannten Pfannenrühren, sind sie in kürzester Zeit fertig und behalten ihre knackige Konsistenz.

- Den Stil des Brokkoli befreie ich von der holzigen Schale, schneide ihn klein und gebe ihn zu den Röschen in den Topf.
- Die Blätter vom Blumenkohl können ebenfalls mit dem Kopf zusammen gekocht werden.
- Lauch muss weder von den äußeren Blättern noch von seinem grünen Kopf befreit werden. Alles kann man essen, und alles schmeckt in etwa gleich.
- Kartoffeln können immer ungeschält in den Topf gegeben werden, nicht nur bei Pellkartoffeln. Die Kartoffeln werden lediglich mit der Gemüsebürste unter kaltem Wasser von grobem Dreck gereinigt. Die grünen Stellen sollten allerdings herausgeschnitten werden, da sie Alkaloide enthalten. Diese Bitterstoffe sind zwar nicht tödlich, sollten aber auch nicht in rauen Mengen konsumiert werden.
- Das Fenchelgrün gebe ich gerne als besondere Geschmacksnote zum Fenchelgericht dazu. Da es dünner ist, wird es allerdings erst kurz vor Ende der Kochzeit hinzugegeben oder gleich danach.
- Die Schale von Zitronen und Orangen reibe ich immer ab, trockne sie und hebe sie auf, wenn ich mit diesem besonderen Aroma Speisen oder Gebäck verfeinern möchte.

- Kürbiskerne ergeben gewaschen und gewürzt im Backofen einen tollen Snack zum Knabbern, der bei uns immer innerhalb eines Tages aufgefuttert ist.
- Das grüne Stückchen der Tomate habe auch ich früher immer akribisch entfernt. Heute lasse ich es einfach drin und schmecke keinen Unterschied.

Essen, was wächst

Unkraut ist ein Begriff, dessen Existenz nicht wirklich berechtigt ist. Er bezeichnet die Dinge, die zwar nicht nutzlos sind, von denen wir aber nicht wissen, was man damit tun soll. Und davon gibt es eine ganze Menge. Anstatt sich immer darauf zu konzentrieren, was teuer eingekauft werden muss oder was es nicht gibt, brauchen wir uns nur umzuschauen und finden selbst in der Stadt so viel frei zugängliches, kostenloses Essen um uns herum. Es sind Schätze versteckt, die all unsere Vitaminmängel und andere Defizite locker ausgleichen könnten, aber auch solche, die uns Linderung bei Wehwehchen und Krankheiten verschaffen könnten, wenn wir nur nicht ihre Anwendung vergessen hätten. Auch mein begrenztes Wissen endet schon bei Löwenzahn, Brennnesseln und Giersch. Sich mit Wildwuchs und dessen Verwendungsmöglichkeiten auseinanderzusetzen, ist aber ein hoch spannendes und lohnendes Feld, das auf meiner To-do-Liste ganz oben steht.

Aber nicht nur diese Geheimpflanzen liegen versteckt um uns herum. Gerade Obst und Nüsse wachsen in freier Wildbahn oder werden immer häufiger auch gezielt in Städten angepflanzt. So kann ich in Köln Äpfel, Pflaumen, Brombeeren, Birnen, Walnüsse und Haselnüsse frei zugänglich pflücken. Das Angebot ist noch begrenzt, und wir fragen uns immer wieder, warum die städtische Begrünung nicht konsequent gegen Nutzgewächse ausgetauscht wird. So könnte zumindest ein Teil der Ernährung absolut regional, ohne Transport und Verpackung gedeckt und der Flächenmangel an anderer Stelle entschärft werden. Auch das Selbstpflücken ist eine Erfahrung, die gerade Städtern bisher meist verborgen geblieben ist, aber zu einem ganz anderen Verhältnis zu und einer neuen Wertschätzung von Lebensmitteln führt. In wenigen Gemeinden ist »Die essbare Stadt« bereits ein Begriff geworden und wird gezielt gefördert. Wir wünschen uns, dass es noch viel mehr wird. Um solche essbaren Schätze in der Umgebung zu finden, wurde die Internetplattform Mundraub.org ins Leben gerufen. Nutzer tragen ihre Funde von solchen Nutzpflanzen ein und stellen sie somit für alle in einer deutschlandweiten Karte zur Verfügung.

Pesto aus Grünzeugresten
Pesto schmeckt nicht nur mit Basilikum, sondern mit so ziemlich jedem essbaren Blatt. Es ist eine perfekte Möglichkeit, um Grünzeugreste einer sinnvollen und schmackhaften Verwendung zuzuführen.

Zutaten
Blattreste (Radieschenblätter, Möhrenkraut, Rote-Bete-Blätter …)
oder Wildpflanzen (Löwenzahnblätter, Brennnessel, Giersch …)
Olivenöl
Salz
Nüsse (Sonnenblumenkerne, Pinienkerne …)
Hartkäse wie Parmesan (optional)

Zubereitung
Die Zutatenmenge halte ich bewusst offen, denn jedes Restepesto schmeckt anders und braucht ein anderes Mengenverhältnis; auch schmeckt jedem eine andere Mischung besonders gut. Nutze die Gelegenheit und mache dein Pesto genau so, wie du es gerne magst.
Als Erstes gibst du die Blätter in das Mixgefäß des Stabmixers und mixt auf höchster Stufe. Bewegt sich nichts mehr, gibst du Öl hinzu, bis eine sämige Konsistenz erreicht ist. Nun fügst du Stück für Stück Nüsse, geriebenen Käse und Salz hinzu und schmeckst die Creme immer wieder ab, bis sie genau deinen Wünschen entspricht. Wer experimentierfreudig ist, kann ruhig auch mal etwas anderes ausprobieren und zum Beispiel eine Prise Chili dazugeben.

◆◆◆   Das Pesto schmeckt nicht nur gut zu Pasta. Es ersetzt auch wunderbar die Butter auf dem Brot und verfeinert Salate. Öl und Salz konservieren das Pesto und machen es relativ lange haltbar. Deshalb sollte daran auch nicht gespart werden. Es kann allerdings sein, dass sich die Farbe mit der Zeit etwas verändert oder sich einzelne Zutaten absetzen. Das ändert aber nichts an der Genießbarkeit – einmal umrühren und wie gewohnt genießen. Zudem kann das Pesto in kleine Gläschen gefüllt auch portionsweise eingefroren werden.

Altbackenes Brot
Ob Brot altbacken wird oder schimmelt, ist eine Frage der Organisation.

- So wird Brot am besten in einem Brottopf oder einem schweren Leinensäckchen frisch gehalten. Darin bekommt es genug Luft, um nicht zu schimmeln, kann seine Feuchtigkeit aber trotzdem bei sich halten, um nicht zu vertrocknen.
- Wie lange Brot frisch bleibt, hängt zudem von der Brotsorte ab. Dunkles Brot schmeckt beispielsweise länger frisch als helles.
- Wenn ich merke, dass unser Brot langsam die Toleranzgrenze überschreiten möchte, schneide ich es in Scheiben, gebe es in ein Stoffsäckchen und friere es ein. Aufgetoastet schmeckt es immer gut. Das Gleiche mache ich mit allen anderen Backwaren ebenfalls, sogar mit Kuchen. Letzteres ist besonders praktisch, denn so hat man schnell etwas zum Schlemmen, wenn sich jemand spontan zum Kaffee einlädt.
- Wenn die Brötchen jedoch so richtig schön hart sind, dann lasse ich sie gleich noch ein paar Tage weiter trocknen und mache mit der Küchenreibe Paniermehl aus ihnen. Dieses muss ich dann auch nicht mehr verpackt einkaufen.
- Außerdem gibt es gerade aus der Zeit, als Tiefkühlgeräte noch Mangelware waren und Lebensmittel ebenfalls, zahlreiche schmackhafte Gerichte mit altem Brot, sei es der Brotauflauf oder die Brotsuppe.
- Habe ich abends noch Baguette übrig und möchte es für den nächsten Tag zum Aufbacken vor dem Austrocknen schützen, hätte ich es früher in eine Plastiktüte gesteckt. Heute wickle ich es in ein feuchtes Küchenhandtuch.

- Auch kleingeschnitten und angeröstet schmecken Brötchenwürfel wunderbar zu Suppe oder Salat.
- Labberiges Baguette wird im Backofen noch leckerer als vorher. Wenn es aber schon ein wenig zu trocken ist, gebe ich ein wenig Wasser auf die Oberfläche. Im Backofen wird das Brot so wieder frisch und knusprig.
- Brot wegzuschmeißen ist also vollkommen unnötig, da man auf so viele Arten noch etwas daraus machen kann.

Foodsharing

Eine Initiative gegen die Lebensmittelverschwendung ist der Verein *Foodsharing.de*, der mit Supermärkten und Bäckereien kooperiert und die Lebensmittel abholt, die nicht mehr verkauft werden sollen. Freiwillige Helfer bringen die Lebensmittel in sogenannte Verteiler, die gerade in größeren Städten in jedem Viertel zu finden sind. Diese Verteiler können Schränke, Verschläge oder sogar Kühlschränke sein. Auf die eingelagerten Lebensmittel kann nun jeder frei zugreifen. Auf der Homepage der Initiative sind alle Verteiler auf einer Karte mit Beschreibung auffindbar, und über eine entsprechende Anmeldung kann man sich über neue Inhalte informieren lassen. Hier bekommst du nicht nur unschlagbar günstig Lebensmittel, sondern wirkst auch der zunehmenden Verschwendung entgegen. Auch private »Essenskörbe« können über die Seite vermittelt werden. Wenn jemand zu viele Äpfel gepflückt hat, noch Essen vor seinem Urlaub loswerden möchte oder feststellt, dass etwas, das er gekauft hat, doch nicht seinem Geschmack entspricht, kann er so Lebensmittel weiter geben.

Bisher wurden durch die Helfer knapp 3.000 Tonnen Lebensmittel gerettet. Es könnte aber noch weitaus mehr sein, denn gerade einmal um die 2.200 Betriebe kooperieren bisher mit Foodsharing, und die riesigen Mengen an Lebensmitteln, die dort anfallen, können selbst die zahlreichen freiwilligen Helfer nicht alle abholen. Möchtest du ebenfalls Lebensmittel retten oder einfach nur kostenlos essen, dann werde Foodsharer oder geh im Verteiler »einkaufen«.

Nebenwirkungen

Zero Waste schont nicht nur die Ressourcen deiner Umwelt, sondern hat noch ein paar positive Nebeneffekte.

GELD SPAREN

Endlich muss man mal nicht draufzahlen, um etwas Positives für die Umwelt zu tun. Ganz im Gegenteil – Verschwendung kostet. Das sieht man schon allein daran, dass das Müllaufkommen von Gesellschaften sehr stark mit deren wirtschaftlicher Situation zusammenhängt. Wir können es uns leisten, viel Müll zu produzieren. Was aber, wenn wir es uns nicht mehr leisten wollen?

Versteckte Kosten

Leider ist für den Verbraucher in unserer Marktwirtschaft nicht klar erkennbar, was er wirklich dafür zahlt, dass er seine Umwelt vermüllt und verseucht. Die Kosten für Müllabfuhr, Mülldeponien und die Stadtreinigung; die Kosten, die Wasserwerke dafür zahlen, um Nitrat aus unserem Trinkwasser zu filtern, das durch die konventionelle Landwirtschaft in unser Grundwasser sickert; die Kosten der Klärwerke, die versuchen, die mit dem Abwasser ausgespülten Chemikalien und Medikamentenrückstände wieder herauszufiltern; die Kosten unseres Gesundheitsapparats durch unnötig verschriebene Medikamente und die Folgen unserer unbeweglichen Lebensweise, unserer ungesunden Ernährung, der schädlichen Kosmetikprodukte und infolge von Stress; und die Kosten, die wir dafür aufbringen, Entwicklungsländer zu unterstützen, die wir vorher mit unserem Konsumverhalten ausgebeutet haben – all diese Kosten stehen nicht auf der Müsliverpackung und auch nicht auf unserer Gehaltsabrechnung, und doch werden sie zu 100 Prozent von uns getragen mit unseren Steuern und unseren Versicherungsprämien. Und wer sich immer wieder darüber beschwert, warum er am Monatsende so wenig von seinem Bruttolohn übrig hat, weiß jetzt auch, warum.

Schnell wird man hier einwenden, dass die Bundesregierung die Steuern gewiss nicht senken wird, nur weil man nicht mehr bei Aldi einkauft. Das ist eine ganz natürliche Reaktion, da es hier an die Grundfesten eines Systems geht, in das wir hineingeboren wurden und das wir nicht anders kennen. Und richtig: Allein wird man es über Nacht nicht ändern. Glücklicherweise bist du aber nicht allein, und du kannst zu denen gehören, die damit anfangen. Wenn jeder seinen Teil dazu beiträgt, werden sie auch in den Machtzentralen nicht umhinkommen, unsere Verhaltensänderung zur Kenntnis zu nehmen. Hab Vertrauen – nicht nur darin, dass alles gut wird, sondern darin, dass alles noch besser wird, wenn du ein bisschen mit anpackst.

Dauerhaftigkeit

Zugegeben, die oben genannten Kosten sind recht abstrakt und zumindest für den Einzelnen nur schwer greifbar. Andere Kosten liegen dagegen auf der Hand. Gehen wir zurück ins erste Kapitel und schauen uns die Liste der Einwegprodukte an: Küchenrollen, Taschentücher, Spüllappen, Frischhaltefolie … Das sind Dinge, die kaufst du in mehr oder weniger regelmäßigen Abständen immer wieder nach. Du *kaufst* sie. Wenn du all diese Dinge nun einfach nicht mehr kaufst, gibst du dafür auch kein Geld aus. Selbst wenn du einmalig mehr Geld ausgibst, um dir einen Satz dauerhafter Stoffservietten anzuschaffen, hat sich die Investition schon nach kurzer Zeit amortisiert.

Was lange währt, zahlt sich aus

Es ist nicht leicht, heute noch richtig gute Qualität zu finden. Der zeitnahe Verfall ist in den meisten Produkten schon mit eingerechnet. Das erklärt auch den geringen Preis, der bei H&M und Co. für Kleidung an der Kasse anfällt. Aber mit dem vergleichsweise geringen Preis kaufst du ebenso eine geringe Qualität und die Gewissheit, dass du bald wieder nachkaufen musst. Investiere dein Geld in ein paar gute und haltbare Kleider und in massive Möbel, und du wirst jahrelang Ruhe haben. Wenn du lernst, dich mit deinem Bestand zufriedenzugeben und nur dann zu kaufen, wenn du wirklich etwas brauchst, musst du nicht ständig immer aufs Neue Geld dafür auftreiben.

Gebrauchtes Gut

Kaufst du nach dem Prinzip des Nutzungskreislaufs, wird deine erste Wahl immer gebrauchte Ware sein. Hier kannst du dir den schnellen Wertverfall unserer Neuwaren zunutze machen und beträchtlich günstiger einkaufen.

Verpackungsschwindel

Der Einzelhandel findet die kreativsten Strategien, um uns mehr für etwas bezahlen zu lassen, als es eigentlich wert ist. Das beste Beispiel dafür ist der Verpackungsgrößenaufschlag. Je kleiner der verpackte Inhalt eines Gutes, desto teurer wird der Kilopreis. Gleichsam gilt, je größer die Packungseinheit, desto geringer der Kilopreis. Besonders geschickt nutzen dieses Verhältnis die Aufsteller vor den Kassen aus. Winzig kleine Packungen von bunten Süßigkeiten verführen die wartenden Käufer in der Kassenschlange zu unbedachten Spontankäufen. Ein Schokoriegel allein fällt nicht ins Gewicht, die Summe all dieser kleinen Dinge für zwischendurch, rechnet man sie zusammen, hingegen schon. Wenn du also nun versuchst, deinen Verpackungsmüll zu reduzieren, indem du auf Großpackungen setzt und einzeln eingepackte Kleinteile liegen lässt, wird sich das auch in deinem Portemonnaie bemerkbar machen.

Die Qual der Wahl

Kaufst du nicht mehr in Discountern oder riesigen Supermärkten ein, in denen du die Wahl zwischen 100 verschiedenen Joghurtsorten hast, so findest du zwar weniger Auswahl, aber ich bezweifle stark, dass es deine Lebensqualität verringern wird. Und du wirst überrascht sein, wie viel weniger in deinem Kühlschrank vergammelt, für das du sonst unnötig Geld ausgegeben hättest.

Wiederholungstaten

Jetzt mal wieder richtig schön mit der Freundin shoppen gehen, mal wieder ein neues Möbelstück kaufen, und mein Handy ist eigentlich auch schon wieder überholt … Selbst wenn deine Wahl auf H&M und IKEA fällt und du deine neuen Errungenschaften vergleichsweise günstig bekommst, kosten sie doch immer noch Geld. Überlege dir gut, wie viel Neues du für dein Glück wirklich brauchst. Wird der Tag wirklich besser, wenn die zehnte Hose in deinem Schrank liegt oder wenn das Telefon 5.0 statt 4.0 heißt? Lernst du dich mit deinem Bestand zufriedenzugeben und nur dann zu kaufen, wenn du wirklich etwas brauchst, musst du nicht ständig wieder Geld dafür auftreiben.

ZEITAUFWAND VS. ZEIT SPAREN

Nach den finanziellen Gründen wird die Zeit als zweitgrößte Hürde genannt, um zu begründen, warum Mülleinsparen für jemanden nicht infrage kommt. Wenn ich davon erzähle, wie ich Müsliriegel und Tofu selber mache und Reinigungsmittel anrühre, kann in der Tat der Eindruck entstehen, dass ich 24 Stunden am Tag mit solchen Dingen beschäftigt bin. Ich fürchte, mein Kopf tut das in der Tat, mein Körper aber nicht. Grundsätzlich ist kochen, backen und experimentieren auch keine Arbeit für mich, sondern eine Beschäftigung, die ich auch gerne in meiner Freizeit ausübe. Würde ich weiterhin 40 Stunden die Woche in einem Architekturbüro sitzen, müsste aber auch ich allein aus zeitlichen Gründen das ein oder andere Experiment auf meiner To-do-Liste streichen.

Aber wieso arbeiten wir eigentlich alle so viel? Mit meiner 40-Stunden-Woche liege ich im guten Durchschnitt. Viele leisten zusätzlich noch einen Haufen Überstunden. Während zu Zeiten meiner Eltern noch ein Gehalt für eine ganze Familie ausreichte, die sich damit sogar die Raten für ein Einfamilienhaus leisten konnte, ist es heute eine Seltenheit, wenn nicht beide Elternteile Vollzeit arbeiten. Was ist passiert? Wollten wir uns mithilfe der Technik das Leben nicht leichter machen, damit wir weniger arbeiten müssen und Maschinen unseren Dienst tun? Diese Rechnung scheint nicht ganz aufgegangen zu sein.

Ich fürchte, es ist das Niveau, auf dem wir leben, und der Nachbar, mit dem wir uns vergleichen. Dieses Niveau steigt stetig an; mit jedem Cent, den wir mehr in der Tasche haben, wollen wir auch mehr kaufen. Wir haben oft mehrere Autos, aus allen Nähten platzende Kleiderschränke, in jedem Zimmer einen Flachbildfernseher, der größer als das Bett davor ist, alle zwei Jahre ein neues Smartphone inklusive monatlicher Telefonrechnung, neue Möbel, Fernreisen, schick essen gehen, Cocktails trinken. Wir leben auf immer größerem Fuß, und das will bezahlt werden. Nur die wenigsten entscheiden sich bewusst gegen diesen Lebensstil. Unsere Freizeit bekommen wir aber nur zurück, wenn wir uns von der Wachstumsgesellschaft distanzieren und zufrieden sind mit dem, was wir haben. Das Schöne an Zero Waste ist, dass dies ganz nebenbei passiert. Gegen freiwillige Arbeit ist aber noch kein Kraut gewachsen, denn wer seine Arbeit liebt, empfindet sie nicht als solche.

Es ist also einerseits eine Definitionssache, ob es als Zeitverschwendung empfunden wird, Plätzchen zu backen, andererseits öffnet ein umfassendes Neudenken der Lebensumstände möglicherweise auch ein ganz neues Zeitfenster durch reduzierte Arbeitszeiten. Ohne gleich einen radikalen Einschnitt im eigenen Leben vornehmen zu müssen, gibt es aber genügend Beispiele, wie Mülleinsparung ohne größeren zeitlichen Aufwand vonstattengehen kann. Eine Haarseife braucht nicht mehr Zeit als ein Shampoo, der Lappen wischt genauso schnell wie die Küchenrolle, und der Einwegrasierer nimmt auch nicht weniger Zeit in Anspruch als der Rasierhobel. Ganz im Gegenteil müssen all die Einwegprodukte immer wieder neu gekauft werden. Das passiert nicht von selbst: Jemand muss in den Laden gehen und sie nach Hause schleppen. Ständiges Shoppen, Schminken, den Kleiderschrank frustriert durchwühlen und Weihnachtsgeschenke finden, all das verbraucht ebenfalls Zeit, die gerade bei Letzterem gerne in Stress ausartet. Den Samstag kann man auch anders verbringen, als sich durch die vollen Geschäfte zu drängeln.

WERTE GEWINNEN

Konsum ist immer eine Form von Statussymbol – es geht nicht zuletzt darum, zu zeigen, was ich habe, was ich mir leisten kann und wie attraktiv ich bin. Damit überspielen wir die Unzufriedenheit im Job, mit Freunden, dem Partner oder uns selbst. Ein kurzzeitiges Glücksgefühl löst die wohlverdiente Befriedigung aus, nur ebbt sie schon bald wieder ab und Neues muss her. Wenn wir den Konsum hinter uns lassen, bleibt ein großes Loch. Wir müssen erst lernen, uns diesem Gefühl auszusetzen und es nicht durch neuerlichen Konsum kurzzeitig zu befriedigen. Vielleicht führt es dazu, dass wir uns wirklich mit dem auseinandersetzen, was uns so unzufrieden macht, denn überdecken können wir es nicht mehr. Vielleicht stellen wir aber auch schon bald fest, dass ohne stetiges Streben nach Mehr die Unzufriedenheit gar nicht mehr besteht. Der positive Nebeneffekt an einem deutlich reduzierten Konsum ist, dass Dinge, die uns früher unglaublich wichtig waren, plötzlich verschwunden sind, ohne vermisst zu werden. Das Aussehen verliert an Bedeutung und der Inhalt gewinnt immer stärker an Gewicht. Was hat mein Gegenüber von mir, wenn ich jede Saison ein neues Outfit präsentiere, aber aus meinem Mund nur langweilige Geschichten darüber kommen, wie günstig meine neuen Klamotten waren. Inhaltsvolle Gespräche nehmen diesen Platz ein. Wir sehen plötzlich, wer wirklich vor uns sitzt, und nicht mehr nur seine Kleidung. Ausstattung und Aufmachung interessieren uns nicht mehr, sondern das Wesen einer Person und das, was sie sagt und tut. Wir merken auch, dass es nicht das Geld ist, was uns reich macht, sondern Zeit. Denn Zeit ist das, woran es uns heutzutage wirklich mangelt. Zeit, unsere Seele baumeln zu lassen, Zeit mit unseren Kindern, Zeit, unseren Partner wirklich zu sehen, und Zeit, uns für das einzusetzen, was uns wirklich wichtig im Leben ist. Jeder von uns hat nur ein einziges Leben. Religionen, die das anders sehen, sind sehr tröstlich, halten uns aber doch nur davon ab, *jetzt* zu leben.

Die Last der Dinge

Die Minimalisten wissen es schon lange: Besitz ist nicht nur eine Bereicherung, sondern gleichzeitig auch eine Last. Denn Besitz verpflichtet und Besitz bindet. Alles, was mir gehört, muss ich verwalten, aufräumen, in Schuss halten, darauf aufpassen und mir Gedanken darum machen, dass es mir nicht abhandenkommt, dass ich meinen Status halten kann. Erst wer lernt, sich zu trennen und zu *entlasten*, spürt, wie befreiend es sein kann, wenig zu besitzen und auf kleinem Fuß zu leben. Leider kann man das niemandem erzählen, man muss es selbst ausprobieren.

KEINE ANGST UM DAS WIRTSCHAFTSWACHSTUM

Einer der am tiefsten sitzenden Glaubenssätze unserer modernen Zivilisation ist, dass das Wirtschaftswachstum das Maß aller Dinge sei. Zero Waste ist ziemlich genau das Gegenteil davon. Wir glauben nicht daran, dass Wirtschaftswachstum notwendig ist, wir glauben vielmehr, dass wir dringend eine Wirtschaftsschrumpfung brauchen. Denn je weiter eine Wirtschaft sich entwickelt, desto mehr lebt sie über ihre Verhältnisse und auf Kosten anderer. Wenn ständig konsumiert wird, muss ständig produziert werden. Jeder weiß aber, dass grenzenloses Wachstum nun mal nicht möglich ist. Die Maxime von Zero Waste ist Konsumreduzierung in jeglicher Hinsicht beziehungsweise die Beschränkung auf das wirklich Notwendige.

Wenn jeder so denken würde, dann würde das System kollabieren und das große Chaos ausbrechen, sagen nun die Kritiker dieser Kritik. Zugegeben, das mag sein. Aber wenn es von heute auf morgen Kröten regnen würde, würde wahrscheinlich das Gleiche passieren. Beides ist ähnlich wahrscheinlich und soll deshalb nicht Gegenstand unserer Besorgnis sein. Niemals werden sich alle von uns gleichzeitig dazu entschließen, ab morgen nicht mehr shoppen zu gehen – warum sollten wir uns also den Kopf darüber zerbrechen?

Selbst wenn alle von uns zu der Erkenntnis kämen, dass es die richtige Entscheidung wäre, so bleibt es bis dahin immer ein Prozess, der sehr schleichend verläuft und genügend Zeit für Anpassungen bietet. Natürlich würde sich unsere Welt gehörig ändern, aber vielleicht ist es genau das, was unsere Welt braucht. Würden wir unseren Konsum reduzieren, schwänden nach und nach die Umsätze des produzierenden Gewerbes, schrumpften immer weiter, und mit ihnen auch die Mitarbeiterzahl. Immer mehr Menschen würden ihren Job verlieren und könnten nicht mehr teilhaben am Wirtschaftswachstum. Eine Abwärtsspirale entstünde, die unsere Wirtschaftsweisen in Angst und Schrecken versetzt. Aber ist diese Angst wirklich berechtigt?

Der Mensch ist stetig damit beschäftigt, technische Innovationen zu entwickeln, um sich das Leben leichter und angenehmer zu gestalten. Aber während das Feuer unsere Lebensqualität sicherlich gesteigert hat, lässt sich das heute bei Weitem nicht mehr über jede Innovation sagen. Denn anstatt weniger zu arbeiten, müssen wir feststellen, dass wir immer gehetzter und gestresster sind. 40 Wochenarbeitsstunden sind zur Regel geworden, weitere Überstunden auch, und statt einem Vollzeitverdiener müssen mittlerweile sogar beide Eltern ran. Von einem wirklichen Fortschritt kann hier keine Rede sein.

Aber wieso müssen wir eigentlich so viel arbeiten? Wir tun es nur deshalb, um unsere stetig wachsende Nachfrage nach Konsumgütern zu befriedigen. Das neuste Handy, der neuste Fernseher, das tollste Auto, die weiteste Urlaubsreise, das beste Sushi, das größte Steak, die glänzendste Einbauküche. Damit lassen wir uns unmerklich von unseren Konsumgütern versklaven, die uns dazu zwingen, noch mehr und noch länger zu arbeiten. Würden wir sukzessiv weniger konsumieren, würde die Arbeit nicht nur weniger werden, wir müssten schlichtweg auch weniger arbeiten, um uns zu finanzieren. Wenn wir nun hingingen und die verbleibende Arbeit aufteilten und die standardmäßigen Wochenarbeitsstunden reduzierten, so bliebe genügend Arbeit für alle übrig. Zudem ist der produzierende Sektor nicht der einzige Sektor, der uns beschäftigt. So bleiben weiterhin der Dienstleistungssektor und der vollkommen vernachlässigte soziale Sektor. Mehr Lehrer auf weniger Kinder, mehr Sozialarbeiter, mehr Pflegepersonal, mehr gesundheitsbezogene Berufe, mehr im Umweltschutz Tätige – es gibt schlichtweg sehr viele Bereiche, in denen immer Personal fehlt, weil wir dort kein Geld ausgeben wollen.

Wenn wir dann noch die Subventionen von umweltschädlichen Wirtschaftszweigen einstellen und diese stattdessen besteuern würden, stünde schlagartig viel Geld zur Verfügung, und wir könnten ohne Probleme unseren Bildungsstand auf Vordermann bringen und endlich für soziale Gerechtigkeit sorgen. Außerdem könnten wir den gigantischen Sektor der unbezahlten Freiwilligenarbeit, der die sozialen Werte unserer Gesellschaft zusammenhält, entlohnen und damit ebenfalls den Arbeitsmarkt erweitern.

Würden wir den konventionellen Agrarsektor nicht subventionieren, würden wir gleichzeitig kleine, regionale Landwirtschaftsbetriebe fördern und ihnen ermöglichen, ihre Lebensmittel ohne Pestizide und den Boden zerstörende Monokulturen anzubauen. Unsere Lebensmittel würden teurer werden und Fleisch würde endlich so viel kosten, wie es wert ist. Dadurch würden wir aber nicht ärmer werden. Wir würden lediglich mit mehr Maß mit unseren Lebensmitteln umgehen, weniger wegschmeißen und wieder wertschätzen, was uns am Leben hält. Außerdem müsste der Staat kein Geld dafür ausgeben, um Düngerrückstände aus den Gewässern herauszufiltern.

Würde sich die Arbeit zu einer maßvollen und sinnvollen Beschäftigung wandeln, bei der die Mitarbeiter und nicht die Gewinnmaximierung im Mittelpunkt stünde, läge auch keiner dem System auf der Tasche, der es nicht nötig hat. Denn es ist niemals die Arbeit, die wir scheuen, sondern die Art der Arbeit. Arbeit an sich ist ein menschliches Bedürfnis, das im höchsten Maße befriedigend und sinngebend auf uns wirkt, wenn sie nicht nur auf kapitalistischer Ausbeutung beruht.

Es besteht also kein Grund zur Sorge, wenn wir plötzlich alle nicht mehr konsumieren. Und es besteht ebenfalls keine Berechtigung mehr, unseren Konsumwahn mit dem vermeintlich notwendigen Wirtschaftswachstum zu rechtfertigen. Die klare Reduktion unseres Konsums würde eine umfassende Umstrukturierung unserer Gesellschaft mit sich bringen, die letztlich aber nur positiv enden kann und genau das ist, was unsere Welt wirklich braucht.

Refuse

Den klassischen drei »R« – »Reduse, Reuse, Recycle« – habe ich zwei weitere hinzugefügt, die diese Reihe sehr gut ergänzen. Das erste ist *Refuse*, also *Verweigern*. Es sind zwar nicht die größten Müllberge, die hier zustandekommen, aber oft die unnötigsten. Denn gerne bekommen wir allerhand Tand ungefragt in die Hände gedrückt, Flyer, Servietten, Strohhalme und jede Art von kleinen Werbegeschenken und Give-aways. Wir, in unserer Natur des Sammlers, nehmen dankend entgegen oder denken schlichtweg nicht darüber nach. Nur selten halten wir inne und reflektieren, ob wir den 100sten Kugelschreiber in der Schublade auch wirklich benötigen. Wieso auch? Was man hat, das hat man. und Kugelschreiber kann man schließlich immer gebrauchen! Kann man. Aber es reichen auch einige wenige, oder der bereits erwähnte *eine* stilvolle Füller in jedem Haushalt aus.

So erntet man ganz erstaunte Blicke, wenn man zur Abwechslung das »Geschenk« einfach mal ablehnt. Die Schenker sind geradezu verdutzt, was mich immer wieder aufs Köstlichste amüsiert. So erkläre ich gerne ganz bewusst, dass ich es gar nicht brauche und es auch nicht *mehr* brauche, wenn es umsonst ist.

Müll frei Haus

Einen großen Teil unseres Mülls tragen wir uns selbst ins Haus. Einen nicht unbeträchtlichen Anteil bekommen wir aber auch unaufgefordert in den Hausflur geworfen. Über postalische Werbung hat sich wohl jeder schon mal geärgert. Meistens unterdrücken wir die Wut jedoch und tragen die Blättchen ohne weiteres Nachdenken zur Mülltonne. Besonders ärgerlich ist der neuste Trend, Werbeblätter zudem in Kunststoff zu verpacken, wie es die deutsche Post selbst mit ihrem »Einkauf aktuell« macht und sich trotz einer landesweiten Onlinepetition dagegen wehrt, die Kunststofffolie wegzulassen. So müssen wir uns nicht nur die Arbeit des Entsorgens machen, sondern die Verpackung auch noch entfernen, um sie getrennt zu entsorgen. Wer die Blätter nicht haben will, ist um unserer Ressourcen willen gut beraten, den Erhalt schon vor der Tür zu unterbinden. Im Gegensatz zu einer weitläufigen Meinung sind wir den Versendern von Werbung nicht vollkommen ausgeliefert.

Die einfachste Methode, unadressierte Werbung zu verhindern, sind die klassischen »Keine Werbung«-Aufkleber. Schon 1988 hat der Bundesgerichtshof entschieden, dass solche Aufkleber Beachtung finden müssen, da sonst eine Verletzung des Eigentums bzw. Besitzes sowie des Persönlichkeitsrechts vorliegt. Die Versender sind sich darüber im Klaren, und so hält der Aufkleber tatsächlich das Meiste an Werbung ab. Sollte dies nicht der Fall sein, reicht ein Anruf mit Hinweis auf das oben genannte Gerichtsurteil.

Leider gibt es gerade in Mehrfamilienhäusern häufig Vermieter, die aus optischen Gründen solche Aufkleber untersagen und entfernen lassen. Hier kann es helfen, einen höflichen Brief an den Vermieter zu formulieren, in dem du dein Anliegen erklärst, auf die Müllproblematik verweist und auch anmerkst, wie unordentlich Hausflure aussehen, die voll mit Werbeblättern liegen. Auch kannst du den Vorschlag machen, eine einheitliche Beschriftung für alle Briefkästen anzubringen, was dann kein optisches Problem mehr darstellt. Nur ein Schild an der Haustür reicht leider nicht immer aus, kann aber zusätzlich dem Ganzen Nachdruck verleihen.

Wenn ich an meine Familie denke, muss ich feststellen, dass nicht alle Menschen diese Form von Werbung als störend empfinden, sondern sie durchaus gerne am Küchentisch durchblättern. So sieht man, was es alles Neues gibt, und ist über alle Sonderangebote direkt informiert. Wenn du auf diese Form der Information deines Mülleimers wegen verzichtest, schlägst du aber gleich zwei Fliegen mit einer Klappe: Du nimmst dir gleichzeitig auch das Bedürfnis, all die tollen Dinge in den Blättchen haben zu müssen. Bevor du reingeschaut hast, hattest du kein Bedürfnis. Wenn du gar nicht reinschaust, bleibt das auch so.

Gratiszeitungen werden aufgrund ihres hohen Werbeanteils häufig als reine Werbung wahrgenommen. Der redaktionelle Teil lässt sie aber in eine andere Kategorie fallen. Wer auch auf sie verzichten möchte, braucht einen Zusatz auf seinem Briefkastenschild: »Keine Werbung und keine Gratiszeitungen«.

Adressierte Werbung

Ganz anders verhält es sich bei der adressierten Werbung, meist als *Info- oder Dialogpost* bezeichnet. Steht dein Name auf der Werbesendung, ist der »Keine Werbung«-Aufkleber dafür nicht zuständig. Manche Menschen erhalten erstaunlich viel solcher Werbepost, andere weniger. Das hängt in großem Maße mit dem Umgang der eigenen Daten zusammen. Das Geschäft mit Adressen ist ein sehr lukratives, und so ist immer eine gesunde Skepsis angebracht, wenn man scheinbar kostenfrei etwas bekommen soll und nur seine Adresse dafür hinterlassen muss. Bei solcher *Post* hilft es, die Adresse bis auf den Namen so durchzustreichen, dass sie nicht mehr lesbar ist, »Annahme verweigert« auf den Adressaufkleber zu schreiben und das Ganze in den nächsten Briefkasten zu geben. Es geht dann an den Absender zurück, der sich hoffentlich daran hält. Tut er das nicht, hilft es, ihn anzurufen oder anzuschreiben mit dem kurzen Hinweis, aus dem Verteiler genommen werden zu möchten.

Die Werbung an den Absender zurückzusenden ist in jedem Fall eine gute Möglichkeit, um Werbeunternehmen deutlich zu machen, dass ihre Post nicht erwünscht ist. Je mehr Menschen sich diese Arbeit machen, desto ärgerlicher wird es für das werbende Unternehmen, all diese Rücksendungen in Empfang nehmen zu müssen.

Schriftverkehr reduzieren

Um seine Post weiter zu reduzieren, lohnt es sich, bei allen potenziellen Zusendern auf E-Mail-Korrespondenz umzustellen. Leider werden nicht alle Geschäfte so abgewickelt, und so bekomme ich immer noch regelmäßig Post von meiner Krankenkasse, die mir vollkommen belanglose Dinge mitteilen möchte, die keineswegs mit absoluter Geheimhaltung behandelt werden müssen. Bei anderen Unternehmen bin ich da weitaus erfolgreicher gewesen. Die Strom- und Gaszulieferer, sonstige Versicherungen, Banken, Arbeitgeber, Vereine …, egal, um welche Absender es sich handelt, rufe sie an oder schreibe ihnen und bitte darum, die gesamte Kommunikation soweit möglich auf E-Mail umzustellen.

Kataloge und Zeitschriften

Jeder, der irgendwann mal irgendwo etwas bestellt hat, läuft Gefahr, mit riesigen Katalogen überhäuft zu werden. Die Marketingstrategie dahinter ist ganz klar: Der Kunde kann direkt schauen, was er möglicherweise noch alles haben wollen könnte. Wer nicht nur seinen Müll reduzieren möchte, sondern auch gleich seine Bedürfnisse danach, neue Dinge zu kaufen, ist gut beraten, sich von solchen Katalogen zu trennen. Ein Anruf oder eine E-Mail an den Absender reicht aus.

Vereinsmitglieder oder Menschen, die an wohltätige Organisationen spenden, bekommen als Gegenleistung gerne eine Vereinszeitung oder ein Informationsblättchen. Das ist nett, aber man sollte sich ernsthaft fragen, ob man diese Zeitungen auch wirklich liest. Die meisten werden allenfalls einmal durchgeblättert und liegen dann einige Zeit in der Wohnung rum, bis sie endlich den Weg in die Papiertonne finden. Sie sind zwar kostenlos, aber du bezahlst für den Müll und den Ressourcenaufwand und die Chemikalienrückstände. Wenn du die Sendung also nicht wirklich brauchst, bestelle sie ab. So sparst du auch dem Verein, den du ja unterstützen möchtest, Geld.

E-Mail-Newsletter

Auch wenn es sinnvoll ist, alle Post auf E-Mail umzustellen, ist diese keineswegs rückstandsfrei. Jede einzelne E-Mail benötigt Energie und verursacht Emissionen. Auf Unnötiges sollte also auch hier verzichtet werden. Das sind vor allem Newsletter, die nicht gelesen und immer wieder in den Mülleimer geschoben werden. Mache dir einmal die Mühe, die E-Mail zu öffnen, scrolle ganz nach unten und drücke den Schriftzug »Unsubscribe« oder »Abmelden«. Das spart dir schon im nächsten Monat viel Zeit, wenn es darum geht, das komplette Postfach von Newslettern zu befreien.

Büro und Schule

DIE BEDEUTUNG VON RECYCLINGPAPIER

Das Büro ist ein Ort unendlichen Mülls, der kaum vollständig zu vermeiden sein wird. Immerhin geht es hier größtenteils um Papier. Aber wie wir bereits gesehen haben, hat es auch Papier in sich. Das Meiste des in unseren Büros verwendeten Papiers stammt weder aus Recyclingfasern noch aus aufgeforsteten Wäldern mit FSC-Siegel. Hinzu kommen hohe Chloranteile, um die Blätter so strahlend weiß zu bekommen, wie wir es für nötig halten.

Und genau diese Aspekte sind bei der Umweltbilanz entscheidend. Es ist an der Zeit, einen weiteren Glaubenssatz fallen zu lassen: Papier muss nicht strahlend weiß sein, sodass es im Dunkeln fast schon leuchtet. Ganz im Gegenteil. Wer sich mit Natürlichkeit auseinandersetzt, wird das rein weiße Papier bald auch optisch nicht mehr bevorzugen, da es einfach unnatürlich aussieht, wenn man an einen Baum denkt. Das braune Papier hingegen hat etwas Sanftes, weniger Aggressives, aber in keiner Hinsicht Schmuddeliges oder Minderwertiges. Natürlich ist es eine Sache des Betrachters, aber vielleicht wird es Zeit, dass wir unsere Betrachtungsweise anpassen. Denn das Recyclingpapier verbraucht weitaus weniger Wasser und Energie bei der Herstellung und schont natürlich auch unsere Wälder. Auch die Sorge vor einem falschen Auftreten nach außen ist nicht gerechtfertigt, denn braunes Papier steht für die bewusste Entscheidung zu einer nachhaltigeren Lösung. Das weiß und schätzt heute jeder. Oder hast du jemals Post auf Recyclingpapier erhalten und dich über das Papier geärgert?

Alle verwendeten Papiermaterialien sollten wir also durch Recyclingpapier ersetzten. Leider ist das bei Weitem immer noch nicht überall möglich. Allein Karteikarten aus Recyclingmaterial zu finden ist ein Ding der Unmöglichkeit. Hier ist das FSC-Siegel angesagt. Es garantiert, dass das Holz, das dafür verwendet wurde, auch wieder aufgeforstet wird. Das Siegel gilt sowohl für Papier als auch für Holzprodukte.

Die Königsdisziplin fürs Büro ist, wie in allen anderen Bereichen auch, zunächst die Reduktion des Verbrauchsmaterials und erst danach dessen Optimierung. So sollten wir uns immer fragen, was wirklich gedruckt werden muss, ob vielleicht auch zwei Seiten auf einer gedruckt werden können oder ein Blatt beidseitig bedruckt werden kann. Außerdem ist das Weiterbenutzten bedruckten Papiers als Schmierpapier eine gute Möglichkeit, ihm eine zweite Lebensdauer zu gewähren. So zerschneide ich beispielsweise Briefumschläge und sammle sie als kleine Notizzettel, die ich andernfalls vielleicht extra kaufen müsste.

Auch die Art der Bedruckung ist nicht ohne. Der Grund, warum Recyclingpapier nicht für Lebensmittel verwendet werden sollte, liegt an den enthaltenen giftigen Druckfarben aus der Erstnutzung. Wirklich ökologische Alternativen gibt es zurzeit für den Heimgebrauch noch nicht auf dem Markt. Wer also noch eine Marktlücke sucht, um auszusorgen, der möge doch bitte ökologische Drucker mit entsprechenden Druckfarben auf den Markt bringen. Beim gewerblichen Druck von großen Stückzahlen, wie Visitenkarten oder Flyern, sind wir schon ein Stück weiter. Ökodruckereien sind keine Seltenheit mehr, und sie bieten nicht nur Recyclingpapier, sondern auch Druckfarben auf Pflanzenbasis, ganz ohne Erdöl und andere schädliche Chemikalien, bis hin zu einem Betrieb mit Ökostrom. Für den eigenen Drucker bleibt uns bisher nur übrig, so wenig wie möglich zu drucken und auf recycelte Tonerkartuschen mit Pfandsystem zur Rückgabe zu achten. Ein Tintenstrahldrucker mag hier langsamer sein, er ist aber auch bedeutend umweltfreundlicher und somit immer die bessere Wahl als ein Laserdrucker. Und selbst wenn ein Farbdrucker vorhanden ist, sollte nur in Farbe gedruckt werden, wenn es auch wirklich notwendig ist.

Schreibgeräte

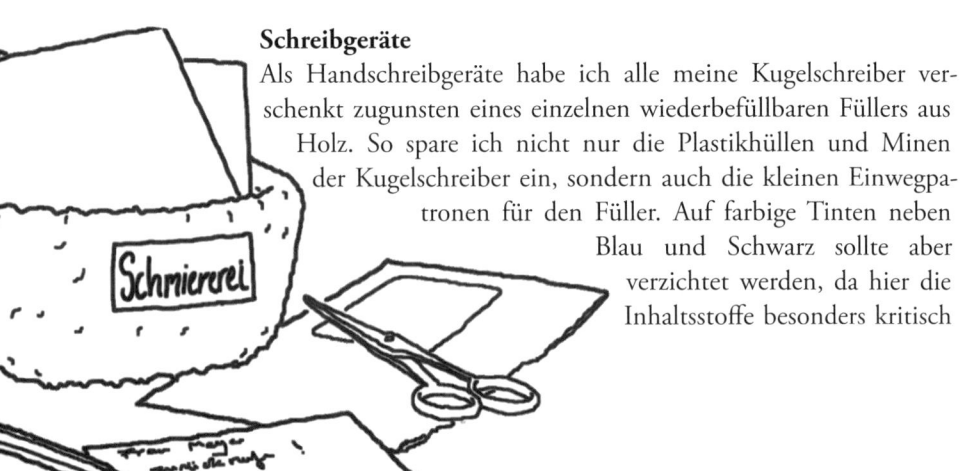

Als Handschreibgeräte habe ich alle meine Kugelschreiber verschenkt zugunsten eines einzelnen wiederbefüllbaren Füllers aus Holz. So spare ich nicht nur die Plastikhüllen und Minen der Kugelschreiber ein, sondern auch die kleinen Einwegpatronen für den Füller. Auf farbige Tinten neben Blau und Schwarz sollte aber verzichtet werden, da hier die Inhaltsstoffe besonders kritisch sein können. Statt des Tintenkillers sollten das Holzlineal und ein ordentlicher Strich durch das verschriebene Wort auch in der Schule genügen. Da wird allerdings Initiative und Erklärung der Eltern gefragt sein, denn nicht wenige Lehrer schreiben eine Benutzung der giftigen Plastikstifte vor. Die beste Lösung ist aus ökologischer Sicht der Bleistift, da hier keine Tinte und kein Kunststoff anfallen.

Andere Stifte sind bei Weitem noch eine Nummer kritischer. Permanentmarker, Textmarker und Tintenkiller haben es in sich. Auf sie sollte möglichst ganz verzichtet werden. Für Textmarker gibt es eine gute Alternative – den Trockentextmarker. Er sieht im Prinzip wie ein Buntstift aus, nur sind seine Farben besonders leuchtend.

Materialwahl

Fast alles, was es aus Kunststoff gibt, gibt es auch aus nachwachsenden, biologisch abbaubaren Rohstoffen. Lineale aus Holz, Spitzer aus Pappe und Metall, Stifte aus Holz, sogar Tastatur, Maus und Taschenrechner mit Holzabdeckung, Trennstreifen und Sammelmappen aus Pappe, Klarsichthüllen aus Pergamin, Gummis aus Naturkautschuk, Paketband aus Papier, Klebefilm immerhin aus Biokunststoff sind die Alternativen. Wir haben also sehr häufig zumindest die Wahl, wie schädlich unser Müll ausfallen soll, und können uns auch gegen Plastik entscheiden.

Ökologische Klebstoffe gibt es auch lösungsmittelfrei zum Nachfüllen aus großen Sparflaschen. Wer auf die Kunststoffflasche komplett verzichten will, kann sich seinen Klebstoff auch selbst anrühren. An den Komfort der Fertigkleber kommt das Ergebnis aber leider nicht heran, und die Konservierung ist problematisch, aber allein Stärke und Wasser zusammengemischt ergeben schon einen soliden Papierkleber.

Briefe und Postkarten zu verschicken kann leicht auf das unbedingt Notwendige reduziert werden. Ganz ohne Briefe geht es aber noch nicht. Immerhin hat man bei Briefumschlägen die Wahl zwischen Frischfaser, Recyclingpapier und Direktrecycling. Gerade hier ist das Direktrecycling eine attraktive Alternative. Dabei wird der Schritt übersprungen, aus Papier erst wieder eine Faser zu machen, die wiederum erneut zu Papier wird. Das Direktrecycling verwendet ausgedientes Papier direkt und ist somit besonders ressourcenschonend. Gerade für Briefumschläge eignet es sich ausgezeichnet, da sie lediglich als Hülle dienen und nach dem Öffnen entsorgt werden. Eine sehr schmuckvolle Direktrecyclinggrundlage ist altes Kartenmaterial, das nur auf der Innenseite des Briefumschlages zu sehen ist. Die Sichtfenster von Briefumschlägen sind entweder aus Kunststoff oder transparentem Papier. Der Unterschied ist im Handel jedoch schwer zu erkennen. Wer schon Briefumschläge zu Hause hat, kann leicht den Test mit einem Feuerzeug machen. Papier verbrennt, Kunststoff schmilzt.

Wer mit der Suche nicht erfolgreich ist, kann die Adresse mit geringem Mehraufwand auch selbst mit seinem nachfüllbaren Füller auf den Briefumschlag schreiben.

Was jetzt noch fehlt, ist die Briefmarke. Der Trend geht zu den superpraktischen selbstklebenden Exemplaren, die allerdings einen entscheidenden Nachteil haben: Das Trägermaterial landet im Mülleimer. Auch hier bringt ein Blick in die Vergangenheit die Lösung, als die Briefmarken noch von der Rolle kamen und an einer Sollbruchstelle voneinander getrennt wurden. Einmal anlecken und schon klebt die Briefmarke von alleine. Es gibt sie noch, man muss nur nach Briefmarken von der Rolle fragen.

Nicht nur im Büro dient die sonst fast ausgestorbene CD oder DVD häufig noch als Datentransportmittel. Beide sind jedoch in den meisten Fällen Einwegprodukte, die nach einmaligem Transport nicht mehr benötigt werden. In unserem modernen Zeitalter können weit mehr Daten auf weit kleineren Speichermedien untergebracht werden, die zudem wiederbeschreibbar sind. USB-Sticks sind dabei wohl die gängigste Methode, von denen mittlerweile so viele im Umlauf sind, dass es auch nicht wehtut, wenn einer mal nicht zurückkommt. Gerade zum Versenden größerer Datenmengen eignen sich aber auch SD-Karten und Micro-SD-Karten hervorragend, da sie nicht mehr Platz verbrauchen als ein einfacher Brief. Wer noch materialsparender unterwegs sein möchte, nutzt gleich eine der zahlreichen Online-Plattformen zum Teilen, Sammeln und Weiterreichen von Daten. Mein neuer Laptop hat gar kein CD-Laufwerk mehr, da ich in Zukunft ganz bewusst ohne dieses Medium auskommen möchte. Neben den Druckern sind die Computer bzw. Laptops ein weiterer Teil der Hardwareausstattung, die regelmäßig ausgetauscht werden müssen. Sonderlich nachhaltige, soziale oder umweltfreundliche Alternativen gibt es auch hier nicht. Im Falle von Elektronik ein gebrauchtes Gerät zu kaufen, auf das man sich verlassen kann, ist natürlich nicht so leicht wie bei Hosen, aber auch hier gibt es vertrauenserweckende Angebote. Der Anbieter *Greenpanda.de* hat sich beispielsweise darauf spezialisiert, Altgeräte einer Generalüberholung zu unterziehen und mit Garantie wieder in Umlauf zu bringen. Und so habe auch ich mich bei meinem letzten Hardwarewechsel für eine solche Lösung entschieden und bin vollauf zufrieden.

Müllfrei gesund

Ein müllreduziertes Leben bedeutet auch ein bewussteres Leben. Wer einmal angefangen hat, sein tägliches Handeln kritisch zu hinterfragen, hört bei der Mülltonne nicht damit auf. So werden einem über die Zeit immer mehr Zusammenhänge deutlich – Zusammenhänge, die sich letztlich auch auf unsere Gesundheit erstrecken. Ein müllreduziertes Leben bedeutet zwangsläufig auch ein gesünderes Leben, da wir mit vielen potenziellen Gefahrenstoffen, die unsere Gesundheit belasten, seltener in Kontakt kommen. So fallen Weichmacher und andere toxische Stoffe aus Kunststoffen in den Verpackungen unserer Lebensmittel weg. Wir reduzieren die bedenklichen Inhaltsstoffe aus Kosmetik auf ein Minimum, essen nicht mehr aus Aluminiumschalen und reduzieren Süßigkeiten und Fertiggerichte. Global gesehen könnten eine konsequente Müllreduktion und ein bewussterer Konsum von ökologisch produzierten Gütern weltweit weniger Schadstoffe in unsere Umwelt abgeben und das Mikroplastik in unseren Nahrungsmitteln wieder reduzieren. Das käme nicht nur der Gesundheit der produzierenden Arbeiter in ärmeren Ländern zugute, sondern uns allen.

Aufgeblasenes Gesundheitssystem

Wenn es um das Thema Gesundheit und medizinische Versorgung geht, denken wir nicht ans Sparen, sondern an maximale Sicherheit und bestmögliche Versorgung. Spätestens bei den Medizinprodukten wird aber deutlich, warum die Einsparung unserer Ressourcen so wichtig ist. Hier betreten wir einen Bereich, in dem wir mit Mehrwegartikeln nicht weit kommen und der Kunststoff für uns lebensrettend ist. Solange es keine adäquate Alternative zu unseren Einwegprodukten und Kunststoffen in der Medizin gibt, sind sie hier absolute Notwendigkeit, um unsere hohen Hygienestandards aufrechtzuerhalten. Umso mehr lohnt es sich, in anderen Bereichen einzusparen und den Ressourcenverbrauch auf die Bereiche zu reduzieren, wo es bisher keine andere Lösung gibt.

Geht es aber nicht gerade um eine Operation am offenen Herzen, findet sich, was Müllvermeidung anbelangt, in der Welt der Medizin erhebliches Verbesserungspotenzial. So frage ich mich regelmäßig, warum Tabletten nicht platzsparender verpackt werden als in den vollkommen überdimensionierten Blistern. Ob der Verbund von Kunststoff und Aluminiumfolie überhaupt recyclingfähig ist, wage ich zu bezweifeln. Aber wir haben nicht die Wahl, denn lose Tabletten gibt es nicht.

Ganz so hilflos ausgesetzt, wie man meinen mag, sind wir der Medizin aber auch nicht, denn welche Tabletten wir nehmen, bestimmen wir immer noch selbst. Einige davon mögen überlebenswichtig für uns sein. Der weit größere Teil ist es aber ganz und gar nicht, und wieder andere sind sogar schädlich. Wie in jeder anderen Lebenslage gilt es also auch hier genau zu hinterfragen, was man wirklich braucht. Wer zum Arzt geht, bekommt immer etwas verschrieben, ganz egal, wie notwendig es ist. Das liegt daran, dass zum einen der Arzt daran mitverdient, zum anderen wird es aber auch von ihm erwartet. Schickt unser Arzt uns nach Hause mit den frohen Worten: »In zwei Wochen ist ihr Schnupfen von ganz alleine weg«, dann fehlt uns etwas. Wir erwarten von ihm ein Rezept, das uns Linderung verschafft. Diese Erwartung beruht wahrscheinlich auch darauf, dass unser Gesundheitssystem uns die wahren Kosten unserer Wehwehchen verschleiert. Wir haben das Gefühl, all das sei umsonst; es ist aber nicht umsonst, sondern allenfalls inklusive – inklusive in den Beiträgen, die wir monatlich auf das Konto unserer Krankenkassen überweisen. Und die Beiträge entsprechen den Kosten, die wir verursachen.

Wir haben ein extrem aufgeblasenes Gesundheitssystem, in dem jeder mitnimmt, was er kriegen kann. Es wird an der Zeit, uns bewusst zu machen, dass wir alle Einfluss auf die Höhe unserer Beiträge haben, indem wir entscheiden, wie stark wir das System belasten. Eine Reduzierung des eigenen Ressourcenverbrauchs macht konsequenterweise auch bei der Gesundheit nicht halt. Dabei geht es nicht darum, seine Gesundheit aufs Spiel zu setzen, sondern ganz im Gegenteil darum, seine Gesundheit so auf Vordermann zu bringen, dass das Gros der Medikamente und Behandlungen für uns überflüssig wird.

Vorbeugung ist die beste Medizin

Unsere Lebensweise hat nicht mehr viel mit der ursprünglichen Natürlichkeit zu tun, die wir als viel bewegte Jäger und Sammler irgendwann mal hatten. Trotzdem ist unser Organismus immer noch an diese Lebensweise angepasst. Viel Bewegung, frische Luft bei Wind und Wetter, keine verarbeitete Nahrung und auch keine Fettleibigkeit – darauf ist unser Körper ausgerichtet. Schauen wir uns doch einmal an, wie freilebende Wildtiere mit Krankheiten umgehen. Diese Beobachtung wird sich nur schwer anstellen lassen, da solche Tiere nur äußerst selten krank werden, obwohl sie bei jedem Wetter draußen in der Kälte rumstehen. Oder vielleicht gerade deshalb?

Vorbeugung und Abhärtung machen es möglich. Unsere ungesunde, bewegungsarme Lebensweise ist der Hauptgrund für die meisten Erkrankungen von Erkältung über Herz-Kreislauf-Krankheiten bis hin zu Alzheimer. Finden wir wieder einen Weg zu einer natürlicheren Lebensweise, haben wir unsere Gesundheit zu großen Teilen selbst in der Hand.

Unser Immunsystem ist ein wahres Wunderwerk, das mit dem richtigen Training zu Höchstleistungen bewegt werden kann. Erkältungen und Grippe gehören der Vergangenheit an, wenn wir unsere Abwehrmechanismen in Stellung bringen.

Meine effektivste Form der Abhärtung begann, als ich mich vor Jahren entschied, das ganze Jahr über bei Wind und Wetter mit dem Fahrrad zur Uni oder Arbeit zu fahren. Dadurch integrierte ich Bewegung in meinen Alltag, der sonst berufsbedingt sehr schreibtischlastig war. Außerdem setzte ich mich auch ungemütlicheren Wetterlagen aus, die das Immunsystem fordern. Nach wenigen Monaten Eingewöhnungszeit und mit einem Satz guter Regenkleidung komme ich seitdem kosten-, stau- und abgasfrei fast überall hin. Gleichzeitig entschied ich mich natürlich auch dafür, nur eine Arbeitsstelle zu wählen, die mit dem Fahrrad erreichbar ist. Das sollte eine Grundsatzentscheidung für mich werden. Eine Arbeitsstelle, die nur mit dem Auto erreichbar ist, kommt für mich nicht mehr in Frage. Auch wir haben ein Auto in der Familie. Doch bin ich froh, es nur so selten wie möglich nutzen zu müssen und die meisten Fahrten mit dem Rad erledigen zu können und dies auch wirklich zu tun.

Bewegung in unseren Alltag einzubauen ermöglicht es uns auch, mit wenig Zeit nicht zu einem Couch-Potato zu verkommen oder vielleicht sogar auf Einrichtungen wie das Fitnessstudio zu verzichten. Wer nicht mit dem Rad fährt, weil es zu lange dauert, dann aber ins Fitnessstudio fährt, kann es vielleicht auch genau andersherum machen. Wenn wir gerade kurze Strecken immer zu Fuß oder mit dem Fahrrad erledigen, müssen wir uns über einen sportlichen Ausgleich nicht mehr viele Gedanken machen. Seit wir hauptsächlich frisch kochen und keine Wasserflaschen mehr in die Wohnung schleppen, ist auch der Einkauf für eine sechsköpfige Familie mit dem Fahrrad zu bewältigen. Wann immer wir Aufzug und Rolltreppe sehen, sollten wir nach der Treppe suchen. Gerade wenn es fünf Etagen sind, lohnt sich diese kostenfreie Fitnesseinlage. Ich erinnere mich noch an einen Gesundheitskurs in einem Kölner Edelfitnessstudio. Tatsächlich fuhren die meisten Mitglieder mit dem Aufzug in den zweiten Stock, um sich, oben angekommen, auf den Stepper zu stellen. Das klingt nicht nur absurd.

Auch zu Hause ist viel mehr Bewegung möglich, als wir uns zumuten. Anstatt stetig aufzurüsten und uns mit immer mehr Geräten zu umgeben, die uns die Arbeit leichter machen, sollten wir uns über jedes bisschen körperliche Betätigung freuen, die wir kriegen können. Statt aggressiver Reinigungsmittel bringen wir mit einer Schrubberbürste Schwung in unseren Kreislauf. Die meisten Küchenmaschinen können wir getrost im Geschäft stehen lassen. Teig kneten und Möhren reiben schafft wirklich jeder noch mit der Hand. Wir haben uns sogar eine manuelle Flockenquetsche angeschafft, mit der wir unsere Frühstücksflocken frisch quetschen. Das geht schon mal in die Arme, je nachdem, wie viele Kinder am Frühstückstisch sitzen. Es ist aber eine willkommene Abwechslung für einen Tag vorm Computerbildschirm.

Eine andere Form der Abhärtung ohne viel Anstrengung betrifft unsere Reinlichkeit. Der eine oder andere neigt dazu, es mit der Keimfreiheit wirklich zu übertreiben. Man kann es ihm nicht übelnehmen, denn Fernsehen und Werbung malen ein Bild von unserem Leben, das so steril und keimfrei ist, dass wir kaum noch merken, wie unnatürlich es ist. Zu viel Reinlichkeit ist aber nicht nur unnötig, sondern geradezu schädlich, denn der Kontakt mit Keimen trainiert ebenfalls unsere Abwehrkräfte. Wer sich immerzu in einer keimfreien Umgebung aufhält, ist schutzlos ausgeliefert, sobald er diese verlässt. Desinfektionsmittel und hochaggressive Reinigungsmittel sollten wir also nicht nur der Umwelt zuliebe schleunigst aus dem Haushalt verbannen. Und wenn das Kind mal etwas vom Boden aufhebt und es unbedacht in den Mund steckt, so besteht kein Grund zur Panik. Mein Opa pflegte immer, wenn die Wurst in die Asche fiel, zu sagen: »Dreck reinigt den Magen«, und jeder in unserer Familie hebt zu Boden gefallene Lebensmittel wieder auf und isst sie. Bis heute kann ich nicht sagen, dass es mir geschadet hätte.

Die gesunde Ernährung, die wir für unsere Gesundheit benötigen, kommt erfreulicherweise fast von selbst, wenn man sich entscheidet, seinen Müll zu reduzieren. Verarbeitete Lebensmittel mit verstecktem Zucker, Fett und undefinierbaren Zusatzstoffen verschwinden immer weiter vom Speiseplan. Stattdessen wird nur noch frisch zubereitet. Nicht nur der Geldbeutel freut sich darüber, sondern auch unsere Gesundheit. Das stetig wachsende Angebot an Süßigkeiten und Snacks, die so unbedacht unser spontanes Lustzentrum befriedigen, werden automatisch auf ein Minimum reduziert. Wenn alles, was gegessen wird, erst zubereitet werden muss, wird das Essen ein sehr bewusster Prozess und ist nicht mehr nur eine Stopferei nebenbei. Ein natürlicheres Essverhalten und gesündere Inhaltsstoffe sind unweigerlich die Folge.

Den letzten Aspekt, den wir brauchen, um uns dauerhaft gesund zu halten, ist unsere Seele. Unsere Seele mag es, wenn sie nicht dauerhaft Stress ausgesetzt ist, wenn wir uns glücklich fühlen, wenn wir gelassen sind und wenn wir zufrieden sind. Wie wir diesen Zustand erreichen, ist für jeden von uns eine individuelle Aufgabe. Aber auch hier kommt der müllreduzierte Lebensstil einem ganz von selbst entgegen. Der auf ein Minimum reduzierte Konsum ermöglicht es uns, Zufriedenheit mit dem zu erlangen, was wir haben, ohne ständig mehr zu wollen. Gleichzeitig ermöglicht uns diese Reduzierung bisweilen auch eine Reduzierung unserer Arbeitszeit. Direkt und indirekt führt beides zu mehr persönlicher Zeit, die wir füllen können mit einer Freizeitgestaltung, die uns ausfüllt, mit sozialen Kontakten, die sonst auf der Strecke bleiben, oder mit heilender Meditation.

Wir müssen uns klarmachen, dass dieses Leben das einzige ist, das wir haben. Selbst wenn wir an mehrere Leben glauben, so ist unsere Zeit doch äußerst begrenzt. Wollen wir sie wirklich damit verschwenden, so viel wie möglich zu arbeiten, um so viel Geld wie möglich anzuhäufen, um wiederum möglichst viele Gegenstände kaufen zu können? Wollen wir wirklich bis zur Rente warten, bis wir endlich anfangen zu leben, um dann festzustellen, dass wir gar nicht wissen, wie das geht, und in ein Loch des Nichtstuns fallen?

Arbeit und eine Aufgabe sind wichtig für unsere Gesundheit, aber es muss eine Tätigkeit sein, die uns Freude macht, die nicht unsere Seele verkauft und uns nicht auszehrt.

Seitdem ich selbstständig bin, arbeite ich zwar bedeutend mehr als vorher, aber es ist eine Arbeit, die ich nur selten als solche empfinde und die mich einfach nur zutiefst ausfüllt. So geht es natürlich auch.

Eine solche Stelle zu finden ist zwar nicht leicht, eine Distanzierung von materiellen Gütern und unser gutes Sozialsystem bieten uns aber den global gesehen seltenen Luxus, es zu versuchen. Und wenn die Arbeitnehmer bewusst entscheiden, für welches Unternehmen sie tätig sein wollen, so sterben unsoziale Großkonzerne, denen die Gewinnmaximierung über alles geht, über kurz oder lang einfach aus.

Alternative Arznei
Mit dieser Grundausstattung ist der Arztbesuch nur noch in Ausnahmefällen vonnöten. Ganz ohne Krankheit geht es damit auch nicht. Mein Vater pflegte stets zu wiederholen: »Eine Erkältung dauert mit Medikamenten 14 Tage und ohne zwei Wochen.« Ich habe diesen Satz in meinem Leben einige Male zu oft hören dürfen, aber seinem Inhalt stimme ich uneingeschränkt zu. Selbst wenn wir uns bei unseren winterlichen Leiden für einen Arztbesuch entscheiden, um auf Nummer sicher zu gehen, so müssen wir noch lange nicht all das nehmen, was uns der Arzt an Rezepten in die Hand drücken möchte. Verschriebene Rezepte sollten wir grundsätzlich hinterfragen und bisweilen auch dankend ablehnen. Ein Arzt, der darauf pikiert reagiert, sollte vielleicht besser ausgetauscht werden, denn hier geht es nicht um Eitelkeiten oder Verdienstmöglichkeiten, sondern um unsere Gesundheit. Und all die Medikamente, die wir zu uns nehmen, sind bei Weitem nicht nur gut für uns. Die meisten Medikamente haben in irgendeiner Form Nebenwirkungen, ihre Herstellung benötigt Ressourcen, sie verlangen einen monetären Einsatz und verursachen Müll; die Rückstände der Medikamente landen dann schließlich mit unseren Körperausscheidungen in unseren Gewässern.

Viele unserer Leiden können wir stattdessen, ohne gleich zur Apotheke zu rennen, auf natürlichem Wege mit dem lindern, was wir bei uns zu Hause vorfinden. Unsere Urgroßeltern wussten noch um Heilkräuter und Naturheilverfahren. Die moderne Medizin, so viel Segen sie uns auch bringt, führt dazu, dass wir immer mehr von solchen traditionellen, natürlichen Heilmethoden vergessen und verlernen. Der Vorteil unserer heutigen Zeit ist, dass es dank moderner Technik ein Leichtes ist, uns viel Wissen in kurzer Zeit selbst anzueignen – und das heißt auch altes, vernachlässigtes Wissen wieder aufzufrischen. Das Internet macht es möglich. Wer sein Leiden und das Stichwort »Hausmittel« in die Suchmaschine eintippt, der wird überhäuft mit Tipps, Rezepten und Anwendungen, die Linderung versprechen. Viele der Zutaten wachsen in der freien Natur; sich hier ganz ohne menschliche Hilfe zurechtzufinden, ist nicht ganz so leicht. Aber auch dafür gibt es bereits Angebote. Wer erneut als Gegenargument zu einem solchen Konsumverzicht den Verlust von Arbeitsplätzen im Gesundheitswesen und in der Pharmaindustrie anbringt, der findet hier ein ganz neues Betätigungsfeld, dessen Bedarf noch lange nicht ausgeschöpft ist.

Nicht zu unterschätzen sind aber auch einfach Ruhe und Schlaf. Denn Krankheit und Beschwerden sind Warnsignale des Körpers. Viele Menschen werden auch nur deshalb krank, weil ihr Körper und ihr Geist einfach Ruhe und eine Mütze voll Schlaf benötigen. Wir sollten die Signale also nicht ignorieren und mit Pillen unsere Leistungsfähigkeit erhalten. Wir sollten uns vielmehr bewusst der Schwäche hingeben und uns die Ruhe nehmen, die unser Körper und vielleicht auch unser Geist brauchen, um wieder leistungsfähig zu werden. Früher gehörten Kopfschmerztabletten zu meiner Standardausstattung. Heute verwende ich sie kaum noch, obwohl ich immer noch ab und an Schmerzen habe. Stattdessen fühle ich in meinen Kopf hinein und merke in den meisten Fällen, woher die Schmerzen kommen. Zu wenig Flüssigkeit, zu wenig frische Luft, Kaffeeentzug, Stress usw. Dann gebe ich meinem Körper, wonach er verlangt, und ruhe mich aus, bis es vorbei ist. Das kann schon mal bis zum nächsten Morgen dauern, aber dann ist es vorbei und ich bin erholt. Auch an diesem Beispiel wird deutlich, wie wenig wir heute auf das hören, was unser Körper uns sagt, und lediglich die Symptome mit einer Schmerztablette überdecken. An der Ursache hat sich dann aber nichts geändert.

Pillen im Alter

Andere Medikamente sind etwas lebensnotwendiger für uns als eine Kopfschmerztablette. Wer in unserer Gesellschaft ein gewisses Lebensalter erreicht, der endet oft automatisch in dem Teufelskreis aus Arztbesuchen und Tabletten. So wird jeder Rentner zum Dauergast beim Arzt und in der Apotheke. Meine Großeltern haben eine Kunststoffbox mit 21 Fächern – sieben Tage mit je drei Tageszeiten. Alle Fächer sind sorgsam gefüllt mit den entsprechenden Pillen, die sie am Leben erhalten.

Ob man aus diesem Rhythmus jemals wieder herauskommt, wenn man einmal drinsteckt, bezweifle ich. Aber es liegt in unserer Hand, diesen Zustand soweit es geht nach hinten hinauszuzögern. Deshalb ist es gerade im Alter so wichtig, dass wir uns weiterhin gesund und mit dem rechten Maß ernähren und in Bewegung halten, sowohl körperlich als auch geistig. Denn der Verfall beginnt, sobald wir nicht mehr gefordert werden. Und das tun wir meist mit dem Eintritt ins Rentenalter. Dabei spricht nichts dagegen, auch im hohen Alter noch Sport zu treiben und nicht nur Kuchen und fette Fleischsoße zu essen und dazu Wein zu trinken und Fernsehen zu gucken. Sich auch weiterhin fit zu halten und sinnvoll zu beschäftigen, sich zum Beispiel sozial zu engagieren, ist geradezu lebenserhaltend.

Ich und der Rest der Welt

Das nötige Know-how zur Müllvermeidung ist eine Sache, diesen Lebensstil auch selbstbewusst zu leben eine ganz andere. Es ist zwar letzten Endes deine ganz persönliche Entscheidung, ob und wie viel Müll du verursachst, dein Umfeld wird dich aber trotzdem damit konfrontieren. So wie lange Zeit die Vegetarier ihre Motivation erklären mussten, werden auch die Müllvermeider einem erhöhten Gesprächsbedarf begegnen, der ganz unterschiedlicher Natur sein kann. Wir sollten versuchen, uns nicht angegriffen zu fühlen und die Chance nutzen, nicht um zu missionieren, sondern Vorbild zu sein, dessen man sich freiwillig und gerne bedient.

ZERO WASTE MIT PARTNER

Als ich anfing, mich mit Zero Waste zu beschäftigen, befand ich mich in einer Beziehung. Mein damaliger Partner und ich teilten aber eher wenige unserer Wertvorstellungen. Ich wollte mich verändern, wachsen und besser werden und die Welt retten. Er dagegen hatte ganz andere Dinge im Kopf. Und dann kam auch noch die Sache mit dem Müll dazu. Es kam, wie es kommen musste, und wir nahmen meine plötzlichen Lebensveränderungen zum Anlass, uns endlich voneinander zu trennen.

Als ich dann Gregor kennenlernte, lebte auch er alles andere als müllfrei, aber meine ganze Lebensweise schien er wie ein Schwamm aufzusaugen – als hätte er die ganzen Jahre nur darauf gewartet, dass ihm jemand sagt, wie man dem ganzen Irrsinn ein Ende macht. Er zögerte nicht, all seine Gewohnheiten über

Bord zu schmeißen und sein Leben und damit auch das seiner Kinder auf den Kopf zu stellen.

Es kann in Beziehungen also so oder so laufen. Wenn sich ein Partner in das Thema Müllvermeidung verguckt hat und der andere nicht mitzieht, sind Konflikte vorprogrammiert. Denn wer sich intensiv auf das Thema einlässt, wird merken, dass es einfach jeden Bereich gerade auch des alltäglichen Lebens umfasst und damit auch den Partner nicht ausnehmen kann.

Glücklicherweise beruhen die meisten Partnerschaften aber auf gemeinsamen Interessen und Wertvorstellungen. Es ist also eher selten der Fall, dass es so drastisch verläuft wie in meiner früheren Partnerschaft, es ist aber auch selten, dass es so problemlos verläuft wie in meiner heutigen. Nur weil der Partner nicht grundsätzlich dagegen ist, ist er noch lange nicht immer dafür. Du bist gut beraten, wenn du keine Alleingänge unternimmst, sondern deinen Partner an deinen Erkenntnissen teilhaben lässt und in deine nächsten Schritte einweihst. Gerade wenn du Skepsis begegnest, musst du behutsam vorgehen, um den anderen nicht mit zu vielen Änderungen auf einmal zu überfordern. Im Idealfall seid ihr in gleichem Maße in die Umstellung involviert und beflügelt euch gegenseitig, meistens ist jedoch ein Beziehungspartner die treibende Kraft, die aufpassen muss, dass der andere nicht überrollt wird. Ich weiß, wie schwer es manchmal fällt, denn auch ich bin ein Macher, und wenn ich mir etwas in den Kopf gesetzt habe, dann möchte ich sofort damit beginnen. Der Harmonie wegen lohnt die Geduld aber. Und auch anklagende Worte solltest du tunlichst vermeiden. Gerade in der Anfangsphase werdet ihr immer wieder Fortschritte machen, aber auch immer wieder mit Rückschritten konfrontiert sein. Es ist wichtig, dass du deinem Partner verzeihst, so wie du es dir auch selbst verzeihen solltest, wenn du dem Schokoriegel an der Kasse nicht widerstehen konntest. Es ist auch nicht wichtig, sich zu entscheiden, ob ihr nun Zero Waste leben wollt oder nicht. Wenn euch das Thema interessiert, baut ihr es Stück für Stück in euer Leben ein. Jedes bisschen weniger Müll und Verschwendung ist ein gutes Bisschen, ganz egal, wie weit ihr kommt.

DAS UMFELD

Es ist doch Weihnachten, da ist das doch okay! Es ist doch für die Kinder! Oder: Du magst ja keine Verpackung, deshalb habe ich es für dich ausgepackt! Vielleicht auch so: Ich weiß, dass du das nicht haben möchtest, aber ich habe es dir trotzdem mitgebracht.

Auf solche Sätze kannst du dich gefasst machen, wenn du das Thema sehr ernst nimmst. Versuchst du lediglich, das ein oder andere in dein Leben zu integrieren, werden die Reaktionen deiner Mitmenschen sicher glimpflicher ausfallen. Wer das Thema aber mit solcher Begeisterung umsetzt, wie Gregor und ich es tun, der wird sich früher oder später auch mit seinen Mitmenschen auseinandersetzen müssen. Wie Freunde und Bekannte auf einen Müll vermeidenden Lebensstil reagieren, könnte unterschiedlicher nicht sein. Viele begrüßen unser Handeln sehr, betonen aber zugleich, dass es nichts für sie selbst sei. Andere sind ebenfalls interessiert und versuchen, sich sukzessive Dinge abzuschauen, erfragen Rezepte und Ratschläge. Die einen sind schockiert über Themen wie die Menstruationstasse, die selbst gestandene Frauen dazu bringt, wie Schulkinder zu kichern. Und wieder andere fühlen sich in Zugzwang, reagieren darauf mit offensiver Verteidigung und suchen immer wieder Schwachstellen, an denen wir nicht konsequent sind, um uns anzugreifen. Auch du wirst auf die unterschiedlichsten Menschen treffen. Manche werden dich belächeln und dir erklären, dass das alles gar nichts bringt und wir kleinen Verbraucher sowieso nichts ändern können. Und einige werden überhaupt nicht darauf reagieren, keine Schlüsse für sich selbst ziehen und sich auch in deiner Gegenwart so verhalten wie eh und je.

Alle diese Reaktionen erfordern einen situativen Umgang. Auf direkte Ablehnung wirst du nicht stoßen, aber ganz ohne Rechtfertigung kommt man selten weg. Ähnlich wie sich ein Vegetarier regelmäßig dazu äußern muss, warum er kein Fleisch ist. Ein Fleischesser muss sich dagegen nie erklären, denn es gilt in unserer Gesellschaft (noch) als normal, viel Fleisch zu essen und Müll keine Beachtung zu schenken. So wie sich früher Frauen rechtfertigen mussten, die arbeiten gingen, oder Menschen, die freiwillig Sport trieben, ist auch der Müllvermeider in unserer Zeit etwas Besonderes. Wir sollten es mit der Fassung eines Trendsetters tragen, der so lange komisch angeschaut wird, bis alle so rumlaufen wie er. Außerdem kann es dir durchaus zum Bedürfnis werden, über das Thema auch mit deinem Umfeld zu sprechen. Ein Thema, das einen so großen Teil des

Lebens einnimmt, spart man nicht einfach aus Gesprächen aus, vielmehr möchte man sich dazu äußern und vielleicht sogar andere davon begeistern.

Bei Familie und Freunden

Zu Hause fällt uns schon lange nicht mehr auf, was bei uns eigentlich so anders ist. Bei Freunden wird uns dann aber bewusst, wie anders es bei *ihnen* ist. Plastikverpackungen türmen sich im Regal wie eh und je, der Kleiderschrank platzt aus allen Nähten, und viele Gespräche drehen sich darum, was gerade tolles Neues gekauft wurde. Natürlich wünschen wir uns, dass unser Lebensstil auch auf unsere Freunde abfärbt, da Müllvermeidung viel mehr Wirkung zeigt, wenn wir alle einen Teil dazu beitragen. Die Pose des Besserwissers wirkt auf unsere Mitmenschen aber immer abschreckend, zumindest nicht einladend. Die Veganer können ein Lied davon singen, wie wenig hilfreich ein aggressives Missionierungsverhalten ist. Mehr Akzeptanz findet es, mit gutem Beispiel voranzugehen und vorzuleben, wie einfach es ist und wie gut es sich anfühlt. Auch mir gelingt das nicht jederzeit besonders vorbildhaft, umso wichtiger ist es aber, sich immer wieder auf diese Strategie zu besinnen.

Vollkommen entspannen können sich Freunde und Verwandte in meiner Gegenwart aber nicht. Ganz so wie der Vegetarier am Tisch eines Fleischessers zwar selten Ansprüche stellt, aber trotzdem Probleme bereitet. Denn ein guter Gastgeber will es ja auch ihm recht machen. Solange sich der Gastgeber darauf einstellen kann und genau weiß, was er *darf* und *was nicht*, fällt es ihm leicht. Aber was macht man denn mit einem Müllvermeider? Man weiß es nicht. Wie auch, wir wissen es meist selbst nicht so genau und bewegen uns in einer schwammigen Grauzone, in der auch wir uns immer wieder fragen, was für uns *okay* ist, *ausnahmsweise okay* ist oder *gar nicht okay* ist. Es gibt weniger Dogmen und klare Regeln für genaue Handlungsanweisungen, und so wird oft situationsabhängig bewertet und entschieden. Auch sind die eigenen Grenzen nicht festgeschrieben und verändern sich stetig.

Während ich mich anfangs darauf beschränkte, keine Süßigkeiten mehr einzukaufen, ließ ich es aber weiterhin zu, sie mir schenken zu lassen, und bediente mich bei anderen, wenn ich deren Gast war. Mittlerweile ist die Hemmschwelle aber auch hier zu groß geworden, wenn ich etwas eigenhändig aus der Plastikverpackung schälen muss.

Verständlich, dass meine Freunde nicht immer wissen, wo sie dran sind. Was ich gerade akzeptieren kann und was nicht, ist meine persönliche Entscheidung. Da ich meine Freunde nicht anklage oder ihnen etwas abverlange, müssen sie wohl leider damit rechnen und es aushalten, dass ich das ein oder andere schlichtweg ablehne.

Die Familie hat oft einen besonderen Stellenwert. Sie sagt meistens sehr offen ihre Meinung und schont dich nicht. In meiner Familie finden sich meine größten Kritiker, die alle auf ihre Weise ein Problem mit dem Thema haben. Meine Oma fühlt sich zurückgewiesen, weil ich ihre Geschenke und Süßigkeiten nicht mehr annehme. Mein Vater glaubt sehr energisch, dass ich meine Zeit verschwende und ein paar Reisverpackungen aus Kunststoff ja nicht so viel ausmachen, und mein Bruder scheint das Ganze für völlig überzogen zu halten. Während mein Lebensstil außerhalb meiner Familie immer seltener angesprochen wird, ist es hier regelmäßig Thema. Nicht weil ich ständig versuche, meine Liebsten zu überzeugen, sondern eher umgekehrt. Sie lassen sich nicht so einfach abspeisen, und es trifft sie persönlich, wenn ich ihnen ihre Geschenke dankend zurückgebe. Wenn ich von meiner beruflichen Zukunft in der Müllerziehung erzähle, die weder sicher, noch gut bezahlt ist, kommen die elterlichen Sorgen hinzu, ob denn jemals etwas aus mir wird. Des Weiteren fühlen sie sich teilweise von mir beobachtet, was auch anderen Freunden immer wieder so geht. Entsprechend landet das Thema Müll und Umwelt sehr häufig auf dem familiären Esstisch und die hitzigsten Diskussionen entstehen. Allmählich pendelt sich aber eine gegenseitige Akzeptanz ein, in der wir uns einfach so lassen können, wie wir sind.

Man kann und muss nicht mit jedem darüber reden. So wie es Themen gibt, die man lieber mit dem einen Freund bespricht, und so wie man andere Freunde für andere Themen hat, so kann es auch Menschen geben, die mit dem Thema Müllvermeidung einfach nichts anzufangen wissen. Erzwinge es nicht und bleib lieber offen für den Fall, dass es sich irgendwann ändern sollte.

Andere überzeugen

Bereiche wie die Müllvermeidung werden erst wirklich interessant, wenn sich die breite Bevölkerung daran beteiligt. Und auch der Wunsch, nicht immer alleine dazustehen und anders zu sein, ist berechtigt. Insofern ist es keinem von uns zu verdenken, wenn wir unsere Erkenntnisse mit anderen teilen wollen und hoffen, dass sie breiten Anklang finden.

Bereits weiter oben habe ich jedoch davor gewarnt, mit dem erhobenen Zeige-finger hausieren zu gehen. Schon in der Pubertät haben wir gelernt, alles abzu-lehnen, was uns jemand von oben herab beibringen möchte. Meist kommen wir einige Jahre später zwar zu dem gleichen Schluss, aber wir brauchen alle unsere Zeit, den Weg dahin selbst zu finden. Was das angeht, sind wir aus der Puber-tät gar nicht so sehr herausgewachsen, wie wir uns das immer einreden, wenn wir die heutige Jugend betrachten. Jeder weiß doch, was alles an uns abprallt, wenn einer daherkommt und predigt, was man tun sollte. Wie kann man aber dennoch seine Mitmenschen für das Thema interessieren und vielleicht sogar begeistern?

Das positive Vorleben ist die Grundlage alles anderen. Zuallererst muss man sich selbst in seiner Haut wohlfühlen und mit den gemachten Änderungen entspannt leben können. Das fällt allerdings nicht schwer, da sich ein Gefühl von Entlastung, mehr Sinnhaftigkeit und einem besseren Umgang mit seiner Umwelt schnell einstellt. Diese Zufriedenheit strahlt man auch nach außen aus, sofern man sich nicht quält. Deshalb ist es auch nicht ratsam, von jetzt auf gleich auf alles Bekannte zu verzichten, sondern schrittweise vorzugehen – nur so schnell, wie es sich für einen selbst auch wirklich gut anfühlt.

Wertfrei von seinen neuen Errungenschaften zu berichten und Aggression und Zwang außen vor zu lassen, weckt Interesse in den Mitmenschen und macht es ihnen leichter, deinen neuen Lebensstil zu akzeptieren. Es ist eher die ehrliche Freude und Begeisterung, die sich auf andere überträgt, als das Appellieren an den gesunden Menschenverstand.

Auf die Dauer ist dieser Umgang nicht immer leicht, denn je länger und tie-fer man in die Materie eintaucht, desto frustrierender kann es sein, anderen bei ihrer scheinbaren Gedankenlosigkeit zuzuschauen. Trotzdem bleibt es die beste Methode. Also bloß nicht aufgeben und selbstbewusst Lösungen vorleben, als wäre es das Natürlichste auf der Welt. Das wiederum ist gar nicht so schwer, denn Verschwendung zu minimieren ist ja das Natürlichste auf der Welt.

GLEICHGESINNTE FINDEN

Davon auszugehen, dass wir all unsere Mitmenschen über kurz oder lang überzeugen können, droht in Frustration zu enden. Genauso frustrierend kann es sein, sich allein im ständigen Kampf gegen Windmühlen

zu sehen. Deshalb ist es für das eigene Wohlbefinden und Durchhaltevermö-
gen sinnvoll, Gleichgesinnte zu finden. Auch mir haben erst Gleichgesinnte das
nötige Selbstbewusstsein und die Kraft gegeben, immer weiterzumachen und
meinen Lebensstil nicht zu verstecken.

*Nach den ersten positiven Bekanntschaften auf meiner langen Selbstfindungsreise
durfte ich, wieder zu Hause, eine weitere Familie kennenlernen, die wie ich in
Köln lebt und wie ich versucht, Müll zu vermeiden. Das war ein ganz wichtiger
Zeitpunkt in meinem Leben. Menschen um mich herum zu wissen, die ähnlich
ticken und handeln und mit denen ich mich auch einfach mal ganz normal
fühlen kann, ohne mich rechtfertigen zu müssen, ohne mir Strategien überlegen
zu müssen, wie ich müllfrei durch den Tag komme, und ohne jemandem auf den
Schlips zu treten.*

Deshalb kann ich nur jedem, der die Pfade des *Normalen* verlässt, empfehlen,
sich Gleichgesinnte zu suchen. Mittlerweile ist das nicht mehr so schwierig, wie
es zu meiner Anfangszeit war. Der Begriff Zero Waste ist kein unbekannter mehr,
und Netzwerke, soziale Medien und zahlreiche Blogs bieten Plattformen, auf
denen man sich austauschen kann. Belasse es aber nicht bei der virtuellen Welt,
sondern nutze sie, um gezielt Menschen in deiner Umgebung zu finden. Du
wirst sehen, dass du davon viel mehr mitnimmst, als wenn du dich allein am
Bildschirm durch Foren wälzt. Sobald du auch nur eine Person gefunden hast,
gründe einen Stammtisch, und du wirst mehr und mehr Menschen anziehen,
die sich für das Thema öffnen. Auch wir haben einen solchen Stammtisch in
Köln ins Leben gerufen und unterstützen dich gerne bei deiner Gründung.

Tradition – der schlimmste Feind

Karneval, Silvester, Weihnachten, Ostern oder das Schützenfest – wie jedes Volk haben auch wir unsere Traditionen und brechen nur sehr ungerne mit ihnen. So erlauben wir uns unter dem Deckmantel der Tradition Eigenarten, die wir den Rest des Jahres eher ablehnen. Während wir normalerweise nicht kollektiv betrunken durch die Straßen rennen, ist dies in einer knappen Woche im Februar, bezeichnenderweise fünfte Jahreszeit genannt, mehr als gesellschaftsfähig. Während wir uns unheimlich über die Feinstaubbelastung unseres Verkehrs auslassen, ballern wir in der Silvesternacht eine um das Hundertfache höhere Feinstaubmenge in die Luft. Und genauso lassen wir unseren Dreck nicht grundsätzlich in der Landschaft liegen, während man in den meisten Städten und Dörfern an Neujahr einen ganz anderen Eindruck bekommt. Aber besondere Tage haben auch besondere Regeln. Wenn Gregor sich solche Spektakel anschaut, tendiert er dazu, sich im Büro zu verstecken, bis es vorbei ist, um so wenig wie möglich davon mitzubekommen. Auch ich kämpfe oft mit meinem Verstand, wenn ich sehe, was bei solchen Anlässen alles geschieht und was dort hinterlassen wird. Aber ich komme zu einem anderen Schluss. Es kann nicht das Ziel sein, mit all unseren Traditionen zu brechen, die auch viele schöne und gute Elemente haben. Außerdem möchte ich Lösungen finden, die für uns alle funktionieren und nicht nur für den ein oder anderen Einzelgänger. Solche Feste nehmen einen großen Raum in unserer Gesellschaft ein und bedürfen deshalb eigener Lösungen.

SILVESTER

Jahresabschlussmüll. An Silvester wird nichts ausgelassen, um nochmal so richtig kräftig unseren Planeten zu vermüllen. Ein großer Teil, des umherliegenden Mülls, der niemals eine Mülltonne von innen sieht, stammt wahrscheinlich genau aus dieser Nacht. Wie können wir unseren Jahresabschluss feiern, ohne unserer Welt die schlechtesten Vorsätze überhaupt mit ins neue Jahr zu geben?

Der offensichtlichste Faktor sind natürlich Böller, Knaller und Raketen. Wer es wirklich ernst meint mit der Müllvermeidung, der wird leicht darauf verzichten können, sich daran zu beteiligen. Es wird in deiner Straße nicht weiter auffallen, ob du mitballerst oder nicht. An dem Feuerwerk der anderen kannst du dich weiterhin erfreuen, da es wohl weiterhin Bestand haben wird. Für alle anderen, die es nicht so ganz lassen können, ist es ratsam, die Menge der Silvesterknaller einfach ein Stück weit zu reduzieren. Bereits Anfang der 8oer-Jahre gründete sich eine Initiative namens »Brot statt Böller«. Sie thematisiert, wie viel Geld wir in einer Nacht am Himmel verpulvern, ohne mit der Wimper zu zucken, während andere Menschen auf der Welt verhungern. Obwohl die Themen zunächst nichts miteinander zu tun zu haben scheinen, stellt diese Initiative zur Debatte, ob wir nicht mehr Geld für Not leidende Menschen lockermachen könnten, wenn wir es so großzügig in den Himmel schießen, beziehungsweise ob wir nicht vielleicht einfach mal weniger Böller kaufen und das übrige Geld an Bedürftige spenden. Eine Alternative, die auch unserer Umwelt zugutekommen würde. Die extrem hohe Feinstaubbelastung der mittlerweile fast einstündigen Knallerei erreicht absolut gesundheitsgefährdende Ausmaße, und Haus- und Wildtiere stehen große Ängste aus, da sie diesen plötzlichen Lärm nicht einordnen können.

Auch Einweggeschirr ist ein gern gesehener Gast, wenn die Party von drinnen nach draußen verlagert und der Sekt verteilt wird. Jedem erwachsenen Menschen sollte es aber doch zuzutrauen sein, auf ein Sektglas aufzupassen, das er nach dem Spektakel wieder mit nach drinnen nimmt. Cocktails kommen in dieser besonderen Nacht auf den Tisch, die gerne mit Plastikstrohhalmen dekoriert werden. Wenn es denn unbedingt ein Strohhalm sein muss, so sind Glastrinkhalme eine einfache, auch viel originellere und edlere Lösung. Feierst du auswärts, spricht auch nichts dagegen, deinen eigenen Trinkhalm mitzubringen, wenn du weißt, dass es dem Gastgeber an solcher Ausstattung mangelt. Oder bring gleich einen ganzen Satz als Gastgeschenk mit.

Bleigießen ist die nächste Tradition, die zwar tief verankert, aber auch in hohem Maße verwerflich ist. Blei ist ein giftiges Metall, dessen Abrieb im Falle von Kindern eher früher als später auch in deren Mund landet. Auch die Entsorgung ist ein großes Problem, da es, als Sondermüll eingestuft, nicht im normalen Hausmüll entsorgt werden darf. Ein möglicher Ersatz kann einfaches erhitztes Wachs sein, das genau wie das Blei auch in kaltes Wasser gegossen wird.

Knallbonbons und Tischfeuerwerk belustigen gerade die Kinder beim Warten auf den großen Moment. Was jedoch dort herauskommt, kann unmittelbar in die Restmülltonne gekehrt werden und verdient seine Existenz nicht wirklich. Unterhalte deine Kinder lieber mit gemeinsamen Spielen oder selbst gebastelten Überraschungen. Eine schöne Möglichkeit, um mit den Kindern durch den Abend zu kommen, ist es, für jede volle Stunde eine Überraschung vorzubereiten. Du kannst dafür Uhren aus Pappe mit der entsprechenden Uhrzeit basteln. Für jede Uhrzeit wird ein Umschlag, ein Tütchen oder eine Dose geöffnet. Das können Texte zum Lesen sein, kleine Aufgaben, Rätsel, Spiele, kurze Filme (z. B. als Link zu einem witzigen YouTube-Video), ein Rezept für den Nachtisch oder ein spannendes Experiment zum Nachmachen. Du kannst auch alle Uhren verstecken und in jeder Uhr einen Hinweis oder ein Rätsel unterbringen, mit dessen Hilfe die nächste Uhr gefunden werden muss. Lass dir etwas einfallen! Es muss nichts Besonderes sein, nur eine kleine Überraschung zwischendurch – besser als Müll, der mit mehr oder weniger lautem Ploppen auf dem Tisch landet, ist es immer.

Wie müllreduziert du dein Silvester auch einrichtest, was am nächsten Morgen übrig bleibt, ist eine mit Müll überzogene Landschaft, von der gerade mal die asphaltierten Flächen gereinigt werden. Büsche, Grünflächen und Flussufer bleiben davon gesäumt, bis sich Tiere darüber hermachen, der Boden darüberwächst oder der Fluss alles ins Meer spült. Ob du etwas hinterlassen hast oder nicht, nimm dir das Problem zu Herzen und mache es zu deinem ersten guten Vorsatz, den du auch wirklich hältst, in der Woche nach Silvester mit Freunden, Bekannten, Nachbarn, der Familie oder auch alleine ein Stück deiner Umwelt wieder von dem Unrat zu befreien. Am besten bevor der große Regen kommt.

KARNEVAL

Der Müll von Silvester ist noch nicht ganz festgetrampelt, bevor das Spektakel erneut losgeht. Es beginnen die jecken Tage, eine Ausnahmesaison, in der nichts so ist, wie es war oder danach sein wird. Wir ziehen alle unsere Stöcke aus dem Hintern und sind einfach nur verrückt. Gerade diesen Aspekt finde ich sehr schön, da wir uns den Rest des Jahres gerne viel zu ernst nehmen und uns alles peinlich zu sein scheint. Im Karneval wachsen wir zusammen und singen und tanzen auf der Straße. Leider ist es auch zu Karneval oft nur der Alkohol, der uns diese losgelöste Stimmung erlaubt und uns gleichsam auch von jedem gesunden Menschenverstand befreit. So wird hemmungslos Müll produziert, der aus Einweggeschirr, zertrümmertem Glas, Luftschlangen und billigen Kostümaccessoires besteht. Ich würde mir wünschen, dass wir in dieser Zeit so ausgelassen sein können, wie wir es das ganze Jahr nicht schaffen, und trotzdem noch unseren Verstand behalten. Auch ich habe früher viel zu viel getrunken. Seit ich gelernt habe, das in Maßen zu tun, sodass ich noch mitbekomme, was passiert, ist mein Spaßfaktor wesentlich höher als der, den ich früher unterm Tisch hatte. Mit einem klitzekleinen Restverstand sollte es uns möglich sein, die Biergläser nicht ständig aus der Hand fallen zu lassen und die Einrichtung der Kneipe nicht zu zertrümmern.

Für den Karnevalszug gibt es die besten Strategien, um Einweggeschirr zu vermeiden. In meiner Kindheit sah es so aus, dass wir einen alten Kinderwagen schmückten und ihn mit allerlei Leckereien bestückten. Natürlich Getränke, aber auch Wurst- und Käsewürfel und anderes Fingerfood, verpackt in wiederverschließbaren Dosen. Hier ist auch genügend Platz für unkaputtbare Trinkgefäße oder Campinggeschirr und Servietten, mit denen man auch an jeder Imbissbude mit fettigen Schweinereien versorgt wird. Wem der Kinder- oder Bollerwagen zu groß ist, der bekommt eine kleine Grundausstattung auch leicht in den Rucksack hinein.

Der größte Abfallproduzent dieser Tage sind wahrscheinlich aber doch die Umzüge, die an jedem Tag durch die verschiedensten Stadtteile ziehen. Ohne Kamelle läuft hier gar nichts, denn die gehört einfach dazu.

Gregor und ich saßen eines Jahres im Festtagskomitee des Karnevalszuges der Grundschule mit dem festen Vorsatz, einmal mitzugehen beim Umzug. Ganz blauäugig haben wir uns einfach mal zu der bunten Runde dazugesellt, konn-

ten aber schon bald nicht mehr an uns halten, als das Thema Kamelle aufkam. In unserer naiv-unschuldigen Vorstellung eines bunten Zuges hatten wir diesen Aspekt vollkommen ausgeblendet. Nun wurde er uns vor die Stirn geknallt. Wer mitgeht, der kauft einen riesigen Sack voll eingepackter Süßigkeiten und richtet sich dabei nach den unbezahlbaren Tipps der erfahreneren Karnevalisten, wo man das billigste Wurfmaterial bekommt. Da sind wir wieder an dem Punkt, wo es nur darum geht, für möglichst wenig Geld möglichst viel Radau zu machen. Uns verging die Stimmung, und wir gingen geknickt nach Hause. Den Kindern ließen wir die traurige Wahl, nicht im Zug mitzugehen oder doch mitzugehen, aber keine Kamellen zu schmeißen. Denn einzeln verpackte Süßigkeiten von minderer Qualität kamen für uns nicht infrage. Wir ließen die Aktion schließlich bleiben, aber mein Kopf hörte nicht auf, über Alternativen zu sinnieren.

Ein Blick in die Historie zeigt, dass zu Römerzeiten die Karamellbonbons tatsächlich lose geworfen wurden. Wieso eigentlich nicht – das bisschen Dreck, das an ihnen vom Boden kleben bleibt, ist für einen gesunden Kindermagen ein leichtes Spiel. Sie sind zudem so hart, dass sie zu Hause auch leicht abgewaschen werden können. Bleiben sie trotzdem liegen, so verwittern sie rückstandfrei. Ich fürchte allerdings, trotz meiner Bedenkenfreiheit ist dies keine Möglichkeit, die in unserem Kulturraum noch Anklang finden wird. Wie wäre es mit Erdnüssen? Sie sind verpackt in ihrer natürlichen Hülle, sie fliegen gut, sind leicht, schmerzen nicht, wenn man sie an den Kopf bekommt, gehen nicht kaputt und schmecken auch Kindern. Immer mehr Umzüge bieten noch ganz andere Alternativen und werfen ganz zahnfreundlich mit Kartoffeln oder anderen robusten Gemüsesorten. Warum nicht? Wollen wir die Welt bewegen, müssen wir es uns gestatten, neu zu denken.

OSTERN

40 Tage nach der Gaudi ist Ostern. Die Fastenzeit dazwischen gehört zwar ebenfalls zu einer sehr langen Tradition unserer Kultur, aber diese lassen wir gerne aus. Viel zu anstrengend und unangenehm ist sie, sodass die meisten die Zeit bis zum Osterfest unverändert verstreichen lassen. Dabei würde es unserer Gesellschaft nur gut tun, auch diese Tradition wieder

ernster zu nehmen und hineinzuschnuppern in eine Welt, in der nicht alles zu jeder Zeit im Überfluss zur Verfügung steht.

Schauen wir, was uns das Osterfest zu bieten hat. Ostern war für mich als Kind immer das größte aller Feste, da ich es liebte, auf dem Bauernhof unserer Groß-eltern im Stroh nach Süßigkeiten und Eiern zu suchen. Es wäre schade, den Kindern diesen Spaß zu verwehren wegen der schrecklichen Verpackung unserer Süßigkeiten. Aluminiumverpackte Schokohasen wird es bei uns zwar nicht mehr geben, aber das Ostereiersuchen an sich müssen wir nicht aufgeben. Mit den sogenannten Fülleiern ist das Problem der Verpackung leicht gelöst. Bunt bemalte Pappeier lassen sich in zwei Hälften zerlegen, mit losen Süßigkeiten und Keksen befüllen und dann wunderbar in allen Ecken verstecken.

Auf weitere Geschenke verzichten wir zu Ostern jedoch. Wir begnügen uns mit einem ausgedehnten Osterfrühstück, an dem ein paar Leckereien auf den Teller kommen, die es nicht jeden Sonntag gibt. Außerdem nutzen wir die freien Tage dazu, viel Zeit mit den Kindern zu verbringen und ausgiebig die Verwand-ten zu besuchen. Das macht das Fest auch ohne Geschenke zu etwas Besonderem, das wir uns nicht jeden Tag leisten können.

GEBURTSTAGS- UND ANDERE FEIERN

Ich liebe es, meinen Geburtstag zu feiern. Lauter nette Leute kommen vorbei, ohne dass ich aus dem Haus gehen muss. Deshalb feiere ich meinen Geburtstag auch jedes Jahr, in unterschiedlichen Größenordnungen.

Leicht entsteht ein großer Müllberg auf so einer Party, wenn man versucht, eine große Menge an Menschen mit Einweggeschirr zu verköstigen. Das erscheint zwar praktisch, da man weder spülen noch Geschirr organisieren muss, ist aber auch sehr zweifelhaft. Wenn es an runden Geburtstagen oder Hochzeiten um wirklich große Mengen geht, ist es angebracht, ein paar Euro in Mietgeschirr zu investieren. Einen besonders stilvollen Eindruck macht so eine Plastikschüssel ohnehin nicht. Für etwas kleinere Anlässe lassen sich solche Probleme aber auch umgehen, indem das Buffet entsprechend gewählt wird. So ist eine gute Alter-native zur Suppenschüssel das Fingerfood. Ausgestattet mit lediglich ein paar Stoffservietten, kommen die Gäste so auch ohne Teller zurecht.

Der erhöhte Bedarf an Gläsern kann durch kleinere Flaschen ersetzt werden, aus denen direkt getrunken wird. Für den Biergenuss gibt es einige wenige Marken, die ihr Gebräu in Flaschen mit Drahtbügelverschluss verkaufen. So fallen nicht einmal Kronkorken an. Besonders stilvoll bleibt natürlich das klassische Holzfass zum Selberzapfen. Die notwendigen Gläser können meist auch dort geliehen werden, wo das Fass bezogen wird. Für die Weintrinker unter uns gibt es die erfreuliche Nachricht, dass es endlich auch Wein in Pfandflaschen gibt. Mir ist nicht ganz schlüssig, warum sich der größte Teil der Weinproduktion dagegen sperrt. Wenn wir verstärkt auf die wenigen Pfandflaschenangebote zurückgreifen, wird der Markt dieses Bedürfnis auch irgendwann erkennen. Die Sorten, die ich kenne, finden sich mit geschultem Auge im Bioladen. Erkennbar sind sie, weil sie zudem auch auf die zusätzliche Kunststoffverschweißung des Korkens verzichten.

Für nicht alkoholische Getränke ist die Versorgung nicht ganz so gut. Säfte gibt es zwar ebenfalls in Pfandflaschen, gleichfalls die meisten modernen Brausen, ohne Kronkorken kommt man bei Letzteren aber nicht weg. Außerdem muss man immer aufpassen, dass nicht jemand kommt und einen Strohhalm im Flaschenhals versenkt in der Annahme, man bekäme sonst die Flüssigkeit nicht aus der Flasche.

Geschenke

Geschenke sind ein heikles Thema für einen Müllvermeider, da hier die eigene Kontrolle abgegeben wird und andere Menschen unmittelbar von dem für sie vielleicht ungewohnten Lebensstil betroffen sind. Gegenseitige Frustration ist vorprogrammiert, wenn der Schenkende sich den Kopf zermartert und doch kein adäquates Geschenk findet und der Beschenkte sich in seinen Bedürfnissen überhört fühlt. Ich kann mich über Geschenke nur noch selten freuen. Über die Geste freue ich mich sehr wohl, über die Gabe eher nicht. Nach dem alten Ausspruch »Einem geschenkten Gaul schaut man nicht ins Maul« sind Geschenke absolut unantastbar. Man hat sich zu freuen, auch wenn man sich nicht freut. Und nicht nur, dass ein ungeschriebenes Gesetz mich zwingt, Geschenke anzunehmen und mich über sie zu freuen, ich muss sie auch noch aufbewahren – am besten bis an mein Lebensende. Da kann ein einzelnes Geschenk schon mal zur Last werden.

Kinder sind da gnadenloser, aber eben auch ehrlich. Sie sagen es uns, wenn wir ihnen die falsche Puppe oder heute eher das falsche Handy gekauft haben.

Auch ich möchte diese grundlegendsten Glaubenssätze neu abwägen und die ungeschriebenen Gesetze rund ums Schenken am liebsten umkrempeln.

Aber was ist eigentlich mein Problem mit Geschenken? Sie bringen mich in eine sehr missliche Lage, denn sie haben im Normalfall einen Haken: Sie sind etwas oder haben etwas an sich, das ich nicht mehr akzeptieren möchte. Ich bekomme also etwas, das ich partout nicht haben will, kann dies aber weder mitteilen noch zurückgeben, da man sein Gegenüber ja nicht vor den Kopf stoßen möchte. Nehme ich es einfach an, störe ich mich an seiner Existenz, die es ja nur meinetwegen hat, und bin ratlos, was ich damit machen soll. Dass ich das Geschenk wirklich haben will, ist geradezu unwahrscheinlich, denn jeden einzelnen Gegenstand, den ich für mich selbst kaufe, bewerte ich nach einem für Außenstehende recht komplexen Kriterienkatalog. Ich kaufe Lebensmittel und Getränke in Bio-Qualität, ich kaufe Überseeprodukte wie Kaffee und Schokolade nur mit Fair-Trade-Siegel, ich kaufe weitestgehend unverpackt, ich kaufe viele Dinge gar nicht wegen ihrer Verpackung, ich versuche, schädliche Druckfarben zu vermeiden, wo es nur geht, ich kaufe nur neu, was ich gebraucht nicht finde, ich kaufe nur hohe Qualität, von der ich weiß, dass sie lange hält, und achte immer auf die Umweltbilanz, und ich kaufe grundsätzlich nur das, was ich wirklich brauche. Schnittblumen kaufe ich gar nicht, da ich sie als Verschwendung empfinde und sie meist in Kunststoff verpackt werden. Überhaupt würde ich Geschenke nie in frischem Einweggeschenkpapier, mit Klebefilm und Kunststoffband verpacken.

All diese Kriterien kann ich zudem nur im Einzelfall bewerten, da sie sich ob des beschränkten Angebots zum Teil auch widersprechen. Das tue ich alles nicht, weil ich Geldsorgen habe, sondern weil es meine tiefsten Prinzipien sind. Ich kann und will aber von niemandem verlangen, all diese Kriterien ebenso zu bewerten. Deshalb gehe ich lieber auf Nummer sicher und sage von vorneherein: Bitte keine Geschenke! Meinen Wunsch zu ignorieren, keinen Wunsch zu haben, ist ähnlich wie immer das zu verschenken, was einem selbst gefällt, und nicht das, was dem Beschenkten gefällt. Da mittlerweile jeder meine Wertvorstellungen kennt, werde ich nur noch selten beschenkt und erlaube es mir, unliebsame Geschenke sogar abzulehnen. Bis zu diesem Punkt war es aber ein langer Weg, und immer bringe ich es auch heute noch nicht fertig.

Jede Person verlangt ihre ganz eigene Strategie, um letztendlich dort hinzukommen, wo sie mit ihrem müllvermeidenden Lebensstil hinkommen möchte. Engen Freunden, mit denen man wirklich über alles reden kann, oder dem eigenen Partner kann man getrost genau diesen Konflikt erklären, und am besten macht man das im Vorfeld. Manche möchten zwar auch dann noch etwas schenken, lassen sich aber nun bereitwillig sagen, was es sein soll.

Anderen Freunden und Bekannten nehme ich den Geschenkezwang zu meiner Geburtstagsparty durch einen einfachen Trick. Ich schreibe in die Einladung: »Bitte keine Geschenke, auch keine Schokolade, Blumen oder Topfpflanzen.« Damit sie nicht mit leeren Händen kommen müssen, füge ich hinzu: »Dafür bringt bitte einen Beitrag zu unserem Buffet mit.« So löse ich nicht nur das Problem der leeren Hände, sondern spare mir zudem auch die Arbeit für das Buffet. Wer uns etwas länger kennt, gibt sich in der Regel auch die größte Mühe, mitgebrachte Speisen nicht mehr in Alufolie zu verpacken. Dass die Lebensmittel nicht in Bio-Qualität sind, kann ich als guten Kompromiss akzeptieren. Bei Fleisch geht das jedoch nicht, und so ist meine einzige Vorgabe ein vegetarisches Buffet.

Entgegen allen Befürchtungen hat diese Vorgabe selbst auf unserer Hochzeit keine kulinarischen Wünsche offengelassen – ganz im Gegenteil. Dadurch dass jeder Gast sich um nichts zu kümmern hatte außer darum, das eine Gericht so schmackhaft wie möglich zu zaubern, wurde das Buffet besser, als es ein Caterer mit seiner Massenproduktion je hätte hinbekommen können. Für Fleischesser fehlte nichts, aber für die Vegetarier sollte es zu einer ganz neuen und überwältigenden Erfahrung werden, endlich mal vor einem Buffet zu stehen, von dem man ohne Bedenken alles essen kann.

Während ich für die Hochzeit planend in das Buffet eingriff, überlasse ich es auf Geburtstagsfeiern vollkommen dem Zufall. Ich weiß weder, was kommt, noch, ob es süß oder herzhaft ist. Das birgt das Risiko, dass jeder das Gleiche mitbringt, sorgt aber auch für eine überraschende Aufregung, was letztendlich auf dem Tisch stehen wird. Bisher ist es immer gut ausgegangen.

Bei Menschen, die einen weniger gut kennen, oder bei Chefs und Arbeitskollegen ist diese Strategie, Geschenke nicht anzunehmen, vielleicht nicht gerade sehr förderlich. Solche Geschenke betrachte ich gerne als Durchlaufposten, die ich beizeiten selbst weiterverschenke.

Schenken ohne Reue

Es ist eine Sache, keine Geschenke bekommen zu wollen, aber nochmal eine andere, mit leeren Händen vor einer Tür zu stehen, hinter der das vielleicht ganz anders gesehen wird. Das Schenken an sich ist auch nicht wirklich das Problem und grundsätzlich eine schöne Geste – solange sie nicht in einen Zwang verfällt, sich gegenseitig möglichst teure Waren hin und her zuschieben. Die Geste ist das, was immer im Vordergrund bleiben sollte. So gibt es durchaus auch Geschenke, über die ich mich sehr freue. Ein wirkliches Verständnis dafür, was das sein könnte, haben aber nur die wenigsten. An Geld mangelt es unserer Gesellschaft im Allgemeinen nicht. Was für uns wirklich zum Luxus geworden ist, ist bedingungslose Zeit. Und so ist das wertvollste Geschenk, das man machen kann, seine eigene Zeit zu verschenken. Gregor und ich haben lange darüber gesprochen, welche Geste wir uns gegenseitig entgegenbringen können, da es ein materielles Geschenk für uns einfach nicht tut. Nun nehmen wir uns gegenseitig frei, wenn wir Geburtstag haben, und schenken uns einen Tag lang ungeteilte Aufmerksamkeit, die im Alltag oft zu kurz kommt. Wir frühstücken ausgiebig, vielleicht an einem Ort, der uns gefällt, treffen Menschen, die uns gefallen, und genießen zusammen freie Zeit.

Von den eigenen Kindern möchte ich am allerwenigsten ein materielles Geschenk annehmen, da das bisschen Geld, das sie haben, sowieso von mir kommt. Das schönste Geschenk, das mir die musikalisch begabten Kinder machen können, ist ein Stück auf dem Klavier, der Geige oder der Querflöte nur für mich. Leider fehlt ihnen jegliche Vorstellung davon, wie sehr mich das erfreuen würde, und so arbeite ich noch daran, bis ich diese Geste tatsächlich auch mal entgegennehmen darf.

Andere Gaben sind solche, die sowohl sozial verträglich als auch wirklich nützlich sind. Selbstgebackenes steht hoch im Kurs, da es immer besser schmeckt als Fertigware, wir die Zutaten selbst bestimmen können und die Zeit, die verbacken wurde, eine größere Geste ist, als lediglich einzukaufen. Kuchen, Plätzchen, Eingemachtes, Pralinen oder eben das, was der Empfänger besonders gerne mag. Ich freue mich zudem über gebrauchte Sachen, am liebsten aussortierte Einzelstücke aus dem eigenen Fundus des Schenkenden. Das, was bei ihm vielleicht schon lange ungenutzt rumliegt, ist für mich etwas Neues, das ich möglicherweise sehr gut gebrauchen kann.

Die besten Freunde kann man mit bedingungsloser Zeit weitaus mehr beglücken als mit irgendetwas Neuem, das sie sich auch selbst kaufen können. So kann man gemeinsam ein besonderes Restaurant besuchen, ins Kino gehen, in die Oper, ins Konzert, Ballett oder Theater, einen Kochkurs machen, eine Therme besuchen oder mit VIP-Karte zum wichtigsten Fußballspiel gehen.

Die nächste Kategorie Geschenke sind Standardgaben, die man sich gegenseitig in die Hände drückt und bei denen es weniger um das *Was*, sondern mehr um das *Dass* geht. Ideale Vertreter sind hier die selbstgebackenen Leckereien, die zum Teil auch schon auf Vorrat vorbereitet werden können, oder für die ganz Eiligen statt des konventionellen Weins in der Einwegflasche vielleicht mal der hochwertigere Bio-Wein in der Mehrwegflasche. Auch hochprozentige Alkohole gibt es mittlerweile in Bio-Qualität. So viel sollte einem der Beschenkte doch wert sein.

Ist das Geschenk gefunden, geht es an die Verpackung. Schon lange vor meiner Zero-Waste-Zeit entpackte ich Geschenke mit äußerster Vorsicht und faltete das Papier sorgsam zusammen, um es für das nächste Geschenk wiederzuverwenden. Verschwendung schien mir schon damals nicht zuzusagen. Auch gebrauchtes Material wie Zeitungspapier hat seinen ganz eigenen Charme. Statt des Wegwerfpapiers mit Klebefilm können Geschenke besonders hochwertig in Stoff verpackt werden. Dazu lassen sich schöne Stoffreste in entsprechende Größen schneiden und vernähen. Zum Einpacken tut es entweder die gleiche Verpackungstechnik wie mit Geschenkpapier, dafür aber mit Stoffband, oder vielleicht auch mal die Falttechnik Furoshiki, die nur mit Knoten auskommt. Diese japanische Verpackungskunst ermöglicht eine Vielzahl dekorativer Verpackungsmöglichkeiten, ohne auf weitere Hilfsmittel als das Tuch selbst angewiesen zu sein. Es lohnt sich, diese Technik genauer in Augenschein zu nehmen, da sie nicht nur für Geschenke Anwendung finden, sondern auch spontan aus dem Halstuch eine Tragetasche zaubern kann – für den flexiblen Müllvermeider, der immer vorbereitet sein muss, ein unschätzbares Wissen.

WEIHNACHTEN

Das Weihnachtsfest könnte man in unseren heutigen Zeiten auch als Konsum- oder Shoppingfest bezeichnen. Unser Einzelhandel erzielt einen beträchtlichen Teil seines Jahresumsatzes in genau dieser Zeit. Schon Wochen im Voraus wird die Zeit für uns eher stressig als besinnlich, da für jeden eine Gabe gefunden werden muss. Die seitenlangen Wunschzettel der Kinder flattern zeitig bei den Eltern ein und das Gesprächsthema dreht sich gefühlt nur noch um neue Klamotten und Handys. In der Vorweihnachtszeit sind die Einkaufspassagen vollgestopft mit Suchenden, deren Gelassenheit, je näher der große Tag rückt, stetig abnimmt. Und hat sich kurz vorher immer noch keine passable Idee eingestellt, so werden die unnötigsten Dinge gekauft – Hauptsache, man steht nicht mit leeren Händen da.

Auch der christliche Sinn der Nächstenliebe ist während der Festtage nur selten erkennbar. Wir verschanzen uns am Heiligen Abend mit unserer engsten Verwandtschaft hinter unserer Wohnungstür und gestalten die zauberhaftesten Bescherungen, vergessen dabei jedoch gerne solche unter uns, die vielleicht keine Familie haben, mit der sie feiern können, und an dem Abend alleine dastehen. Nächstenliebe hin oder her, an diesem Tag muss alles so laufen wie geplant, und *Fremde* passen da nicht rein. Von dem eigentlichen Sinn, der in Weihnachten stecken sollte, scheint nicht mehr viel übrig geblieben.

Ich liebe Weihnachten trotzdem und auch die Weihnachtszeit drum herum, obwohl ich weder christlich bin noch Geschenke austausche. Denn dieser Zeit wohnt für mich ein Zauber inne, der die rasante Welt einen Moment zur Ruhe kommen lässt, die dunkle Jahreszeit mit ihren Lichtern etwas weniger dunkel macht und Menschen miteinander verbindet, die im Alltagsstress blind aneinander vorbeileben. Außerdem ist es eine Zeit des Bewusstwerdens, wie gut es uns geht, und des Tatendrangs, um Bedürftige zu unterstützen. Das würde die Welt zwar auch das ganze Jahr über vertragen, tatsächlich geht es dann aber im normalen Alltag genauso unter wie die ungeteilte Aufmerksamkeit seinen Liebsten gegenüber. Das ist mein Inhalt von Weihnachten, und den möchte ich herauskitzeln und wieder in den Vordergrund stellen. Alles, was meiner Meinung nach nicht dazu passt, wie Konsum, Stress, Undankbarkeit und Engstirnigkeit, sollte zunehmend verschwinden.

Gregor und ich bleiben auch in der Weihnachtszeit bei dem, was uns den Rest des Jahres über wichtig ist; wir machen keine Ausnahme, nur weil Weihnachten ist. Das heißt, wir verschenken nicht einfach irgendwelchen Kram nur um des Schenkens willen. Genau genommen beschenken wir niemanden, mit Ausnahme der Kinder, denen wahrscheinlich das Herz zerspringen würde, wenn sie plötzlich nichts bekämen. Viele in der Familie oder unter Freunden kennen ebenfalls diese Übereinkunft, sich gegenseitig nichts zu schenken. Denn für immer mehr Menschen ist der Druck, ein passendes Geschenk für jeden zu finden, eine ungeliebte Last. Auch der Erhalt von Geschenken hat längst an Freude eingebüßt in einer Welt, in der wir uns alles, was wir haben wollen, sofort selbst kaufen können. Diese Übereinkunft aber auch wirklich durchzuhalten, schaffen nur die wenigsten. Kann man denn sicher sein, dass man von dem anderen nicht doch etwas bekommt? Vielleicht weiß man sogar, dass man sowieso eine Kleinigkeit erhält. Will man dann wirklich mit leeren Händen dastehen? Und so werden aus den gefassten Übereinkünften immer wieder Ausnahmemitbringsel. Um diesen Kreis zu durchbrechen, hilft nur eins: *Gesagt, getan!* – und wirklich nichts mehr mitbringen. Die meisten erinnern sich schließlich doch daran und werden sich ihre Mühe in Zukunft ebenfalls sparen.

Ich glaube, die Männer in meiner Familie sind dankbar, dass ich ihnen diese Last des Schenkens genommen habe. Unsere Großeltern sind da hartnäckiger, denn sie schenken tatsächlich nur, weil sie gerne schenken. Jedes Jahr aufs Neue teile ich frühzeitig mit, dass ich rein gar nichts akzeptieren werde, auch nicht die kleinste Packung Schokolade. Ich bekomme sie trotzdem. Während ich sie anfangs noch zähneknirschend mit nach Hause nahm, ist es nun auch für meine Großeltern an der Zeit zu lernen, dass es mir ernst ist. Sie zu verletzen ist aber das Letzte, was ich möchte. Deshalb werde ich nicht müde, meine Großeltern zur Seite zu nehmen und zu erklären, warum ich das Geschenk nicht annehmen möchte. Ich betone, dass ich weiß, wie sehr sie mich lieben, dass ich sie genauso liebe und dass das schönste Geschenk, das sie mir machen können, Zeit mit ihnen ist.

Rethink

Bei Zero Waste geht es nicht darum, sich mit dem Müllaufrechnen gegenseitig zu untertrumpfen. Es geht darum, zu verstehen, dass alles, was wir konsumieren und nutzen, irgendwoher kommt und unmittelbar Auswirkungen auf unsere Umwelt, Tiere und unsere Mitmenschen (wenn auch oft weit entfernte Mitmenschen) hat. Es geht darum, dass wir alles, was wir tun, noch einmal komplett hinterfragen und nicht einfach so weitermachen, nur weil wir es irgendwann mal so gelernt haben, weil wir es immer so gemacht haben, weil unsere Eltern es uns beigebracht haben. Und schon gar nicht, weil es irgendjemand im Fernsehen oder gar in der Werbung prophezeit. Es kann richtig sein, muss es aber nicht. Und es geht darum, dass wir unser Handeln auch in Zukunft immer wieder hinterfragen und offen für Neues bleiben. Denn nur weil etwas jetzt richtig ist, muss es das in zehn Jahren nicht mehr sein. So werden auch die Erkenntnisse, die ich in diesem Buch zusammengetragen habe, sich mit der Zeit überholen und von mir erneut überdacht werden müssen.

Mit dem letzten Grundsatz von Zero Waste »Rethink«, möchte ich dazu anregen, dass wir wieder anfangen, selbst zu denken und offen dafür bleiben, zu hinterfragen, was richtig und was gut für uns ist. Und letztlich auch dementsprechend handeln, weil unsere Welt es uns Wert ist. Selbst wenn wir unsere Gemütlichkeit dafür ein Stück weit opfern – wir gewinnen so viel mehr, aber das erfährt man meist erst, wenn man es selbst ausprobiert.

Reduce ✦ Reuse ✦ Recycle ✦ Refuse ✦ Rethink

Damit kann jeder sofort anfangen, ohne gleich all seinen Komfort über Bord schmeißen zu müssen. Je mehr Menschen mitmachen, desto weniger muss der Einzelne einbüßen.

LINKS

UNSERE SEITEN

Zero Waste Informationsplattform mit Vermittlung von Stammtischen, Terminen und Veranstaltungen
Zero Waste Lifestyle: http://www.zerowastelifestyle.de

Online-Laden für spezielles Zero-Waste-Equipment
Zero Waste Laden: http://www.zerowasteladen.de

Offline Informationsplattform und unverpackt einkaufen in Köln
Tante Olga: http://www.tante-olga.de

WEITERE LINKS ZUM EINSPAREN

Geplante Obsoleszenz
Murks? Nein Danke!: http://www.murks-nein-danke.de

Kompostierung mit Wurmkiste
Wilma Wurmkiste: http://wilma-wurmkiste.de

Gebrauchtwarenhandel
Hofflohmärkte: http://www.hofflohmaerkte.de
Mädchenflohmarkt: https://www.maedchenflohmarkt.de
Kleiderkreisel: https://www.kleiderkreisel.de

Initiative gegen Einwegkaffeebecher
Coffee to go again: https://www.facebook.com/coffeetogoagain

Regional Essen
Taste of Heimat: http://www.tasteofheimat.de
Solidarische Landwirtschaft: http://www.solidarische-landwirtschaft.org

Gegen Lebensmittelverschwendung
Foodsharing: https://foodsharing.de
To good to go: http://toogoodtogo.de
Zu gut für die Tonne: https://www.zugutfuerdietonne.de

Die Essbare Stadt
Mundraub: http://mundraub.org

Teilen, Leihen, Reparien statt Kaufen
Pumpipumpe: http://www.pumpipumpe.ch
Repair Cafe: https://repaircafe.org/de/
Kleiderei: https://kleiderei.com

Gegen Müll in der Umwelt
Clean River Project: http://cleanriverproject.de

Reduktion
Modeprotest: http://www.modeprotest.de
Minimalismus Leben: http://www.minimalismus-leben.de
Konsumkritik: https://www.transform-magazin.de/es-ist-egal-ob-du-die-bio-ba nane-isst/

Endnoten

1 destatis.de – Statistisches Bundesamt (2015) ›617 Kilogramm Abfall pro Kopf: Deutschland deutlich über dem EU-Durchschnitt‹, https://www.destatis.de/DE/PresseService/Presse/Pressemitteilungen/zdw/2015/PD15_026_p002.html, Zugriff 3.10.2016

2 Greenpeace Magazin (November/Dezember 2015), ›Müll: Vom Gelben Sack ins Schwarze Loch‹

3 Greenpeace Magazin (November/Dezember 2015), ›Müll: Vom Gelben Sack ins Schwarze Loch‹

4 Greenpeace Magazin (November/Dezember 2015), ›Müll: Vom Gelben Sack ins Schwarze Loch‹

5 dieSubstanz.at (2015) ›Syrische Klimaflüchtlinge‹, http://www.diesubstanz.at/content/syrische-klimaflüchtlinge, Zugriff 3.10.2016, Studie der US-amerikanischen National Academy of Science:»Climate change in the Fertile Crescent and implications of the recent Syrian drought« (2015).

6 Greenpeace Magazin (November/Dezember 2015), ›Müll: Vom Gelben Sack ins Schwarze Loch‹

7 BV Glas, der Bundesverband Glasindustrie e.V., ›Aus Alt wird Neu‹ (o.J.), http://www.bvglas.de/umwelt-energie/glasrecycling/, Zugriff 3.10.2016

8 Papierwende ›Aktueller Papierverbrauch 2010‹ (2012), http://papierwende.de/aktueller-papierverbrauch-2010/, Zugriff 4.10.2016

9 Harvard University, Center of the Environment ›BPA in Cans and Plastic Bottles Linked to Quick Rise in Blood Pressure‹ (2014), http://environment.harvard.edu/news/faculty-news/bpa-cans-and-plastic-bottles-linked-quick-rise-blood-pressure, Zugriff 4.10.2016

10 Bundesinstitut für Risikobewertung ›Primäre aromatische Amine aus bedruckten Lebensmittelbedarfsgegenständen wie Servietten oder Bäckertüten‹ (2013), www.bfr.bund.de/cm/343/primaere-aromatische-amine-aus-bedruckten-lebensmittelbedarfsgegenstaenden-wie-servietten-oder-baeckertueten.pdf, Zugriff 4.10.2016

11 SVGW SSIGE, ›Trinkwasser‹ (o.J.), http://trinkwasser.ch/index.php?id=892, Zugriff 14.10.2016

12 Greenpeace Magazin (November/Dezember 2015), ›Müll: Vom Gelben Sack ins Schwarze Loch‹

13 Greenpeace Magazin (November/Dezember 2015), ›Müll: Vom Gelben Sack ins Schwarze Loch‹

14 Bundesverband Sekundärrohstoffe und Entsorgung e. V., ›Eingeschränkte Recyclingfähigkeit von biologisch abbaubaren Kunststoffen‹ (10.08.2008), http://www.bvse.de/2/2182/ Eingeschraenkte_Recyclingfaehigkeit_von_biologisch_abbaubaren_Kunststoffen., Zugriff 10.10.2016

15 Das VerpackungsBarometer, ›Vom Bauxit zur Getränkedose‹ (o.J), www.verpackungsbarometer.de/fuer-verbraucher/materialkunde2/vom-bauxit-zur-getraenkedose, Zugriff 10.10.2016

16 Werkstoffe in der Fertigung, ›Kanadisches Unternehmen stellt erstes Verfahren zur Neutralisierung von Rotschlamm vor‹ (01.08.2012), http://werkstoffzeitschrift.de/kanadisches-unternehmen-stellt-erstes-verfahren-zur-neutralisierung-von-rotschlamm-vor/#_ftn1, Zugriff 10.10.2016

17 Das VerpackungsBarometer ›Vom Quarzsand zur Glasflasche‹ (o.J.), http://www.verpackungsbarometer.de/fuer-verbraucher/materialkunde2/vom-quarzsand-zur-glasflasche, Zugriff 10.10.2016

18 Papierwende, ›Aktueller Papierverbrauch 2010‹ (15.03.2012), http://papierwende.de/aktueller-papierverbrauch-2010/, Zugriff 10.10.2016

19 Umweltbundesamt ›Papier Wald und Klima schützen‹ (01.11.2012), http://www.umweltbundesamt.de/sites/default/files/medien/378/publikationen/papier_-_wald_und_klima_schuetzen-reichart_1.pdf.

20 Umweltbundesamt ›Papier Wald und Klima schützen‹ (01.11.2012), http://www.umweltbundesamt.de/sites/default/files/medien/378/publikationen/papier_-_wald_und_klima_schuetzen-reichart_1.pdf.

21 Die Verbraucher Initiative e.V. ›Kleidersammler sollen ehrlich informieren‹ (12.12.2010), www.oeko-fair.de/fragen_an/andreas-voget-geschaeftsfuehrer-fairwertung-ev/»kleidersammler-sollen-ehrlich-informieren«, Zugriff 10.10.2016

22 Global organic textile Standard, ›Allgemeine Beschreibung‹ (17.09.2017), http://www.global-standard.org/de/the-standard/general-description.html, Zugriff 11.10.2016

23 Umwelt Bundesamt, ›Mit Zitronen gehandelt: Nicht jeder Naturstoff in Reinigern ist gesund und umweltfreundlich‹ (0.05.2009), http://www.umweltbundesamt.de/presse/presseinformationen/zitronen-gehandelt-nicht-jeder-naturstoff-in, Zugriff 11.10.2016

24 Codecheck.info, http://www.codecheck.info/kosmetik_koerperpflege.kat, Bund friend of the earth, ›BUND-Studie: Hormonell wirksame Stoffe in Kosmetika‹ (o.J.) http://www.bund.net/index.php?id=18264, Zugriff 11.10.2016; Utopia, ›Die schlimmsten Inhaltsstoffe in Kosmetik‹ (23.09.2015), https://utopia.de/ratgeber/die-schlimmsten-inhaltsstoffe-in-kosmetik/, Zugriff 11.10.2016

25 BfR Bundesinstitut für Risikobewertung, ›EU-Verordnung zur Einstufung, Kennzeichnung und Verpackung von Chemikalien (CLP-VO)‹ (o.J.), http://www.bfr.bund.de/de/eu_verordnung_zur_einstufung__kennzeichnung_und_verpackung_von_chemikalien__clp_vo_-61585.html, Zugriff 11.10.2016

26 Stiftung Warentest, ›Mineralöl in Kosmetika: Kritische Stoffe in Cremes, Lippenpflegepro-

dukten und Vaseline‹ (26.05.2015), https://www.test.de/Mineraloele-in-Kosmetika-Kriti
sche-Stoffe-in-Cremes-Lippenpflegeprodukten-und-Vaseline-4853357-4852555/, Zugriff
11.10.2016

27 Chemical Senses ‹The Effect of Meat Consumption on Body Odor Attractiveness›
(13.07.2006), http://chemse.oxfordjournals.org/content/31/8/747.short, Zugriff 11.10.
2016

28 ewg, Know your environment. Protect your health. ›nailed: Nail polish chemical dou-
bles as furnitre fire retardant‹ (19.10.2015), http://www.ewg.org/research/nailed/nail-po
lish-chemical-doubles-furniture-fire-retardant/, Zugriff 11.10.2016

29 www.hofflohmaerkte.de

30 Oxfam, https://www.oxfam.de

31 Emmaus, http://www.emmaus-koeln.de

32 Murks? Nein Danke! Damit die Dinge besser werden, › Geplante Obsoleszenz ‹ (o.J.), www.
murks-nein-danke.de/blog/studie/, Zugriff 11.10.2016

33 Lebensmittelverschwendung.de, ›Warum ist die Verschwendung in Deutschland so hoch?‹
(19.10.2014), http://www.lebensmittelverschwendung.de/warum-ist-die-verschwendung-
deutschland-hoch-290/, Zugriff 11.10.2016

Körper

Zero-Waste Klo

Zero-Waste Einkauf

Zero-Waste
Vorratshaltung

Putzmittel

SPÜLMASCHINEN
PULVER

SEIFE

WASCH
MITTEL

Übersicht im Kleiderschrank

Textiles Verpacken

Register

Ann-Kristin Mull

Ist öko immer gut?

Was Welt und Klima wirklich hilft

2017, 184 Seiten
Klappenbroschur, 14,8 x 21 cm
18,95 € [D/A]
ISBN 978-3-8288-3844-4

Auch als E-Book erhältlich

Wenn wir nur noch »Made in Germany« kaufen, verlieren dann Menschen in Indien ihre Lebensgrundlage? Unterstütze ich korrupte Regierungen, wenn ich Hilfsorganisationen Geld spende? Und gehen beim Wasser sparen unter Umständen die Rohre kaputt?

Ann-Kristin Mull hat zu Alltagsfragen der Nachhaltigkeit Interviews mit 16 Expertinnen und Experten geführt und die überraschenden Antworten dieses internationalen Forscherkreises zusammengetragen. Ihr Buch vereint wissenschaftlich gesicherte Erkenntnisse mit einer anregenden Lektüre und lenkt damit unsere Verbesserungsenergien in die richtigen Bahnen.

Denn: Schon mit relativ geringem Aufwand können wir nachhaltig spürbare und dringend notwendige Veränderungen erreichen.

Ann-Kristin Mull, geb. 1993, hat in Nürnberg und Madrid Design studiert und ist seit 2013 als selbständige Grafikdesignerin tätig. Für ihr Buchprojekt zur Nachhaltigkeit hat die aktive Umweltschützerin zwei Jahre lang geforscht und Interviews geführt und die Ergebnisse in einem übersichtlichen und anspruchsvollen Layout umgesetzt. Ann-Kristin Mull lebt in Nürnberg.

Frank Niessen

Entmachtet die Ökonomen!

Warum die Politik neue
Berater braucht

Mit einem Geleitwort von
Prof. em. Dr. Peter Ulrich

2016, 166 Seiten
Klappenbroschur, 14,8 x 21 cm
17,95 € [D] / 18,50 [A]
ISBN 978-3-8288-3623-5

Auch als E-Book erhältlich

Warum scheitern Ökonomen seit Jahrzehnten bei dem Versuch, entscheidend zur Beseitigung von Massenarbeitslosigkeit, Armut und extremer Ungleichheit beizutragen? Warum predigen sie Wachstum, obwohl jeder weiß, dass die Ressourcen unserer Erde endlich sind? Und warum – so die Studie zweier IWF-Ökonomen – haben sie keinen einzigen wirtschaftlichen Einbruch der letzten Jahrzehnte vorhergesehen? Frank Niessen beleuchtet die Ursachen für das Versagen der etablierten Wirtschaftswissenschaft und zeigt, dass wir die Grundfragen unserer wirtschaftlichen Ordnung auf keinen Fall den herrschenden Ökonomen überlassen dürfen. In anschaulicher Sprache führt er uns auf ein Feld, auf dem unsere Zukunft zum Besseren oder Schlechteren entschieden wird und liefert streitbare Überlegungen zur globalen Bekämpfung der Armut wie auch zum wirksamen Schutz der natürlichen Umwelt.

Trotz Studienbestnoten und einer Promotion in VWL wandte sich **Frank Niessen** (Jg. 1981) als Mittzwanziger vom akademischen Betrieb ab. Er fand die Grundlagen seiner Disziplin zunehmend fragwürdig. Erst die Tatsache, dass kaum ein Ökonom die Finanzkrise 2008 vorhergesehen hatte, brachte den freien Autor und Lehrer zu seinem alten Forschungsfeld zurück. Niessen lebt mit Familie im belgischen Eupen.

Norbert Nicoll

Adieu, Wachstum!

Das Ende einer Erfolgsgeschichte

2016, 432 Seiten
Klappenbroschur, 15,5 x 22,5 cm
18,95 € [D/A]
ISBN 978-3-8288-3736-2

Auch als E-Book erhältlich

Norbert Nicoll liefert eine reichhaltige, kritische Darstellung der kapitalistischen Wachstumsidee. Er macht anschaulich, wie diese historisch entstanden ist, wie sie einen kleinen Teil Privilegierter reich gemacht hat und uns nun in eine Klima-, Energie- und Ressourcenkrise führt. In einer Tour de Force bringt er uns Fakten aus Ökologie, Ökonomie, Soziologie, Geologie, Geschichts- und Politikwissenschaft nahe. Dabei erstellt er nicht nur eine eindrucksvolle Negativbilanz von Umweltzerstörung, Klimawandel, Ressourcenverbrauch und sozialer Spaltung. Er gewinnt daraus zugleich Ansätze für eine nachhaltige und menschenfreundliche Metamorphose der Wachstumsidee und macht plausibel: Wachstum und Wohlstand können und müssen entkoppelt werden, um unseren Planeten zukunftsfähig zu machen. Die Zeit des Bruttoinlandsprodukts (BIP) ist abgelaufen, lasst uns gut leben statt unendlich wachsen!

Norbert Nicoll ist promovierter Politikwissenschaftler und lehrt an der Universität Duisburg-Essen zur Nachhaltigen Entwicklung. Auch als Sachbuchautor und Attac-Mitglied treibt ihn die Frage nach der Zukunftsfähigkeit westlicher Gesellschaften um. Der 35-Jährige lebt in Belgien nahe der deutschen Grenze.